U0008740

2015年，Instagram的小團隊於臉書總部。（攝影：John Barnett）

NO FILTER

The Inside Story of Instagram

Instagram
崛起的內幕與代價

以及它如何改變了文化、商業、科技、媒體，與我們每一個人

SARAH FRIER

莎拉・弗埃爾 著　余韋達 譯

企畫叢書 FP2280

Instagram崛起的內幕與代價

以及它如何改變了文化、商業、科技、媒體，與我們每一個人

No Filter: The Inside Story of Instagram

作　　　者	莎拉·弗埃爾（Sarah Frier）
譯　　　者	余韋達
編 輯 總 監	劉麗真
責 任 編 輯	謝至平
行 銷 企 畫	陳彩玉、楊凱雯、陳紫晴

發 　行　 人	涂玉雲
總 　經　 理	陳逸瑛
出　　　版	臉譜出版
	城邦文化事業股份有限公司
	臺北市中山區民生東路二段141號5樓
	電話：886-2-25007696 傳真：886-2-25001952
發　　　行	英屬蓋曼群島商家庭傳媒股份有限公司城邦分公司
	臺北市中山區民生東路二段141號11樓
	客服專線：02-25007718；25007719
	24小時傳真專線：02-25001990；25001991
	服務時間：週一至週五上午09:30-12:00；下午13:30-17:00
	劃撥帳號：19863813　戶名：書虫股份有限公司
	讀者服務信箱：service@readingclub.com.tw
	城邦網址：http://www.cite.com.tw
香港發行所	城邦（香港）出版集團有限公司
	香港灣仔駱克道193號東超商業中心1樓
	電話：852-25086231或25086217　傳真：852-25789337
	電子信箱：hkcite@biznetvigator.com
新馬發行所	城邦（新、馬）出版集團
	Cite（M）Sdn. Bhd.（458372U）
	41, Jalan Radin Anum, Bandar Baru Sri Petaling,
	57000 Kuala Lumpur, MalaysFia.
	電話：603-90578822　傳真：603-90576622
	電子信箱：cite@cite.com.my
一 版 一 刷	2020年12月

城邦讀書花園
www.cite.com.tw

ISBN 978-986-235-880-1
售價　NT$ 450
版權所有·翻印必究（Printed in Taiwan）
（本書如有缺頁、破損、倒裝，請寄回更換）

國家圖書館出版品預行編目資料

Instagram 崛起的內幕與代價；以及它如何改變了文化、商業、科技、媒體，與我們每一個人／莎拉·弗埃爾（Sarah Frier）著；余韋達譯. 一版 . 臺北市：臉譜，城邦文化出版；家庭傳媒城邦分公司發行，2020.12
　　面；　公分. --（企畫叢書；FP2280）
譯自：No filter : the inside story of Instagram.
ISBN 978-986-235-880-1（平裝）

1.電腦資訊業　2.網路社群　3.傳記　4.美國

484.67　　　　　　　　　　　　　　109016792

給　麥特

目 錄

作者的話

我試圖以這本書為你帶來關於Instagram的權威內幕故事。這本書若沒有上百人的協助是無法完成的,包含現任及離職的員工、主管,以及利用這應用程式維生的人,還有所有的競爭者。他們自願犧牲個人時間,向我分享從未跟其他記者分享過的記憶。Instagram的兩位創辦人在過去幾年間,也共同或個別跟我談過話。臉書公司(Facebook Inc.)即便在兩位創辦人離職之後,仍提供我機會採訪超過二十名現任的員工與主管,包含目前Instagram的負責人。

儘管兩位創辦人與收購公司的人(譯注:指臉書的CEO)馬克·祖克柏(Mark Zuckerberg)之間有不少衝突,儘管當我為《彭博新聞社》(*Bloomberg News*)主跑臉書新聞的記者期間,發生了一連串的重大事件,但每個人都同意這本書必須盡可能地準確。所以每當我向受訪對象提出訪問邀請,必須和創辦人們或公司取得許可時,他們幾乎都同意,就算創辦人們跟公司知道他們沒辦法控制本書最後的內容。因此我要向他們的決定獻上最高的致意。

　　然而，本書多數的消息來源是在沒有明確許可，或者在公司不知情之下，冒著違反就職時所簽署的嚴格保密條款的風險跟我談話的。事實上，所有拜訪臉書總部的非記者，在他們經過安全檢查時，都需要簽署保密協定，才能見到他們要拜訪的員工。因為這個原因，我的多數線人都只能匿名地提供我訪問、文件以及其他素材。

　　這個狀況也能完整說明，為什麼我是以這樣的方式寫下這本書：以故事性的敘事以及全知的觀點，將各種不同的回憶統整並呈現在故事裡。我不直說是誰告訴我這段資訊以保護我的線人。部分取材自既有新聞報導的內容，我會在資料來源中說明引用來源。我也決定只有在一種狀況下，我會從直接從公開報導中引述內容，那就是當提到這公司以外的人，譬如名人或是網紅（Influencer），因為他們的觀點幫助我們對這應用程式為世界帶來的衝擊有更鮮活的理解。

　　從本書開始寫作之時，我就有問過並希望能訪問到馬克·祖克柏。在過去幾年內我訪問過他數次，也看著他在2018年在美國國會作證十小時，且我認為，他做為臉書的CEO，在社會大眾的觀感中已成為某種壞人。而我告訴臉書的公關代表，像這樣的一本書會是很好的機會，重新檢視曾被寫入報導、臉書歷史的重要時刻，並且挖掘出我們當時尚不能完全理解的種種。

　　當然我會提出一些困難的問題，但我可以從最簡單的問題開始問起。為什麼祖克柏要買下Instagram？我想知道在部落格文章之外的個人故事。到底是怎樣的想法和契機，讓他決定他要在2012年4月的某個星期四，拿起電話要**盡快**收購這間公

司？而且並不只是買下公司，而還承諾讓他們保持獨立？

　　在本書截稿日的一個月之前，我收到臉書公關的一封電子郵件，以及祖克柏對此問題的回答：

　　「很簡單。因為Instragram是個好服務，而我們想要幫助他們成長。」

　　這就是他對整件事想說的話。而為了為你帶來完整的故事，我必須仰賴他與別人的對話，去重現祖克柏在關鍵時間所說的話，或者他當時的想法。我有試圖跟臉書確認這些對話是否正確，但他們大多選擇不評論這些軼聞。

　　總之，讀者們不能假設書中談到的人們，有一五一十地將談話內容告訴我。在多數的案例裡，他們都是憑藉著自己的記憶告訴我他們當時的談話內容。但有時候在場的其他人會記得更多細節。我在書中完整寫下他們訪問時所重述的內容，試圖以參與者所記得的一切去再現Instagram的旅程。但就算我的訪談對象們記得自己的思考與文字，仍可能只記得簡化後的版本，或者是記錯成與其他訪談對象相互矛盾的內容，畢竟Instagram的故事發展了十年之久。在這本書我試圖提供最真實的Instagram的故事，除了我以外，沒有加入任何濾鏡。

—— 前言 ——

超級網紅

在巴西的聖保羅（San Paulo），有一條被稱作蝙蝠俠巷（Beco do Batman）的街頭藝術的開放空間藝廊，這暱稱早在那幅著名壁畫出現前就已存在：一幅高十七英尺的斑駁壁畫，描繪巴西足球傳奇球星比利（Pelé）擁抱黑暗騎士（the Dark Knight）。我們知道他是比利是因為他球衣上的十號背號與名字。因為他背對著我們，臉頰貼著蝙蝠俠的面具，或許是在接吻或跟蝙蝠俠說祕密，與此同時蝙蝠俠的手抓著比利的下背部。

　　某個3月的禮拜六，一名年輕少女站在壁畫前，她的身高大約到比利球衣上的背號。她刻意裝扮地看似休閒，戴著太陽眼鏡，穿著紅色運動鞋以及鬆垮的白上衣。朋友拍下她微笑的照片，接著又拍了幾張她望著遠方看似沉思的照片。他們移往下幅壁畫，接著又換一幅，耐心地等待輪到他們與更知名的背景圖合影的機會。許多人也有相同的舉動，包含三位穿著短版上衣、即將成為媽媽的遊客，他們的朋友在一幅超現實的紫色蘭花前，拍攝下他們的孕肚。附近有名金髮小女孩，抹著鮮紅

的口紅，穿著亮閃閃的藍紅相間短褲與寫著「爸爸的小怪獸」（Daddy's Little Monster）的上衣，拿著一根球棒站在一幅不祥之鳥的壁畫前拍照；她的媽媽教她把球棒拿高一點、緊一點，這樣才更像漫畫《自殺突擊隊》（*Suicide Squad*）裡面的小丑女哈莉・奎茵（Harley Quinn）。她也照著做了。

在這條巷子的轉角，許多小販也向這群人販售啤酒與首飾。有名男子彈著吉他唱著葡萄牙文的歌，希望為他的音樂累積知名度。他在吉他上貼著一張貼紙，上面寫著他的社群媒體帳號，以及那個在此唯一有意義的應用程式的Logo：Instagram。

隨著Instagram的崛起，蝙蝠巷也成為聖保羅的熱門觀光景點。在蝙蝠巷中，許多小販透過像 Airbnb 等旅遊活動網站，提供每人四十美元、共兩小時的「私人狗仔」服務，幫遊客拍攝能放到Instagram的高畫質照片。在全世界的各個城市，這類服務已變成Airbnb的旅客最愛訂購的服務之一。

對業餘攝影師而言，唯一的成本就是照片拍不完美的壓力。有位女士抱著為了一瓶可口可樂爭吵的兩個小孩，讓她的妹妹能夠站在有著藍綠羽毛的孔雀前擺姿勢。剛剛跟孔雀拍完照的年輕女孩，因為她的旅伴浪費機會拍了一張取景角度不佳的照片而生氣。但沒人拍下這群攝影師；在 Instagram 上面，修飾後的照片成為真實，並吸引越來越多人造訪此地。

我來到這條巷子是因為蓋布爾（Gabriel）的推薦，我來到巴西的第一天在壽司吧用餐時，他恰好坐在我隔壁。我的葡萄牙文說得太爛，他那時出面幫我翻譯與店員溝通。我向他解釋說，這趟旅程我想要多瞭解Instagram對全世界的文化所造成

的衝擊。我們邊聊天，壽司師傅邊遞上生魚片與握壽司，蓋布爾一面拍下每盤餐點並傳到他 Instagram 的限時動態上，一面感嘆他的朋友們太執著於分享自己的生活，以至於他不確定他們是不是真的有在「過生活」。

· · · · · · · · · · · · · · ·

　　每個月有超過十億人使用 Instagram。我們拍下食物、自己的面孔、最愛的風景、家族成員與個人嗜好的照片或影片，並在 Instagram 上分享，希望能藉此映照出我們是誰，以及我們想要成為的模樣。我們透過與貼文互動，希望建立更緊密的關係與人脈，或者打造個人品牌。這就是現代生活的運作方式。我們很少有機會去反思我們是怎麼走到這地步，以及這所代表的意涵。

　　但我們應該要這樣做。Instagram 是最早充分利用我們和手機關係的應用程式之一，迫使我們透過鏡頭去體驗生活，以得到數位認可的獎勵。Instagram 的故事也是個震撼教育：讓我們了解到社群媒體公司的內部決策 —— 包含傾聽哪些用戶、打造哪種產品以及衡量成功的方式 —— 能如何劇烈地影響我們生活的模樣，以及什麼人能從中受益。

　　我想帶領讀者一窺 Instagram 的創辦人凱文・斯特羅姆（Kevin Systrom）與麥克・克里格（Mike Krieger）在思考這項產品能如何影響人們的注意力的幕後故事，因為他們所做出的所有決定都產生了劇烈的漣漪效應。舉例來說，當他們把公司賣給臉書時，雖然確保 Instagram 能走得更遠，卻也幫助這個社群媒體巨人在競爭者面前，變得更加強大並可怕。在賣

掉公司之後，兩位創辦人因為對臉書的功利主義、極端成長導向的文化感到破滅，他們決定抗拒這股文化，轉而專注於精雕細琢這項產品，而 Instagram 的流行，正是由廣大使用者在上面述說自己的故事才形塑而成。但這計畫執行得太完美，也讓 Instagram 的成功最終威脅了臉書以及公司的 CEO 馬克·祖克柏。

雖然在 2018 年，兩位創辦人很突然的離去，為他們的創業故事畫下句點，但我們其他人與 Instagram 的故事卻方興未艾。Instagram 已經與日常生活交織在一起，以至於我們難以從這公司的故事中抽離。無論是在學校、志同道合的社群或全世界，Instagram 已成為衡量文化相關性的工具。全球人口中有一大群人透過讚（like）、評論、追蹤者與業配等方式來獲得數位上的認可與驗證。在臉書的內外，Instagram 故事的核心就是資本主義與自我的交會：為了保護自己的心血以及看似成功的形象，大家願意付出多少。

這應用程式正以前所未見的方式變成名人製造機。根據網紅分析公司 Dovetale 的研究，只要擁有超過五萬名粉絲人數，就能靠發表品牌合作貼文過活，而全世界有超過兩億名 Instagram 用戶達到這門檻，還有將近 0.01% 的 Instagram 使用者擁有超過百萬名粉絲。Instagram 擁有廣大的用戶群，有 0.00603% 的人，也就是六百萬名 Instagram 名人，其中多數都是透過此應用程式成名。為了讓你理解這規模有多大，請想像一下有數百萬名人與品牌在 Instagram 上所擁有的粉絲，都超過《紐約時報》（*New York Times*）的付費訂戶數。Instagram 名人就像經營個人的媒體公司一樣，在平台上展露品味、訴說故事

以及娛樂大眾,而這類的行銷方式已成為數十億美元的產業。

無論你是不是Instagram的使用者,在Instagram上發生的各種行為已在潛移默化中影響了人類社會。想要吸引我們目光的企業 —— 從旅館、餐廳到大型的消費性品牌 —— 改變銷售空間的設計、行銷產品的手法並調整銷售策略,以迎合新型態的視覺溝通手段,讓一切都值得被拍照上傳到Instagram。藉由觀察銷售空間、產品或者是住家設計的方式,我們能「親眼看見」Instagram的影響力,相比之下,我們就很難輕易看出臉書跟推特(Twitter)的影響力。

舉例來說,我寫作本書所利用的一個位於舊金山的工作空間,那邊的藏書並不依照作者或書名排序,而是依照封面的顏色:若以合乎Instagram美學而非用探索書籍的目的來看,這樣的安排方式非常合理。一間創立於曼哈頓的連鎖漢堡店Black Tap,把整塊蛋糕放在讓人沉淪的奶昔之上,好長一段時間,有許多人為了買這些飲料而大排長龍。即便很少人能吃完這份超大型甜點,但他們仍為了拍照而買。在日本,更創造出「Insta-bae /インスタ映え」這個新名詞,形容像這般專為Instagram設計的浪潮。無論是穿搭或三明治,只要越「インスタ映え」的東西,就越有潛力在社群上與商業上獲得成功。

在倫敦訪問的一位大學生告訴我,在Instagram擁有越多粉絲的人,就意味著越有機會成為校園的領導人物。另一名在洛杉磯訪問到的女孩,雖然她仍未超過法定飲酒年齡,卻因為她在Instagram上有不少粉絲,而收到夜店公關邀請她參加專屬活動。而另一對我訪問到的印尼夫妻,因為他們的女兒在日本念書,每年夏天他們會用行李箱把日本的產品帶回來後,在

當地拍照上傳到Instagram銷售。有一對巴西的情侶，在自家的廚房裡展開烘焙事業，吸引了成千上萬名的粉絲，因為他們用甜甜圈做出「I love you!」的形狀。

Instagram甚至助長了名人職涯與帝國的發展。實境秀家族卡戴珊–詹娜（Kardashian-Jenner）的經理人克莉絲・詹娜（Kris Jenner）表示，Instagram帶領他們超越實境秀《與卡戴珊一家人同行》（Keeping Up with the Kardashians）的侷限，轉變為可以全年不間斷地推廣內容與品牌的宣傳機器。克莉絲住在加州隱山市（Hidden Hills）皇宮般的家，她在四點半到五點之間起床後的第一件事，就是查看Instagram。「我可以說只要上Instagram就能檢查我的家人、我的孫子跟我的事業的狀況。」她解釋，「我剛剛就看了一下我的小孩。他們都在幹嘛？他們醒著嗎？他們有準時張貼工作相關的照片嗎？他們正在玩耍嗎？」

Instagram的發文排程表貼在克莉絲的辦公室中，但她每天晚上跟早上也會收到一份紙本版。她跟她的孩子們不僅協助曝光數十個品牌，包含愛迪達（Adidas）、Calvin Klein與Stuart Weitzman，同時也經營自有的化妝與美容系列產品。金・卡戴珊・威斯特（Kim Kardashian West）、凱莉・詹娜（Kylie Jenner）、肯朵・詹娜（Kendall Jenner）、克蘿伊・卡戴珊（Khloé Kardashian）與柯特妮・卡戴珊（Kourtney Kardashian）五姊妹加起來，共可以觸及超過五億名粉絲。

我們談話的當天，克莉絲也正前往女兒凱莉的肌膚保養系列產品的開幕派對途中，這派對的粉色主題也非常適合IG。她回想起凱莉首次問到有沒有可能不透過實體店鋪銷售，只透

過Instagram貼文展開銷售口紅的事業。「我那時跟她說：『我建議妳先選出三種顏色放進妳的唇彩盤就好，而且最好是妳自己喜歡的顏色。這麼一來，妳要不就是會讓妳的產品驚豔眾人並銷售一空，要不就是一敗塗地，並且一輩子就只能塗這三種顏色的口紅。』」

那時是2015年，她們共同在克莉絲的辦公室，看著凱莉貼出網站連結。幾秒之內，所有的商品就銷售一空。「我認為這一定有問題。」克莉絲回想。「系統有錯誤嗎？還是網站壞掉了？到底發生什麼事了？」

但這並非僥倖。這個事件顯示出只要她女兒號召粉絲做什麼事，他們都會照做。在接下來的幾個月內，只要凱莉在她的Instagram宣布新產品即將上市的消息，就會有超過十萬名的網友在網站上等待開售。四年過後當凱莉二十一歲時，她成為《富比世》雜誌（Forbes）的封面人物，並宣布她是史上最年輕的「白手起家」億萬富翁。現在，Instagram上的美妝達人似乎都擁有他們自己的系列產品。

· · · · · · · · · · · · · · · · · ·

十億這數字在我們的社會裡意義重大，尤其在商場上，它是個頗具代表性的指標，因為這意味著你達成其他人很難企及的獨特地位，晉升到更高的階層，不僅受人景仰也具新聞價值。2018年，當《富比世》雜誌報導凱莉·詹娜有超過九億美元的身價時，知名但也具爭議性的Instagram搞笑帳號@thefatjewish的管理者賈許·歐斯托夫斯基（Josh Ostrovsky），呼籲他的粉絲參與群眾募資，為凱莉籌措一億美元。他在一則

貼文寫下：「我不想要活在一個凱莉・詹娜身價未破十億美元的世界。」也帶起一波網友群起嘲諷的熱潮。

臉書收購Instagram這樁交易案不僅在市場投下一顆震撼彈，在被收購後，Instagram也成為首個估值破十億美元的行動應用程式。Instagram的成功看似不可思議，正如所有的新創公司一樣。當這應用程式於2010年推出時，並非一開始就是讓大家爭奇鬥豔或是建立個人品牌的平台。當初Instagram最令人著迷的是，人們能透過手機鏡頭一探他人的生活方式與感受。

科技專家克里斯・摩西納（Chris Messina），也是Instagram的第十九名用戶與主題標籤（hashtag）的發明人，他認為在當時，能藉由Instagram體會別人視覺觀點的概念是很新奇的；在心理作用上，或許就像是太空人首次從外太空看地球一般。在Instagram上，你可以深入認識挪威的馴鹿牧者與南非編籃者的生活。你同時也能分享與反思自己的生活，並藉此感到深刻。

「Instagram帶著人們一窺人性，改變了人們觀看萬事萬物的方式，以及Instagram 對人們的重要性，」摩西納解釋，「Instagram 不僅映照著我們自身，也讓每一個人都能為我們體會世界的方式有所貢獻。」

隨著Instagram成長，兩位創辦人也嘗試保留住這樣探索的感覺。他們成為這世代的美學領導者，是他們啟發人們開始重視吸引目光的體驗，我們也透過與朋友與陌生人分享以獲取讚與追蹤的獎勵。他們費盡心力在內容的策略上，以展現他們認為Instagram的正確用法：一個展示多元觀點與創意的場

域。他們避免利用某些臉書的宣傳機制,像是傳給使用者大量的通知跟電子郵件。他們抗拒可能助長網紅經濟的工具,舉例來說,你不能在Instagram的貼文中加上超連結,或者像在臉書一樣分享其他人的貼文。

直到不久前,Instagram 也未曾為了讓人們更容易與他人做比較或提高使用頻率,而改變系統內建的計算機制。在應用程式中,Instagram 只提供三種簡單計算成效的數據:粉絲人數、追蹤中的帳號數量以及每張照片的按讚數。僅僅這樣的數據回饋,就足以讓人感到興奮甚至上癮。每增加一個讚與粉絲,都會讓用戶獲得一點滿足感,並傳遞多巴胺至大腦的獎勵中樞。隨著時間的進展,人們找出在Instagram上有好表現的方式,不僅獲得身分地位的肯定,甚至也能獲得商業上的機會。

而原先為了改善手機拍出來的低畫質照片而生的濾鏡,也讓Instagram成為修圖生活照的集散地。用戶開始會預設並接受,他們看到的照片都為了更好看而修過了圖。與圖片所展現的渴望與創意相比,真實與否已無關緊要。Instagram社群甚至發明出 # nofilter(無濾鏡)的標籤,讓人們知道這些照片是無修圖而真實的。

在Instagram上最大、共擁有三·二二億名粉絲的帳號,是由公司所管理的@instagram。這一點非常合理,因為Instagram對他們所形塑的世界擁有最高的影響力。在2018年,Instagram的每月使用者達到十億人,也是他們的第二個「十億」里程碑。但不久之後,兩位創辦人就離開公司。因為斯特羅姆與克里格發現到,就算你晉升到商業成功的最高位階,你也不一定總能得到你想要的一切。

第一章

代號：計畫

「我喜歡這樣說：我很危險，因為我懂得寫程式，而且我又夠有交際天分，能把公司賣掉。我認為這在創業上是很殺的組合。」

—— 凱文・斯特羅姆，Instagram 共同創辦人

凱文·斯特羅姆從沒想過輟學，但他怎麼樣都想認識一下馬克·祖克柏。

斯特羅姆高約六·五英尺（約一百九十八公分），有著深褐色的頭髮、瞇瞇眼與長方臉。2005年初，他透過史丹佛大學的共同好友約到這名本地的新創公司創辦人，在舊金山的一場派對上，他們邊聊天邊喝著裝在紅色塑膠杯裡的啤酒。祖克柏因為他創立的 TheFacebook.com 而成為科技圈的金童，這個社群網站是他與朋友在一年前在哈佛大學創設，逐漸拓展到了全國的各個大學。學生會利用這網站簡短更新近況，並把內容分享到他們的「牆」上。TheFacebook.com 只是個簡單的網站，有著白色的背景與藍色的邊框，並不像另一個社群網站 Myspace 有著鋪張的設計與可客製化的字體。他們的網站成長飛快，讓祖克柏認為他毫無理由要回去學校念書。

在離史丹佛大學一哩遠的大學道（University Avenue）上的趙麵館（Zao Noodle Bar），祖克柏想要說服斯特羅姆也做出跟他一樣的決定。他們都剛超過法定能飲酒的年齡，但祖克柏看起來比較年輕：他比斯特羅姆略矮十英寸（約二十五公分），頭髮微捲並有著淡粉色的肌膚，總穿著愛迪達的拖鞋、鬆垮的牛仔褲與有著拉鍊的連帽衫。除了個人檔案頁面的大頭照之外，他還想把照片的功能加入臉書，並希望找斯特羅姆來負責開發這項工具。

斯特羅姆對祖克柏有意招募他一事感到高興，因為他覺得祖克柏非常聰明。他不認為自己是天才軟體工程師。在史丹佛大學來自世界各地的高材生中，他覺得自己只是個平凡人，而且在他資工系的第一門課只勉強拿到B的成績。即便如此，他

仍大致符合祖克柏想找的員工類型。他確實喜歡攝影，他其中一項業餘專案Photobox，能讓大家在上傳大尺寸的圖檔後，分享或印出照片，尤其是當他加入的Sigma Nu兄弟會辦完派對之後。

Photobox有點讓祖克柏感興趣，且他那時還沒那麼挑剔。畢竟招聘永遠是打造新創團隊最困難的一部分，而TheFacebook.com 的成長速度快到他急需更多人手。那年年初，祖克柏甚至站在史丹佛大學資工系館的外面，拿著介紹公司的海報，希望能像社團招募社員一樣找到願意加入的工程師。他很努力地向斯特羅姆解釋，他提供的是千載難逢的機會，能在草創階段就加入一間未來前途無量的公司。臉書接著會開放給高中生加入，最終更開放給全世界的人使用。這間公司即將跟創投家募得更多資金，甚至有一天會超過雅虎（Yahoo!）、英特爾（Intel）或HP電腦（Hewlett-Packard）的規模。

那一天，當祖克柏要刷信用卡付餐費時，卻發現他的信用卡刷不過。他把這怪罪給公司的總裁西恩・帕克（Sean Parker）。

幾天過後，斯特羅姆在校園附近的步道與創業學程指派的業師（mentor）菲恩・曼德鮑（Fern Mandelbaum）散步，她是1978年史丹佛MBA的畢業生，並在創投產業工作。她擔心如果斯特羅姆將自己的一切都奉獻給他人的願景，實在太浪費他身上的潛力。「別淌臉書的渾水。」她說。「這只是個熱潮，並不是個長遠生意。」

斯特羅姆也同意。不管怎麼說，他來到矽谷（Sillicon

Valley）並不是為了加入新創公司而致富。他想要獲得世界一流的教育並從史丹佛大學畢業。他感謝祖克柏花時間找他加入，並決定踏上另種形式的冒險：去義大利佛羅倫斯留學。他們還能保持聯絡。

· · · · · · · · · · · · · · · · ·

　　跟 TheFacebook.com 相比，佛羅倫斯提供斯特羅姆一個截然不同的環境。他不確定自己是否該投身科技業。他最初申請史丹佛大學時，想要主修的是結構工程跟藝術史。他想像自己能環遊世界，到處修復老教堂或繪畫。他喜歡研究藝術背後的科學，以及簡單的創新如何全面改變人們溝通的方式：譬如建築師菲利波‧布魯內萊斯基（Filippo Brunelleschi）在文藝復興時期重新發現了交點透視法（linear perspective）。在這之前，西方歷史裡的繪畫都很平面且不寫實。15 世紀以後，透視法把景深帶入繪畫之中，使其變得栩栩如生。

　　斯特羅姆喜歡思考東西是怎麼做出來的，解析哪些系統及細節與高品質產品的生產息息相關。他在佛羅倫斯開始有些著迷於義大利的技藝，像是釀造葡萄酒的流程、皮鞋從定型到縫製的程序，以及做出一杯正宗卡布奇諾的手法。

　　早在斯特羅姆無憂無慮的童年期，當他尚在探索嗜好時，就已經展現出這般執著於專業並追求完美的態度。生於1983 年，斯特羅姆跟著他的姊姊凱特（Kate），在麻薩諸塞州（Massachusetts）的市郊城鎮霍利斯頓（Holliston）的一間坐落於綠樹成蔭的街道上，有著長長車道的雙層公寓中長大，從波士頓只要往西開約一小時就能抵達此處。她充滿活力的母

親黛安娜（Diane），曾是附近一家就職網站公司Monster.com的行銷副總，後來加入了租車公司Zipcar，並在網際網路還要經由電話線連接時，就帶她的小孩認識這技術。他的父親道格（Doug）在經營馬歇爾（Marshalls）和好家在（HomeGoods）這兩家折扣商店的大集團中擔任人力資源主管。斯特羅姆是個很誠懇、好奇的小孩，喜歡去圖書館並在電腦上玩《毀滅戰士二》（*Doom II*）這款具未來感且充滿惡魔敵人的第一人稱射擊遊戲（first-person shooter game）。他開始認識程式設計，就是因為想在遊戲中自己創造關卡。

他熱衷投入的事物總是換來換去，周遭的人總得聽他說最近他又迷上的事物 —— 有時還真的「聽」得到。就讀米德爾薩克斯（Middlesex）寄宿學校時，有一段時間他迷上當DJ，買了兩個DJ轉盤，並在宿舍房間窗外裝一支天線，將他的廣播電台放送出去。玩電子樂的人當時還只是小眾。還只是青少年的他，甚至還偷混入超過二十一歲才能入場的夜店，觀察他的偶像如何玩音樂，卻很循規蹈矩地沒有偷喝酒。

大家要不很快就喜歡上斯特羅姆這個人，要不就認為他只是個自命不凡、總是高高在上、愛裝腔作勢的人。他善於傾聽別人說話，但同時也很喜歡教人怎麼做才是對的，且他對很多事情都有涉獵，所以總讓人感到驚奇或眼花撩亂。他就是那種很擅長某件事卻老說自己不懂，或是明明夠資格，卻說自己水準還不夠的人，不確定他到底是想展現親和力，或者只是藉著假裝謙虛自誇。舉例來說，為了融入矽谷的文化圈，他會提起他高中和大學時期很宅的事蹟，如打電動與寫程式，但他鮮少提起他也是袋棍球隊的隊長，並且主辦過大學兄弟會的奢華派

對。同兄弟會的人認為他很有創意,因為他懂得怎麼製作出吸
引到上千人出席活動的網路爆紅影片。他在2004年的首支影
片作品〈月濺〉(Moonsplash),就找來兄弟會的成員穿著不
合時宜的戲服,跟著史努比狗狗(Snoop Dogg)的〈Drop It
Like It's Hot〉的節奏起舞。而斯特羅姆總會在現場擔任DJ。

攝影是他最長期的個人嗜好之一。他在高中課堂上曾寫
過,他喜歡用這媒介「向眾人展示我怎麼看這世界」並「鼓勵
其他人用新的方式欣賞這世界」。在他前往文藝復興的發源地
佛羅倫斯之前,就對那裡瞭若指掌。經過一番研究之後,他也
存錢買下當時仍負擔得起的高畫質相機與最高銳利度的鏡頭,
希望能在攝影課上用這台裝置拍照。

佛羅倫斯攝影課的老師是位名叫查理的男子,他對此表現
得冷漠。「你不是來這裡學習完美的,」他說。「把那相機交
給我。」

斯特羅姆以為教授只是要調整相機的設定。但他反而把那
台相機收到他身後的房間,然後交給斯特羅姆一台名為「好
光」(Holga),只能拍攝模糊方形黑白照片的小裝置。這台塑
膠外殼的相機,跟玩具沒啥兩樣。查理不允許斯特羅姆在接下
來的三個月內用高階相機拍照,因為能拍出高畫質的工具並不
是好藝術的必備條件。他囑咐:「你必須學著愛上不完美。」

2005年,在斯特羅姆大四的那年冬天,他在各家咖啡廳
的不同角落拍照,嘗試去欣賞模糊與失焦照片的美。將方形照
片透過修圖變成藝術的概念,也扎根在斯特羅姆的心中。更重
要的是,這堂課也教會他,並非技術越複雜的東西就一定越
好。

　　與此同時，斯特羅姆開始為即將到來的暑假做準備。他勉強錄取的史丹佛梅費爾德學人計畫（Stanford Mayfield Fellows Program）規定，他得去新創公司實習。跟所有史丹佛學生一樣，他獲得近距離感受網路產業重生的機會。第一代的網路公司把資訊跟生意帶往線上，在90年代後期推波助瀾成為令人歎為觀止的網際網路淘金熱潮（dot-com gold rush），並在2001年以大崩盤收場。投資人為了與先前失敗的公司做出區隔，創造出新的術語「Web 2.0」來形容這些新世代的網路公司。與前輩相比，他們打造的網頁更具互動性也更有趣，並仰賴使用者所創造出的資訊，像是餐廳的評論或部落格的文章。

　　熱門的科技新創很多都會設立於帕羅奧圖（Palo Alto）的市郊，這些有著像是Zazzle或FilmLoop之名的公司，為了方便招募人才，都盡可能在市中心離史丹佛大學越近的地方開店，並進駐原先荒廢的空間。同計畫的同學多都選擇去這裡實習。但夏天的帕羅奧圖是個很無聊的地方。

　　斯特羅姆在《紐約時報》上讀到一篇報導在談網路有聲產業的趨勢，並看到一間在做網路播客（podcast）入口網站的公司Odeo。他後來決定想要到這裡實習。他寄自薦信給Odeo的執行長伊凡‧威廉斯（Evan Williams），他在這間位於舊金山以北車程約四十五分鐘的新創公司，已投注多年心力。威廉斯在網路圈成名已久，因他曾將部落格平台Blogger賣給谷歌（Google）。斯特羅姆最終得到實習機會，他每天搭火車進城，市區的氛圍令人他感到興奮，因為城裡有許多高水準的威士忌酒吧與演出現場音樂的場地。

• • • • • • • • • • • • •

　　Odeo的新進工程師傑克・多西（Jack Dorsey），原本以為他會討厭這整個夏天將坐在他隔壁的二十二歲實習生。他想像中，這位來自特殊的創業學程，並且畢業自東岸菁英寄宿學校的大學生，在受到這兩個貧乏且陳腐的環境影響，絕對很沒有創意。

　　自紐約大學輟學、有著反基督的刺青且戴著鼻環的二十九歲青年多西，認為自己比起工程師，更像名藝術家。有時候，他會想像自己成為時裝設計師。他雖然是名工程師，但這只是他達成最終目標的手段：他想要透過程式碼從零創造出新事物。此外，這份工作有讓他有錢付房租。他並不是那種懂得怎麼跟實習生打交道的人。

　　但多西驚訝的是，他跟斯特羅姆很快就成為好朋友。只有一小部分的Odeo員工在班南街（Brannan Street）上的辦公空間工作，而且他們多數茹素，所以多西跟斯特羅姆在午餐時間會一起走去附近的小攤販買三明治。後來他們發現彼此有共通的音樂品味，且都懂得如何鑑賞咖啡。他們也都喜歡攝影，在矽谷裡並沒有很多工程師能跟多西聊這些話題。斯特羅姆也會透過請教多西怎麼寫程式，來討自學程式的多西歡心。

　　斯特羅姆也再一次展現出他對完美的執著。當他學會寫JavaScript程式語言之後，他開始在乎琢磨文法與風格的技巧，想讓程式碼看起來更好看。多西完全不能理解這麼做的理由，甚至覺得這對矽谷的駭客文化圈而言是種褻瀆，他們崇尚速戰速決。就算程式碼擠成一團也沒關係，就跟膠帶一樣，重

點是能不能把東西黏起來。除了斯特羅姆之外，沒人在乎程式碼的結構漂不漂亮。

斯特羅姆有時也會分享他從其他上流的興趣中領悟出的思想，雖然多西並沒機會嘗試看看這些興趣。儘管如此，多西還是從這實習生身上看到某部分的自己：對文化有些理解，也對此有自己的想法，而且不像多數商學院畢業的學生一樣，只奢求成為公司裡的小齒輪並致富。當多西對斯特羅姆感到放心之後，他不禁好奇斯特羅姆的未來會怎麼發展。但他後來發現，斯特羅姆決定畢業後會去谷歌工作。「這不意外。」多西想。斯特羅姆終究是典型的史丹佛人。

· · · · · · · · · · · · · · ·

在離開Odeo後，加入谷歌之前，斯特羅姆在他就讀史丹佛的最後一年，在保羅奧圖大學路上的總督咖啡店（Caffé del Doge）靠沖煮濃縮咖啡賺點小錢。有一天，祖克柏走進咖啡店時，對於他曾想招募的人會在此打工覺得很困惑。就算在那時候，這位執行長仍不喜歡被拒絕。於是他彆扭地點完餐後就離開了。

後來被簡稱為臉書（Facebook）的TheFacebook.com，在斯特羅姆沒有加入之下，於2005年的10月推出照片功能。兩個月之後，新發明的朋友標註（tag）功能，為這間公司帶來更豐厚的成果。還沒在用臉書的人會突然收到電子郵件，提醒其他人已把有他們在內的照片上傳到網站上。這一招是臉書其中一種能成功促使更多人使用社群網站的機制，雖然這做法有點令人毛骨悚然。

斯特羅姆有點惋惜自己錯過這機會。現在有超過五百萬人在使用臉書，而且他理解到他當時對臉書的預測有誤。他有試著要加入臉書，並找到一個在祖克柏麾下負責產品營運的員工。但這人後來就沒回信，斯特羅姆想說這代表著他們沒有興趣找他加入。

Odeo的團隊也剛上線讓人更新狀態服務的新產品Twttr，發音就跟twitter（譯注：原意為小鳥的叫聲，後來也演變為社群媒體Twitter的名稱）一樣。而多西當時是Twttr的執行長。斯特羅姆仍與這位朋友暨前同事保持聯繫，並頻繁地使用Twttr以展現對他的支持。無論他煮了什麼、喝了什麼或看到什麼，斯特羅姆都會發布在上面，儘管當時這網站只能上傳文字。一名Odeo的員工告訴斯特羅姆說，總有一天全世界的名人跟品牌商，都會使用Twttr與人們溝通。「他們瘋了。」斯特羅姆這樣想。「沒有人會用這個東西。」他想不出合適Twttr的用途。斯特羅姆從未想過重新加入Odeo，而他們也沒想過要找斯特羅姆回鍋。

很少有人初出茅廬就有機會加入指標性的公司。而斯特羅姆浪費了兩次機會，並選擇風險較低的路。對他而言，有著管理與工程的學位，從史丹佛畢業後加入谷歌，基本上就跟去念研究所沒兩樣。他的底薪只有六萬美元 —— 與臉書可能帶給他一筆改變人生的財富相比沒多少 —— 但他將在谷歌經歷一場矽谷式的震撼教育。

創立於1998年的谷歌，於2004年上市，創造出許多百萬富翁，並把矽谷帶出dot-com經濟泡沫的陰影。當斯特羅姆於2006年加入時，谷歌已有近一千名員工。與小公司Odeo相

比，谷歌在公司經營上更加有條理與成熟，且多數員工都畢業自史丹佛並善於用數據做決策。就是這樣的公司文化，讓當時負責谷歌的首頁、後來成為雅虎執行長的梅麗莎・梅爾（Marissa Mayer），做出著名的網站測試：從四十一種藍色文字的陰影中，找出哪一個能為頁面的超連結帶來最高點擊率。陰影之戰最後由淺紫色以些微差距打敗淺綠色，並幫助谷歌一年增加兩億美元的營收。看似無關緊要的改變，應用到數百萬或數十億的使用者身上時，就會產生巨大的不同。

這間搜尋引擎公司做過上千次像這樣的測試 —— 俗稱為A/B測試，這方式會向不同的用戶群提供不同的產品體驗。在谷歌內部，認定每個問題都會有最佳解，且都能透過量化分析找出答案。這間公司的行事風格，讓斯特羅姆想起資工系課上的資優生，為了讓別人印象深刻，總是用過度複雜的方式思考事情。這做法很容易導致解決錯誤的問題。舉例來說，當谷歌的員工鑽研攝影時，他們可能會想要做出最好的相機，而非拍出最動人的照片。查理教授一定會被這嚇到。

斯特羅姆認為更刺激的，是當谷歌的員工捨棄既定流程，改用直覺思考的時候。他在谷歌負責撰寫Gmail的行銷文案，當時團隊在思考要如何讓Gmail用起來更快。他們的解決方案很有創意：當用戶進到Gmail.com並開始輸入使用者名稱時，系統會在用戶輸入密碼的同時開始下載收件夾的資料。當他們登入成功之後，就有些信件能夠讀取了，這麼一來就算沒有高速的網路頻寬，也能提供更好的使用者體驗。

谷歌從沒想過讓斯特羅姆加入產品開發團隊，畢竟他沒有資工的學位。他厭倦了寫行銷文案，於是他開始教年輕同事如

何使用公司的義式咖啡機做出咖啡拉花。後來他轉到谷歌的交易團隊，觀察這間科技巨頭是如何追求並收購小型公司。他會做投影片分析收購的目標與市場機會。但唯一的問題是：2008年，美國的經濟因為貸款違約的緣故陷入危機，谷歌沒想要買任何一間公司。

「我該怎麼做？」斯特羅姆問他的一名同事。

「你應該學去打高爾夫球。」那位同事建議他。

「我太年輕了，高爾夫球一點都不適合我。」斯特羅姆決定，是時候該邁出人生的下一步了。

· · · · · · · · · · · · · · ·

才不過二十五歲的年紀，斯特羅姆就已經領略過三種不同的公司文化：從成長導向的臉書，到隨性的推特以及遵守程序到有點學究的谷歌。他能夠認識他們的領袖並理解背後驅動他們的動力，揭開他們的神祕面紗。局外人會認為，矽谷是由許多天才所運作的；但像斯特羅姆這樣的局內人就明白，每個人都跟他一樣有脆弱的一面，人們也會漸漸想透這件事。斯特羅姆不是名宅男，也不是駭客，更不是量化分析師。但他或許也有資格成為創業家。

害怕風險的他，仍不願在毫無薪水的情況開始創業，他選擇到讓網友分享各自的旅遊祕訣的小型新創公司Nextstop擔任產品經理。在平日晚上跟週末，他會在咖啡店裡學習新技能：打造手機程式。

2009年在舊金山的咖啡店裡有許多像斯特羅姆一樣的人，一邊開發並修改程式，一邊寄望行動電話能引領下一波的

科技淘金熱，且比 Web 2.0帶來更多機會。2007年，在蘋果公司（Apple）推出 iPhone 之後，智慧型手機也改變了上網對人類的意義。網際網路不再只是用來完成事項的工具，譬如檢查電子信箱或在谷歌上搜尋；網際網路現在將跟日常生活變得更緊密，因為人們將連網的手機放入口袋裡跟著移動。

有了網路，開發者可以提供完全新型態的軟體，不管使用者在哪，服務都會跟著走。大型的網路服務像是臉書跟電台串流服務 Pandora，都是2009年春天最流行的應用程式之一。除此之外，幾款很具話題性的工具，像是提供性感桌面圖片的 Bikini Blast，或是能根據按下的按鈕發出不同種屁聲的 iFart，也是當時很紅的應用程式。這場應用程式的競賽人人都能角逐，但主導的多是身在舊金山的二十幾歲白人男性，競相拋出各種點子，就看誰可以存活下來。

斯特羅姆只知道怎麼做手機網頁，對打造手機應用程式一竅不通。但他認為自己擁有更全面的能力，可以彌補技術功力的不足。他也希望這能力幫助他找出會讓普通人覺得更好玩且感興趣的創業點子。他透過不斷練習學怎麼開發手機程式，就跟當初他學怎麼當 DJ、或用牛奶泡沫拉出葉子圖案、或成為更好的攝影師都一樣。他隨機做了一些工具，例如讓人們能評價餐點而非餐廳的服務 Dishd。他的史丹佛好友奎格·豪可姆斯（Gregor Hochmuth）幫他開發出一項工具能在網路上蒐集餐廳的菜單，這麼一來用戶就可以直接搜尋食材名稱（如：鮪魚），並找出有提供相關餐點的餐廳。

那年下半年，斯特羅姆推出新服務 Burbn，命名由來是他愛喝的肯塔基州波本威士忌。這個手機網站完全滿足了斯特羅

姆都會生活的社交需求。人們可以在上面說他們去過哪裡，或者他們要去哪些地方，所以朋友可以到那裡找他們。人們越常出門，就能獲得越多虛擬的獎勵。網站的配色就跟蠟封後的波本威士忌一樣，有著不太吸引人的棕色與紅色。而且為了在貼文加入圖片，你必須把照片用電子郵件寄到系統中，因為當時並沒有其他方法能達成這項技術需求。儘管如此，這個點子已經好到足以取得躋身矽谷應用程式競賽的資格。

2010年1月，下定決心向投資人提案且為了有正當理由從Nextstop離職的斯特羅姆，決定出席辦在舊金山鍋柄區（Panhandle）一帶的馬多藝術酒吧（Madrone Art Bar），專為新創公司舉辦的「第六感」（Hunch）派對。許多創投家都會踴躍出席此活動，大半是因為「第六感」有幾位功成名就的負責人，像是卡特蓮娜·菲克（Caterina Fake），她共同創辦的照片儲存與分享網站Flickr，據報導指出在2005年以三億五千萬美元賣給雅虎；以及克里斯·迪臣（Chris Dixon），曾在2006年賣掉他共同創辦的資安公司。

斯特羅姆在這場派對遇到兩名有財力的重量級創投家：馬克·安德森（Marc Andreessen），他不僅是網景（Netscape）的共同創辦人，也經營矽谷最著名的創業投資公司「安霍創投」（Andreessen Horowitz，譯注：又名a16z）；史蒂夫·安德森（Steve Anderson），他是較低調的早期投資（early-stage）「底線創投」（Baseline Ventures）的經營者。

史蒂夫·安德森喜歡斯特羅姆是因為他曾待過史丹佛與谷歌並且表現得很自信，此外，也還沒有其他人投資他的手機程式點子。史蒂夫·安德森喜歡當第一個發現新公司的人。他用

斯特羅姆的手機寄封電子郵件給自己：「值得追蹤。」

從那天起，他們倆每幾週就會在栗子街（Chestnut Street）上的小樹叢咖啡（Grove）裡，點一杯卡布奇諾並討論Burbn有哪些潛力。斯特羅姆的程式已經有一些使用者：他的朋友，以及朋友的朋友。他說他需要約五萬美元用來設立公司。史蒂夫·安德森對這個機會很有興趣，但他只有一個額外要求。

「你最大的風險是你是一人創業，」史蒂夫·安德森跟他說。「我通常不投資一人創業家。」他認為若斯特羅姆沒有共同創業者，就沒有人會告訴他哪裡做錯了，或者鼓勵他精益求精。

斯特羅姆認同史蒂夫·安德森的觀點，並同意在投資條件書中將10%股份分給將來的共同創辦人。未來會演變為Instagram的這家公司，就這樣成立了。

· · · · · · · · · · · · · ·

斯特羅姆當時的合作夥伴豪可姆斯，顯然是共同創辦人的最佳人選。但他在谷歌過得不錯。「你為什麼不跟麥可談談呢？」他建議道。

麥可·克里格也畢業於史丹佛大學，比斯特羅姆小兩屆，他們都是梅費爾德學人計畫的一員。他們初見面是在一年前的梅費爾德的社交活動上，克里格看到斯特羅姆的名牌上寫著他在Odeo工作過，並問他在那裡工作的感覺如何。克里格後來為了取得「象徵系統」（symbolic systems）的碩士學位而消失了一陣子。這個史丹佛知名的學程，主要在研究人類與電腦互動的心理學。他的碩士論文是關於維基百科（Wikipedia），這

個網站培養了一群志工負責更新並編寫線上百科全書。2010年那年，他正在即時通訊服務 Meebo 工作。

斯特羅姆蠻喜歡克里格這個人的。他脾氣好，頭腦冷靜，總是掛著笑容，而且比斯特羅姆更懂寫程式。克里格留著鬆軟的棕色頭髮，戴著方形眼鏡的鵝蛋臉上一點鬍渣也沒有。最近幾個週末，他們很常在舊金山的「咖啡吧」（Coffee Bar）咖啡店巧遇，對彼此的業餘專案給點建議並交流想法。克里格也是 Burbn 的早期測試者之一，並認為在更新近況之外加上視覺媒體的點子很棒。

就像斯特羅姆一樣，克里格以前從沒想過自己會一腳踏入新創的世界。他生長於巴西，因為父親在 Seagram 啤酒廠工作的關係，也曾短暫住在葡萄牙與阿根廷。他也很喜歡音樂，並能彈奏十二弦吉他。他從高中開始投入網頁設計，但從未見過科技創業家。2004年，克里格為了就讀史丹佛大學而來到美國，他馬上發覺自己可能很適合科技業。

克里格的計畫是在 Meebo 這間中型公司先做一陣子，接著轉往規模更小、更具挑戰的公司工作，等過幾年更懂得怎麼創業之後，就會嘗試開創個人的事業。與此同時他也在咖啡廳開發 iPhone 應用程式。他的首個作品「舊金山犯罪中心」（Crime Desk SF）在很有才華的設計師朋友協助下完成。這程式把從公開資料中取得的舊金山犯罪紀錄結合手機的相機功能，讓使用者能透過鏡頭一覽真實世界裡，這附近哪裡曾發生過犯罪案件。他們花了太多時間雕琢這程式。可惜的是，沒有人想要用。

克里格曾跟斯特羅姆如果有需要的話，他很樂意幫忙開發

Burbn。在獲得史蒂夫・安德森的投資之後，斯特羅姆跟克里格說他要創立公司來開發Burbn，不曉得他有沒有興趣擔任正式的共同創辦人。

「算我一份。」克里格回答。加入Burbn明顯對他有許多好處：他可以在舊金山工作，不用往南通勤去矽谷的Meebo上班；他可以幫忙開發手機應用程式，投入這個很酷的新產業；他可以跟聊得很合的這個人一起工作。

克里格在做出重大決定時都滿大膽的。而且他總是會用點技巧讓其他人認同他的想法。這一回，他明白住在聖保羅的父母會對這般衝動的職涯決定感到擔心，何況他只擁有很不穩定的移民簽證。

「嗨爸媽，我覺得加入一間全新的新創應該會很有趣！」克里格用葡萄牙語跟他們說，並暗示若遇到好機會的話，他就會這麼做。

幾天過後，他再打電話給他們。

「嗨爸媽，我遇到個有趣的人。」他向他們解釋斯特羅姆這號人物，以及他最近投入的事情。

在這週結束前，他終於打電話告訴他們說，經過審慎研究過後，他決定擔任斯特羅姆的公司Burbn的共同創辦人。因為他的父母以為他是經過長考才做出決定，也就很支持他。

· · · · · · · · · · · · · · ·

接下來要說服的是美國政府。2010年1月，克里格請了一位擅長協助巴西公民取得移民簽證的律師（雖然他多數的客戶都是理髮師），申請要轉換移民工作簽證至Burbn。政府官員

在審查的時候，雖然看到Burbn有募到錢，但有點懷疑：這公司有商業計畫嗎？

他們當然沒有。募得的資金能讓他們能像臉書一樣：試著讓產品變成用戶生活的一部分，然後再考慮要如何賺錢。但克里格跟斯特羅姆卻不能這樣說。他們跟政府說明，因為用戶會告訴朋友他們身處哪間酒吧、餐廳或商店，他們在未來會透過向這些商家提供折價券平台以從中獲利。更解釋說其競爭者包含Foursquare與Gowalla。他們也提供一張圖表，預測說在公司的第三年，他們會有一百萬名用戶。政府官員笑著說這目標其實不大可能。

在等待克里格能否獲得在Burbn工作的移民簽證許可的同時，克里格跟斯特羅姆也得試試看他們是不是真的喜歡一起工作，但也僅僅如此而已。有幾個平日晚上，他們會待在波特雷羅山（Potrero Hill）的咖啡廳法樂（Farley's），店的牆上掛著幾幅本地藝術家的畫作。他們寫了幾個永遠不會推出的小遊戲，其一是奠基於囚徒困境（prisoner's dilemma），這個政治遊戲理論解釋了為什麼理性的人在該合作時仍拒絕這麼做。

這遊戲很有趣，但終究不是在開發Burbn。幾個月過去了，克里格明白斯特羅姆正在燒自己的錢，推延原先的計畫，毫無頭緒地等待著結果。克里格也花了點時間研究移民法，並且沉迷於閱讀人們貼在網路論壇的恐怖案例。

「凱文，也許你該找別人來當共同創辦人。」克里格曾向斯特羅姆建議。

「不要，我真的喜歡跟你一起工作，」斯特羅姆回答。「我們會搞定這一切的。」

　　斯特羅姆已見識過許多新創公司因為創辦人不合的負面案例，因此他知道找到他能信任的共同創辦人是很難的事。舉例來說，推特的幾位創辦人，總是想著怎麼削弱彼此的勢力。多西已不再是公司的執行長了。因為員工抱怨多西只顧著把推特的成功攬為自己的功勞，卻不願意承擔管理的責任。多西會抽空跑去做熱瑜珈或上縫紉課。「你只能從服裝設計師或推特的執行長中選一個做。」根據尼克・比爾頓（Nick Bilton）的《孵化推特》（*Hatching Twitter*）記載，伊凡・威廉斯曾這般對多西說。「但你不能兩個都要。」後來在2008年，威廉斯跟推特的董事會聯手把多西趕下台。

　　臉書的故事則更加戲劇化。在2005年臉書搬到保羅奧圖之後，共同創辦人愛德華多・薩維林（Eduardo Saverin）開始覺得自己不在公司的決策層之內，於是決定凍結臉書的銀行帳戶——或許這就是祖克柏在第一次與斯特羅姆吃飯時，信用卡刷不過的真正原因。後來祖克柏的律師群想出一套複雜的財務移轉方式，以削弱薩維林所持有的股份，甚至告上法庭。這個戲劇化的故事經改編後被放入以臉書故事為藍本、於2010年上映的好萊塢電影《社群網戰》（*The Social Network*）。

　　矽谷的創辦人素以侵略性、野心勃勃、控制狂與沒血沒淚而聞名。但克里格是個善於聆聽、關心他人且工作認真的人，而且經過這段時間的協作測試後，更發現他是個好朋友。斯特羅姆不願意冒險選擇與其他人合夥。

　　與此同時，斯特羅姆還想找更多人來投資他們的專案。透

過聯繫他在谷歌認識的榮尼‧康威（Ronny Conway），他試圖說服安霍創投投資他們二十五萬美元。當底線創投的史蒂夫‧安德森聽到這數字，他也希望獲得一樣多的股份，於是將原先的投資額加碼到二十五萬美元。一瞬間，斯特羅姆手頭上就有五十萬美元能運用。

史蒂夫‧安德森也發電子郵件給數十位同行們，嘗試激發其他人對Burbn的興趣，但沒親身領會過斯特羅姆魅力的人對此都興趣缺缺。有位創投家跟他說，市面上有許多更流行的定位服務（location-based）應用程式，像是Foursquare跟Gowalla，照片功能沒辦法成為吸引更多用戶的殺手鐧。Burbn雖具備社交性質，但臉書已是這個類型的霸主，沒有挑戰這間公司的必要。狀態更新（分享你做了什麼跟想做什麼）的範疇裡，也有耕耘多年的推特。

所以斯特羅姆找上他熟識已久的靈魂導師多西，讓他知道自己準備要開公司。他們倆在Square的辦公室附近碰面，這間公司是多西剛開展的創業冒險。多西開發出一塊能插入電腦或手機的小型硬體，這麼一來人們在任何地方都能用信用卡消費。多西不再戴鼻環。他的衣著變得正式許多，身著迪奧（Dior）的設計師襯衫與黑色的西裝外套，或許是因應推特董事會對他的不信任而做了改變。

多西問了很多創投家也問過斯特羅姆的問題，像是為什麼用戶要捨棄Foursquare而改用Burbn。**他當然會以波本威士忌（Bourbon）命名這服務**，多西心想，仍記著斯特羅姆有的上流嗜好。**他當然是用現在最流行的程式語言來開發**。因為斯特羅姆還在學如何開發iPhone應用程式，所以他在向投資人宣傳

想法的時候，是透過合乎HTML5規定的手機網站應用程式，他認為這麼做會有點市場優勢，但多西持保留的態度。但這一次，個人情誼勝過了投資者的理性。說實話，多西心想，斯特羅姆開發的是什麼一點也不重要。反正目前在行動裝置的領域，尚沒有足以評斷輸贏的標準或模型。而且斯特羅姆來找他投資的時間點再恰當不過了。

過去從沒人想過要找多西投資新創。他若這次投資Burbn，將是他第一次的「天使投資」（angel investing），這個在矽谷造出的詞彙，指的是來自富裕人士的小額與早期新創投資。用他剛從推特獲得的財富做天使投資一定很酷，更何況還能支持斯特羅姆這名他認為有高超品味的人。斯特羅姆會找出讓Burbn成功的方式，無論公司會有多大的轉變。

· · · · · · · · · · · · · · ·

在歷經近三個月的等待後，美國政府終於在2010年4月核准克里格的工作簽證。他在新公司的第一週，斯特羅姆有天找他吃早餐並向他坦白：他不確定Burbn是值得投注心力開發的產品。

斯特羅姆解釋，這個點子確實從住在城市、喜歡聽現場音樂與餐廳聚餐的年輕雅痞圈獲得不少迴響。Burbn鼓勵社交的獎勵機制確實有趣，讓使用者會為此競爭並欲罷不能。但不是都市青年的人，像是家長、或者沒錢出去玩的，就不大**需要**使用這服務。就連多西都只在斯特羅姆問他心得時才登入服務。斯特羅姆想到，當Odeo的團隊決定要轉而開發推特時，他們一定也感到十分恐懼，但這顯然是個正確的決定。但屬於他們

的推特又會是什麼？

這席話讓克里格有點措手不及。為了跟斯特羅姆在Burbn 共事，他才冒了很大的風險辭掉穩定的工作。更何況，若他們 創立的這家新公司最終燒完資金，他必須要重新跑一次簽證的 手續，或者直接回巴西。克里格認為，在真正放棄這想法之 前，或許他們可以先試著改進。他們後來就開發出iPhone 應用 程式的版本。

兩位創辦人也不再於不同咖啡廳內開會，而是搬到舊金山 棒球場附近，一個位於碼頭上的簡陋共同工作空間Dogpatch Labs。社群行銷工具Threadsy、零工平台TaskRabbit，以及開 發出架站工具Wordpress的Automattic等小型新創公司，也都 在那邊工作。

那是個詭異且冷風颯颯的空間，並伴隨著令人分心的異常 聲響，譬如海鷗的尖叫與海獅低吼聲，但大多數聲音來自充滿 創意的年輕人，他們有時會偷懶，有時因為喝了紅牛與酒精後 變得大膽。天花板上懸吊著碩大的船舵，展示著航海的小飾 品，但因地震掉下來的話也蠻危險的。四周海域的水溫很低。 少有遊客有勇氣在外頭的店鋪租獨木舟（kayak）並下水划 船。但在週五下午，當工程師在外頭享受happy hour 時，難免 有人因為太喝醉而決定跳入舊金山灣的海水中。

克里格跟斯特羅姆不斷地打字，試圖忽略旁人的影響，也 不免好奇大家真的都不用擔心錢不夠用嗎？Burbn 的兩位創辦 人也以另種方式善用這邊的社交活動。空間的管理人跟他們 說，如果有人叫外燴，他們可以在一點三十分之後免費領取剩 菜。如果他們在那之前就餓了，他們會在當地的小雜貨店買特

價三・四美元的三明治。

他們得省吃儉用，因為他們不確定Burbn要花多久才會成功，甚至也不確定能否成功。幾個月之後，在一場與安霍創投的投資人榮尼・康威的會議上，這位矽谷著名天使投資人隆・康威（Ron Conway）的兒子，給了他們一記當頭棒喝。

「請再說一次，你們在做什麼？」康威問。斯特羅姆再次說明Burbn的用途 —— **能看到朋友正在做什麼，並且在現實生活中加入他們會非常好玩！你可以從中找到下次去哪裡的靈感。**儘管康威也有參與公司對Burbn的投資案，但他明顯對這點子興趣缺缺。對他而言，斯特羅姆似乎只是不斷丟出矽谷當紅的流行語。行動裝置？**有的。**社交？**有的。**定位服務？**有的。**

斯特羅姆心想，康威應該是第十位對Burbn感到「眼神死」的人。**就算投資了我們，他對我們在做的事一點興趣與信心都沒有。**斯特羅姆知道他們的產品很有趣，但這真的**有用**嗎？Burbn真的能解決多數人在生活中遇到的問題嗎？這個提問成為公司的轉捩點，讓斯特羅姆跟克里格回頭去畫白板思考。

• • • • • • • • • • • • • •

兩位創辦人在Dogpatch Labs的一間會議室的白板上開始腦力激盪，這後來也發展成他們領導哲學的基石：先問他們想要解決什麼問題，再盡可能找出最簡單的解方。

克里格跟斯特羅姆開始整理出人們最喜歡Burbn的三大功能。第一個是「計畫」（Plans）：讓用戶公布他要去哪，並讓

朋友也能夠加入。另一個是照片功能。最後一個是針對用戶行為提供無意義的虛擬獎勵機制，主要是用來激勵大家常登入程式。

並不是人人都需要計畫跟獎勵。斯特羅姆把「照片」兩字圈起來。他們決定，照片是最普遍、且不只對城市青年，而對人人都有用的功能。

「跟照片有關的功能大有可為，」凱文說。雖然他的iPhone 3G只能拍出很爛的照片，但這只是這科技產品的萌芽期。「我認為在未來的某個轉折點過後，人們將不再使用傻瓜相機，而會帶著手機四處拍照。」

擁有智慧型手機的人，只要他們想，都能成為業餘的攝影師。

如果他們想開發出以照片為殺手鐧的應用程式，那他們最大的機會是什麼？在白板上，斯特羅姆跟克里格腦力激盪出三個最須解決的問題。首先，3G手機上網的速度很慢；再來是，畢竟手機的畫質無法與數位相機相比，人們會不好意思分享用手機拍出來的低畫質照片；最後，得在不同平台上傳照片一事很惱人。如果他們能做出一個社群平台，並提供選項讓用戶能一次同步分享到Foursquare、臉書、推特跟Tumblr上該有多好？比起要對抗新世代的社群平台巨人，和他們共榮來得容易許多。與其從零開始建立新的社群平台，不如站在早已茁壯的社群巨人的肩膀上。

「好吧，」斯特羅姆說。「我們就來聚焦在照片功能上，並解決這三個問題。」他們會先做出iPhone上的應用程式，因為克里格比較擅長這項技術。斯特羅姆之前曾跟多西爭辯過，

熱門的HTML5程式語言，會成為讓產品脫穎而出的關鍵。事實證明他是錯的。他們會先把iPhone的應用程式做好，接著再開發安卓（Android）手機的版本，如果他們夠幸運能蔚為風潮的話。

• • • • • • • • • • • • • • •

他們的第一個產品原型叫做Scotch（蘇格蘭威士忌），是波本威士忌的同類。這項服務能讓使用者水平滑動以瀏覽照片，並像後來的交友軟體Tinder一樣，按一下代表喜歡。他們用了幾天之後，就退回去原先Burbn的點子，並質疑他們的直覺是否有誤。接著他們嘗試新的概念，讓人們垂直捲動照片，並像推特一樣把最新的貼文放在最上面。

服務裡的所有照片都盡可能把尺寸縮到最小，這樣讀取速度才會快，以解決使用者的頭號問題：每張照片寬只有306像素，剛好符合iPhone系統顯示的最低標準，兩旁也留下寬7像素的邊界。且照片只能以方形呈現，就跟斯特羅姆在佛羅倫斯的老師一樣，為使用者設下限制以激發他們的創意，就像推特也限制使用者的推文不得超過一百四十字元。這也在某個程度上解決了第二個問題。

這世上有兩種社群網站類型：一種就像臉書，讓人們在上面成為彼此的共同好友；另一種則像推特，人們在上面會追蹤不一定認識的人。他們認為後者會適合照片社群，因為人們能基於興趣而非友誼去追蹤他人。

在應用程式的最上方也像推特一樣，顯示出「粉絲」跟「追蹤中」的數據，讓人們會為了查看數字變化而定期打開程

式。人們也能夠「喜歡」某張照片並附上一顆愛心，就像是臉書的「讚」一樣。喜歡照片在這新的應用程式裡變得更簡單，只要輕點兩下就能完成，無須點擊很小的按鈕。跟推特跟臉書不一樣的是，在這裡人們並不一定要說些什麼。他們只需要把看到的事物拍照並上傳即可。

如果斯特羅姆與克里格想要完整複製推特的設計，那這時候很明顯他們還要加上再分享的按鈕，幫助網站上的內容能像轉推（retweet）一樣病毒般擴散。但他們有所猶豫。如果人們在這分享的都是照片，那麼真的要允許使用者利用分享的功能，把他人的照片跟體驗顯示在自己的帳號中嗎？也許是如此。但為了讓產品一開始單純點，他們決定在上線之後再考慮這件事。

他們選了白色的寶麗來（Polaroid）相機做為應用程式的Logo。但這程式要叫什麼名呢？再用沒有母音的酒類取名，聽起來有點太可愛了，而且像是「Whsky」也沒辦法完整說明這程式的用途為何。所以他們暫緩名字的討論，暫且稱之為「代號」（Codename）。

不久之後，斯特羅姆跟他在史丹佛認識的女朋友、後來的老婆妮可・舒塔茲（Nicole Schuetz），前往墨西哥南下加州（Baja California Sur）的一個小鎮 Todos Santos 度假。那裡有著絕美的白色沙灘與鵝卵石鋪成的街道。有一回在海邊漫步時，她跟斯特羅姆警告說她可能不會想用他的新程式，因為智慧型手機拍出來的照片都不好看，至少沒辦法像他們的朋友豪可姆斯拍得那麼好看。

「妳知道他對那些照片做了什麼，對吧？」斯特羅姆問道。

「他不就是拍了些好照片嗎？」她說。

「不，不對，他的照片都用濾鏡程式處理過。」他解釋。手機的相機拍出的照片會模糊不清且光線不佳。每個買智慧型手機的人們，就好像獲得一台跟斯特羅姆在佛羅倫斯使用過的小型塑膠相機的數位版。而濾鏡程式就能讓用戶透過跟斯特羅姆的教授類似的手法，拍完照後再修改，讓照片看起來更具藝術感。你不必真的成為優秀的攝影師。Hipstamatic這軟體，能讓照片獲得過度飽和、模糊、復古潮流（hipster vintage）的效果，並被提名為蘋果2010年的年度最佳應用程式。另一個修圖程式Camera+也是最熱門的程式之一。

「既然如此，你們應該也加入濾鏡的功能。」舒塔茲說。

斯特羅姆明白她說得對。如果用戶無論如何都要幫照片加上濾鏡，也許讓濾鏡變成內建功能，會讓競爭對手為之一驚。

回到旅館，他上網研究要怎麼樣寫濾鏡的程式。他在Photoshop上面找出他想要的風格：強化陰影與對比，並調整圖像邊緣的亮度，以營造出暈影（vignette）的效果。接著，他坐在戶外的躺椅上，旁邊放著一瓶啤酒，他打開電腦開始寫程式碼實現出這些效果。

他稱這濾鏡為X-Pro II，是為了向攝影發展史上某個相近的技法致敬。這項名為交叉沖洗（cross-processing）的技法，攝影師會故意把用於另一種膠卷的化學物質拿來沖洗底片。

過了一會，他把濾鏡實測在那張他拍攝於塔可餅攤前巧遇的灰狗的照片上。那隻狗抬頭看著舒塔茲，她的拖鞋剛好出現在照片的邊角。而這張上傳於2010年7月6日的照片，即將變成Instagram的應用程式上的第一張照片。

· · · · · · · · · · · · · · · ·

　　克里格跟斯特羅姆對這個新程式是否會比 Burbn 更吸引人毫無頭緒。因為事實上沒有任何新奇的功能。他們並非第一個想出照片濾鏡或以興趣為主的社群網路。但兩位創辦人認為比起科技創新，產品所帶給人的感覺與簡潔性更為重要。透過極簡主義的開發方式，也就是讓人們只能張貼與喜歡照片，他們不僅能夠減少開發時間，也能在投入更多資金前，先測試看看大眾的反應。他們訂下了八週的期限，屆時無論「代號」開發到什麼階段都必須先上線，這時間甚至比克里格等待簽證的時間都還要短。

　　當他們投入開發時，收到了一封柯爾・萊斯（Cole Rise）主動寄來的電子郵件，這名當地的設計師聽聞他們正在開發的產品，希望能成為產品測試員。

　　萊斯是這職位最合適的人選。他在一間影音新創任職，同時也是名攝影師。他的作品偶爾會在當地的畫廊展出，且他的攝影主題與主流市場所偏好的強烈、完美與高畫質的照片逆道而行。他利用數位修圖讓照片有漏光（light leak）的效果，或者為照片加上更多紋理材質與感覺，帶給觀者懷舊感。他很欣賞像是寶麗來這樣的老式相機，也剛買了一台哈蘇相機（Hasselblad），跟首次登月使用的相機同一品牌。這相機只能拍出方形的照片。

　　斯特羅姆和克里格同意讓萊斯來測試產品後，萊斯就帶著他的手機去爬舊金山北面的塔瑪爾巴斯山（Mount Tamalpais）。他試用了斯特羅姆創造出的其中一個濾鏡「早

鳥」（Earlybird），並對其成果感到心服口服：用濾鏡拍出的水準幾乎能跟他的創作並駕齊驅。於是他約了兩位創辦人見面喝一杯。

他們約在「走私者的避風港」（Smuggler's Cove）這間位於舊金山以船為設計風格、供應頂級燃燒雞尾酒的蘭姆酒吧。斯特羅姆和克里格對於萊斯實測後的心得問了許多問題，他也開始察覺到兩位創辦人似乎不清楚這產品有多大的潛力。

「這將成為他媽的超成功的產品。」萊斯解釋。在科技產業裡，領導人們往往都對他們即將擾動的產業所知甚少。亞馬遜（Amazon）的傑夫・貝佐斯（Jeff Bezos）沒有出版的相關經驗，特斯拉（Tesla）的伊隆・馬斯克（Elon Musk）也不曾任職於汽車製造業。但Instagram的濾鏡很明顯地是由一名攝影師所打造。萊斯認為「早鳥」是他用過最棒的濾鏡，比在Hipstamatic上的任何濾鏡都還要出色。

酒過數巡之後，兩位創辦人詢問萊斯他是否有興趣以約聘的身分，製作自己的濾鏡。萊斯接受了這提議，認為這個應用程式若能自動把照片修成他想要的風格，會幫他省下很多時間。他花了數年從身旁所見的事物中蒐集各種紋理材質，並為此打造出一套複雜的系統。他會在 Adobe Photoshop 中將這些紋理材質疊加在檔案中，並加上圖層以調整照片的曲線與顏色。

萊斯從照片庫中選出二十張照片來實驗他的濾鏡點子，包含日出、日落、不同色溫與不同時間的照片。最後他創造出了Amaro、Hudson、Sutro與Spectra這四款濾鏡。他沒想過把這項藝術的權利賣給公司以提供給大眾使用，會有怎樣的長期後

果。儘管他對新朋友的事業感到樂觀，但他明白多數的新創終會失敗。

　　萊斯跟兩位創辦人也從沒想過，當濾鏡為大眾使用時會帶來負面效應：Instagram使用者能藉此讓照片呈現出的效果比原貌還更有趣且漂亮。這正是讓這產品走紅的原因，Instagram的貼文成為藝術，而藝術可說是生活的一種評論形式。這個程式賦予人們表達自我的途徑，但也提供逃避現實的管道。

· · · · · · · · · · · · · ·

　　某天深夜，斯特羅姆在簡陋的Dogpatch Labs的某個角落，仰賴著螢幕發出來的光線寫著程式，試圖不被進行中的企業提案簡報活動所影響。名叫崔維斯·卡蘭尼克（Travis Kalanick）的男子正站在男性為主的觀眾面前，介紹他的公司UberCab，他們所開發的工具讓顧客能用手機預約高級的計程車服務。預計明年會在舊金山正式上線。

　　其中一位活動的與會者是小寫資本（Lowercase Capital）的克里斯·薩卡（Chris Sacca），他是推特的早期投資人，也已經投資UberCab。薩卡認為自己很懂看人，他曾邀請過卡蘭尼克與他在泰浩湖（Lake Tahoe）的家裡一起泡幾小時的熱水浴，沒多久後就打電話表示他願意投資UberCab。他認出待在角落的斯特羅姆。他們在谷歌工作的時間有短暫重疊，後來薩卡就離職創辦小寫資本。薩卡心想，如果斯特羅姆在那裡徹夜寫程式，他想必是在開發什麼新玩意。

　　在薩卡上前攀談之後，他們約在附近的羅盤咖啡（Compass Cafe）碰面聊產品，這間咖啡廳是為了讓更生人適應社會

而開設。斯特羅姆向他展示最新版的「代號」。

「照片的領域有多大潛力？」薩卡詢問。在創業投資產業裡，投資人因為期待從投資中獲得翻倍的收益，才願意冒很大的風險。薩卡曾投資過Photobucket這間後來被福斯新聞互動媒體公司（News Corp's Fox Interactive Media）以三·三億美元收購的公司，也曾見證Flickr以三千五百萬被雅虎收購。如果他們只是要挑戰推特，他早看過一籮筐有類似想法的新創，但全都以失敗收場。

斯特羅姆並不打算預測未來。他反倒利用自己在史丹佛商學院的所學，嘗試藉由保留投資席次來吸引薩卡。「我這一次募資只打算邀請三位天使投資人。」他說。「就你、傑克·多西與亞當·迪安傑羅（Adam D'Angelo）。」迪安傑羅是問答網站Quora的創辦人、臉書的前技術長，斯特羅姆在就讀史丹佛大學的時候認識他。

這套話術很有效。「真不賴！」薩卡說。他接著問到幾個他認為這產品似乎缺乏的功能。

「當我們擁有一千萬、五千萬名用戶，我們有可能加上這些功能，但現在我們只打算專心讓產品儘可能單純。」斯特羅姆回答。

薩卡對此感到驚訝。千萬名用戶？斯特羅姆現在只有少於一百名的測試使用者。薩卡聽過無數場創業者的提案，透過天花亂墜的內容與精心雕琢的簡報介紹產品，但斯特羅姆此刻卻只是冷靜地認為成功是必然的，並詢問薩卡是否願意投資。他願意。

• • • • • • • • • • • • • • • •

　　斯特羅姆跟克里格試圖找出一個比Burbn好唸的公司名稱。也想透過這個名稱帶給人們溝通之中的速度感。他們借用了Gmail的伎倆，在用戶選用濾鏡時就先開始上傳圖片。照片相關的新創公司名稱，有很多好聽的都有人取了，最後他們選了「Instagram」這個結合「即時」（instant）與「電報」（telegram）的公司名稱。

　　他們已見識到讓人們能分享照片到臉書和推特的功能，有很強大的效果。只要用戶選擇把Instagram的照片分享到其他地方，其他社群媒體網站的用戶就會看到這張照片，並有機會吸引他們認識並下載Instagram。

　　兩位創辦人很謹慎地挑選產品的初始用戶，挖掘出那些有攝影潛力的人，尤其像是擁有眾多推特跟隨者的設計師。這些初始用戶會協助定調出平台該有的藝術調性，創造出優異的內容讓人們能夠欣賞，這群人簡而言之就是第一代的Instagram網紅，且早在這概念成為主流前就存在。

　　多西也成為產品的最佳銷售員。雖然一開始他很震驚自己的投資，怎麼變成一個跟Burbn天差地遠的產品。一般而言，公司的創辦人只有在逼不得已，為了避免公司倒閉時，才會轉換公司的主力產品。但多西喜歡Instagram，遠勝過他對Burbn的喜愛。

　　多西的第一張照片，是在某位科技業投資人在舊金山巨人隊（Giants）棒球場的包廂內拍攝球賽，他很驚訝地發現濾鏡馬上讓球場看起來變綠許多。他才剛了買第一台車，也想要開

車四處晃晃，所以某個週末他向南開了三十分鐘，在半月灣（Half Moon Bay）的麗思卡爾頓飯店（Ritz-Carlton）的戶外火爐旁坐著讀報紙。在這趟旅途中，他打算用 Instagram 拍很多照片。

多西因為對 Instagram 的熱愛，更認為推特早該開發出像這樣輕易上手且實用的產品，於是他問斯特羅姆他們是否有意願被推特收購。斯特羅姆聽到這提議時，顯得很有興趣。

但多西太早提這件事了。當他寄信給威廉斯分享這想法時，威廉斯的拒絕中充滿著他對多西個人的敵意。威廉斯當時是推特的執行長，仍想要建立他才是推特領袖的形象。他一點都不歡迎多西提出的策略。

「我們會研究一下。」威廉斯回覆道。他確實有做到。斯特羅姆曾經聯絡過威廉斯並想跟他見面。推特當時不確定斯特羅姆是否在找公司的買家，所以交易團隊也對 Instagram 做過研究，並推算他們能兩千萬美元收購。但威廉斯對這產品沒啥感覺。他認為 Instagram 只會成為膚淺照片的集散地，用戶只會拍下拿鐵的美照，就跟多西在半月灣旅行時拍的照片一樣。Instagram 不像推特一樣，有很多值得被報導的新聞與改變世界的對話發生在平台上。「我們不認為這產品會成為流行。」他這般回覆多西。

在這之後，多西又多了一個推廣 Instagram 的動力：他想要證明威廉斯是錯的。他發在 Instagram 上的內容他會立刻轉發到推特上，給他的一百六十萬推特追隨者看。他甚至宣布說 Instagram 是他最愛的 iPhone 應用程式，他的追隨者也聽到了。

‧‧‧‧‧‧‧‧‧‧‧‧‧‧‧‧

當 Instagram 於 2010 年 10 月 6 日正式上線，在多西這樣的名人的推波助瀾下立刻爆紅，並榮登蘋果應用程式商店的攝影類別冠軍。Instagram 在當時只有一台位於洛杉磯資料中心的電腦伺服器，負責遠端處理所有程式活動。所以斯特羅姆有點驚嚇，擔心程式會不會壞掉，或者大家會不會覺得自己跟克里格是笨蛋。

克里格邊點著頭邊微笑，置身於斯特羅姆的恐懼之外，絕大部分是因為這麼做無濟於事。因為從未預期到有那麼多的用戶，他們得快點找出讓 Instagram 保持上線的方式。

斯特羅姆打給曾任臉書技術長、同時是 Instagram 早期投資人的迪安傑羅尋求建議。但這只是那天眾多通話中的第一通。但每隔一小時，Instagram 似乎成長得更快。迪安傑羅最後幫助他們向亞馬遜網路服務（Amazon Web Services）租借伺服器，而非繼續購買新伺服器。

上線的第一天，就有兩萬五千人使用 Instagram；並在上線首週後便成長為十萬人，斯特羅姆更有個很不真實的經歷是他在舊金山的公車上看著一位陌生人瀏覽著 Instagram。他跟克里格開了一份 Excel 試算表，每當有新用戶就會即時更新。

但上線時的成功，幾乎不等於保證應用程式能長命百歲。人們下載新的應用程式，為此感到興奮，然後就忘了再打開它們了。但 Instagram 仍保有吸引力。在假日期間，克里格跟斯特羅姆暫時放下對程式基礎架構的恐慌，他們聚在螢幕前，拿著比利時啤酒，看著 Excel 試算表上的數字突破一百萬。六週

之後，這個數目來到兩百萬。

．．．．．．．．．．．．．．

　　後來的文章會認為Instagram的崛起必須歸功於完美的時
機點。他們誕生於矽谷以及行動裝置的革命浪潮中，有數百萬
名智慧型手機的新用戶，不知道能用口袋裡的相機做什麼。這
說法看似正確，但斯特羅姆跟克里格也利用很多反直覺的決策
讓Instagram嶄露頭角。

　　像是兩位創辦人捨棄繼續開發原先承諾投資者的應用程
式，轉而投入更偉大的想法。他們專注於把一件事情做好：攝
影。這讓他們的創業故事有點像Odeo，當時多西跟威廉斯也
轉而投注在推特上。

　　另外，他們並不急於讓更多人使用應用程式，而是先邀請
他們認為更有機會協助傳播產品理念的人，尤其是設計師與創
意工作者。他們讓投資人覺得自己獨一無二，儘管當時有很多
人對他們有所懷疑。這讓他們像是個奢侈品牌，以他們的產品
為核心建構出酷炫與品味。

　　他們也不考慮如許多矽谷的潛在投資人所希望的，開發
出新穎或大膽的產品，而是改進他們在其他應用程式發現的
不足之處。他們所開發的工具能更容易、更快地使用，用戶
因而省去不少時間，更加專注在體會Instagram想要他們捕捉
的生活之中。而且只能透過手機執行，因為並沒有網頁版的
Instagram，也就給其他人帶給更即時與親近的感覺。

　　Instagram的簡潔讓他們一炮而紅，就像祖克柏在臉書
前期選擇用清爽的設計介面去對抗介面繽紛的Myspace。當

Instagram上線時,臉書已經充滿各種功能,包含動態消息、活動、社團,甚至能夠買生日禮物的虛擬點數,並已受隱私醜聞而困擾。在臉書用手機上傳照片極度不方便。所有的照片都得上傳到臉書相簿(Facebook Album)這個為數位相機攝影者設計的工具。每次人們從手機傳一張照片到臉書,就會被加入「手機上傳」的預設相簿。這種設計也讓Instagram有機會趁勢而出。

除了產品的優異設計之外,兩位創辦人也善於利用其他人士或科技公司的力量。他們理解自己不是從零開始,科技產業中早就有贏家。如果Instagram讓科技巨頭們有所好處,他們能從中獲得助力。Instagram是蘋果應用程式商店的巨星,後來也獲選在iPhone發表會上亮相。他們也是最早在亞馬遜雲端服務上蓬勃發展的新創之一。透過Instagram在推特分享照片也是最方便的。

像這樣的合作策略的好處在於,Instagram有一天也會成為科技巨頭。但兩位創辦人在過程中需要做出許多痛苦的妥協。

• • • • • • • • • • • • • •

回到2010年12月,Instagram上線的後兩個月,斯特羅姆回到麻薩諸塞州霍利斯頓市的家鄉過聖誕。Foursquare的執行長丹尼斯・克勞利(Dennis Crowley)出生於與霍利斯頓接壤、同樣擁有樹林與小溪這郊區風情的米德威(Medway)小鎮。斯特羅姆連絡上他想跟他見個面。因為不再是競爭對手,他們在一間名叫米德威蓮花(Medway Lotus)的中餐廳暨卡拉

OK吧碰面喝一杯。

　　現在陸陸續續有許多人找上斯特羅姆想要投資他們，同時也有來自谷歌或臉書等大企業的代表前來提供協助與建議。斯特羅姆理解這代表著他們有興趣收購Instagram。

　　他向克勞利表示一切都越來越明確。他現在看出來機會在哪裡了。每個人用手機拍照並希望能讓照片更好看。大家都將成為Instagram的用戶。

　　「有一天，Instagram會比推特更壯大。」他自信地預測。

　　「這不可能！」克勞利反駁。「你瘋了。」

　　「想想看，」斯特羅姆熱切地說。「發推文得花費心思，思考要在上面說什麼壓力很大，但發張照片就很輕鬆。」

　　克勞利想了一下。「但是，」他爭辯，「過去有許多照片的科技服務來了又走，卻未能改變世界。Instagram跟它們又有什麼不同之處？」

　　斯特羅姆並未想出很明確的回答，只強調這個程式似乎正在流行。Instagram能一上線就爆紅的關鍵，並非因為科技而是心理：這產品帶給用戶的感覺。濾鏡讓現實更像藝術。而且為了更有美感，人們會開始以不同角度思考生活、不同方式看待自己、不同管道考量自己在社會中的定位。

　　多數的矽谷新創（超過90%）會失敗。但**如果**Instagram是那少數存活的呢？如果兩位創辦人非常幸運，如果他們能從所有競爭中脫穎而出並支持新客戶，並在某日變得跟臉書一樣壯大，他們確實有可能改變世界。或至少改變人們看待世界的方式，一如交點透視法在文藝復興時期改變了繪畫與建築。

　　斯特羅姆並沒有像他聽起來的那麼有自信。他在跟克勞利

講話時其實很緊張，畢竟Foursquare是業界的龍頭。Instagram
仍掙扎於架設程式的基礎以支援所有的新用戶。他跟克里格都
睡不好。市面上有許多強大的競爭者。但假裝表面上的一切比
事實還要順利，老實說也是新創執行長的工作之一，必須讓
大家相信你走在正確的軌道上。他的緊張模樣，或許可以與
Instagram為現代人類帶來的壓力做對比：只能發表最好的照
片，讓生活看似比真實還更完美。

第二章

成功的混亂

「Instagram 很好上手，從來不會帶給我工作的感覺。我一直跟我自己說，若某天 Instagram 變得不好玩、變得更像工作，我就會停止使用它。但它仍保持單純。」
　　——丹・魯賓（Dan Rubin）@Danrubin，Instagram
　　　　　　首批推薦使用者名單中的攝影師／設計師

麥可‧克里格的生活無法離開筆記型電腦。他會把它帶去酒吧、餐廳、生日派對與演唱會，也曾在電影院的後排、公園甚至露營的時候修理Instagram。他在他的iPhone上設定了警示系統，一旦網站流量暴增導致伺服器故障時就會通知他。當Instagram開始在對設計偏執的日本用戶間流行，他常常在半夜被警報聲吵醒。警報的音效會讓他瞬間感到緊張，即便只是其他人手機傳來的相同音效。

但他並非在抱怨。有得忙是件好事，這代表Instagram正在流行，所以才會有新的iPhone用戶在網路上看到加上濾鏡的照片後，想知道「我要怎樣才能拍出這樣的照片？」這意味著跟隨潮流下載Instagram的人們，已在用不同方式看待周遭的世界。

新的Instagram用戶發現到，原本再日常不過的事物，像是路牌、花叢以及牆上龜裂的油漆，突然間都值得關注，因為他們能藉此創造出有趣的貼文。Instagram所提供的濾鏡以及方形的圖片尺寸，讓平台上的照片瞬間給人復古的感覺，一如以前的寶麗來相機，將片刻化為記憶，讓人們有機會回顧過往時光的種種，並覺得回憶無比美好。

隨著新用戶在網路上建立起新型態的關係，這些感受會透過按讚、評論與追蹤被驗證。如果Facebook是關於友誼，Twitter是關於意見，則Instagram就是關於體驗：**每個人**都會對任何地方的任何人的視覺體驗感興趣。克里格很享受拍攝他的貓、暗夜中的燈火美景以及美味的甜點。斯特羅姆則會每天發很多貼文，為朋友們的臉孔、波本酒瓶的標籤以及一盤盤的精緻佳餚留影。

對兩位創辦人而言,這是個超現實的時刻。一方面,他們打造出人們真的喜愛的產品。另一方面,Instagram也可能將只是曇花一現,無論是因為其他修圖程式找出更好的策略,或者是他們燒光了資金,也可能只是因為克里格沒聽到iPhone的警示。

這些混亂迫使克里格和斯特羅姆要釐清他們工作上的優先順序:他們要聘用誰?他們能相信誰?當他們所打造的服務面向上百萬名的陌生人,他們要如何處理隨之而來的壓力?這過程也將為公司的文化奠定基礎,畢竟一不小心他們可能會毀掉讓人感覺良好的Instagram現象。

· · · · · · · · · · · · · · · ·

第一項壓力來源是他們開發的程式。原本上線時可以有更穩定的程式架構或是更多元的功能,但他們尚不確定Instagram是否會流行起來。克里格的理由是,他們若再多花時間開發,可能會錯過最佳的時機。他回想到那個他曾協助開發的犯罪資料程式,雖然花了很多時間雕琢視覺,卻沒有人欣賞這產品。一開始最好還是讓產品保持極簡,等到用戶遇上麻煩時,就能知道任務的輕重緩急。

上線之後,除了伺服器故障之外,他們也被客服的問題需求給塞爆。當人們忘記密碼,或是想要更改用戶名稱,在當時程式尚無提供機制解決這些問題。斯特羅姆會回覆用戶的推文,並寄給他們他的電子郵件信箱,但這樣絕非長久之計。他找上Nextstop的前社群經理約書亞·里多(Joshua Riedel),Nextstop在當時剛被賣給臉書。里多是身材瘦長的小說界明日

之星，才剛剛在奧勒岡州（Oregon）波特蘭市（Portland）租了房子，但他很喜歡Instagram，並計畫要搬回加州。

不久之後，他們雇用了首名工程師夏恩‧史維尼（Shayne Sweeney）。雖然他只有二十五歲，但他在青少年時期就開始寫程式，更從大學輟學，幫忙許多客戶開發新創的線上產品，後來也接iPhone程式的案子。他也在Dogpatch Labs辦公，在加入Instagram之前，就曾幫助斯特羅姆瞭解蘋果的作業系統，並教他怎麼把iPhone的攝影功能加入Instagram之中，讓用戶可以用程式拍照。

史維尼在架設程式的基礎建設上也更有經驗，能幫克里格消除來自伺服器的警報災難。這件事早讓他們精疲力竭。

有一天，某個音樂場所的警衛表示他得檢查史維尼的筆電包才能放他進去，史維尼索性就不聽演唱會了。他忙到整個月都忘記傳訊息給他約會的對象。當他想起這件事要聯絡她道歉時，她早已另結新歡。

11月時，大約產品上線一個月後，他們從令人分心的Dogpatch Labs搬到一個小而無窗的空間，這裡曾經是推特在舊金山南方公園（South Park）區域的辦公室，是由投資人克里斯‧薩卡幫他們找到的。他們去了一趟蘋果專賣店，並排停車在舊金山人潮洶湧的聯合廣場（Union Square）區域，採購他們的第一台電腦螢幕，並放在坐在後座的史維尼身上，很不舒服地開了幾個路口才回到辦公室。當他們把東西擺放就緒後，這裡終於有間公司的樣子，而不只是項計畫。

由於還有許多事等著做，創辦人們便依照各自所長分派任務。斯特羅姆是公司的門面，負責維繫與投資人及媒體的關

係，並要在產品的美觀與感受面下工夫。克里格則位居幕後，從做中學著解決複雜的工程問題，並支援Instagram的成長。克里格因為擁有的Instagram股份比斯特羅姆少得多，也願意這樣的層級安排。他不想做斯特羅姆的工作，斯特羅姆也不想要他的。這也是這安排能順利的原因。

• • • • • • • • • • • • • •

斯特羅姆一直都善於找到業師並尋求他們的建議，就像他也懂得怎麼吸引有趣的人來用Instagram一樣。但如今金錢影響到某部分的人際關係，而且讓他最失望的是，也衍生了政治問題。

在2010年底，市場上有了更多照片分享的程式，如PicPlz、Burstn和Path。與Instagram相比，PicPlz不僅能在安卓系統運作，還少了方形照片的限制，也有提供濾鏡，只不過沒提供在發布照片前預覽的功能；Path則是由臉書的早期員工所創辦，這是個不只提供照片功能，還設定朋友數上限的行動社群網路平台。而Burstn則像是有提供網頁版的Instagram。

12月的時候，曾投資二十五萬美元在Instagram的安霍創投，也是PicPlz新一輪五百萬美元投資的領導者之一，科技部落格因此引起一番議論。安霍創投為何在選出認定能勝出的賽馬後，仍持續投資其他競爭者？

看到新聞時，斯特羅姆感到很震驚。他接著收到安霍創投的代表打來的電話，指控他是這一波負面新聞的始作俑者。當他表示自己從未跟記者講過話時，他們問他現在人是否在加州外的某個科技研討會上聊八卦。但他正與克里格坐在舊

金山的坎昆餐廳（Taqueria Cancún）吃著墨西哥瑞士起司酥餅
（quesadilla suiza）。

他為之暴怒。他們竟然投資Instagram最大的競爭對手之
一，然後還責怪斯特羅姆搞出隨之而來的負面新聞風波。他掛
了電話後向克里格抱怨。

儘管克里格比起斯特羅姆更不喜歡起衝突，他也同意這實
在太扯了。但真實世界裡誰在乎安霍創投怎麼想？更重要是讓
Instagram接觸到更多潛在使用者，他說。只有這些人能讓一
切成真。

「別人不可能總是站在我們這邊。」斯特羅姆理解到。他
們只能相信彼此，這是最基本的。沒有人會比他們更在乎什麼
才是對Instagram最有益的。

· · · · · · · · · · · · · · ·

受人質疑給了他們很大的推進力。但總體而言，Instagram
的未來不是由矽谷的菁英所決定的，而是一般使用者。投資人
史蒂夫·安德森也提醒斯特羅姆和克里格什麼才是他們最強
大的資產。「任何人都能開發出Instagram這程式，」他說，
「但並非所有人都能打造Instagram的使用者社群。」這些藝術
家、設計師與攝影師已成為產品的傳教士，而Instagram必須
讓他們盡可能覺得興奮，而且越久越好。

過去幾年以來，推特用戶會自發性地舉辦「推友會」
（#tweetups），與網友相見歡。Instagram從中得到靈感，只是
他們計畫由官方來組織活動。由社群經理里多所規畫，他們在
獵血犬（Bloodhound）這間非常陽剛，有著撞球檯與鹿角燭台

的雞尾酒吧舉辦他們稱為InstaMeet的社群活動。他們公開邀請在地的Instagram用戶跟團隊成員面對面，分享他們對產品的真實看法。

他們不確定是否有人會來，擔心到頭來會不會只得和還不錯的調酒師共處一室。幸好有三十位用戶陸續抵達現場把整個空間填滿，有些人認得兩位創辦人，因為是受他們所邀才加入Instagram，但有些人就只是陌生人。有些當地的媒體也在現場，像是科技媒體《TechCrunch》的記者M.G.西格勒（M.G. Siegler）。而柯爾‧萊斯也在場，他不僅製作濾鏡，最近還為Instagram設計新的商標：一台棕色與古銅色相間的相機，並有著彩虹條紋。藝名為「Tycho」的音樂家史考特‧韓森（Scott Hansen），也受朋友所邀參與活動。

「嗨，老兄，你是史考特‧韓森嗎？」萊斯問這位音樂創作者。

「喔，你就是柯樂萊斯（Colorize）！」韓森說，但他把萊斯的帳號名稱@colerise唸錯了。因為萊斯是最早期的用戶，也因而擁有許多粉絲，不少與會者都立刻認出他來。擁有支持者最終影響了他的人生道路，但現在他只是一方面為他的新朋友感到興奮，但又暗自哀悼著他的藝術的逝去，因為原先他獨有的修圖方式，現在人人都能使用。像是Hudson這濾鏡一開始是利用他廚房裡黑板的材質，但現在全世界的人都能利用這元素來修圖。

但斯特羅姆至少有公開感謝他。另外，這位執行長把Spectra濾鏡改名為Rise，因為寶麗來擁有Spectra的權利。萊斯從報上看到這消息時非常感動。數年過後，他也會開發上線

自己的濾鏡程式。

· · · · · · · · · · · ·

　　透過舉辦社群活動，里多不止要從中獲得使用者回饋，他更以產品為核心建立起文化。他認為如果人們能更在乎花在Instagram的時間，並追蹤更多朋友圈之外的有趣人士，那麼Instagram會變得更壯大。在InstaMeet，人們會分享自己如何透過業餘的手法去捕捉世界的美。他們陶醉在現代的創意之中，也展現了千禧世代的樂觀。這個世代在2007年經濟大衰退（Great Recession）期間剛步入職場，他們似乎正透過Instagram的貼文內容展現，比起朝九晚五的工作，他們更在乎一件事情有不有趣。

　　但此時已有跡象顯示Instagram的主要用戶，已從雅痞的藝術家逐漸偏向主流大眾，以及從未打算隱藏身分的企業。到了2011年1月，像是百事可樂（Pepsi）跟星巴克（Starbucks）等品牌，以及《花花公子》（Playboy）跟國家公共廣播（National Public Radio）與《CNN新聞網》等新聞組織，都在Instagram上創建帳號。品牌的加入一直都是新創值得慶祝的事情，這也是找出商業模式的第一步。但斯特羅姆指出一切都是自然發生的。他向《TechCrunch》說：「我們沒興趣付費找其他人使用產品。」

　　第一個註冊帳號的大明星是饒舌歌手史努比狗狗（Snoop Dogg）。他貼出加上濾鏡的IG照片（照片裡的他穿著西裝並拿著一罐Colt 45啤酒），並立即分享到擁有兩百五十萬追隨者的推特帳號上。他寫道：「有Blast才大尾。」（Bossin up

wit dat Blast.）Blast是Colt 45新推出，容量為二十三・五盎司
（約六六六公克）、酒精濃度有12%，並帶著果香的咖啡因酒
品。

這是Instagram上首個置入性行銷的案例。有誰付錢請史
努比狗狗推廣這飲品？還是他只是自願推薦這產品？這樣做有
遵守廣告揭露的規範嗎？或者違反不得向未成年推銷酒類的規
定？

沒人曉得，也沒人過問。幾個月之前，美國食藥署（FDA）
曾警告含咖啡因酒精飲料的危險性，尤其是讓青少年更容易
飲用的，譬如加入葡萄或檸檬香料的飲料。但多年以後，
Instagram與主管機關才制定出站上廣告揭露的相關規範。

斯特羅姆跟克里格希望品牌與名人能在Instagram上展現
他們鮮為人知的一面，如此一來他們的貼文就能巧妙融合在
典型的Instagram內容之中：藉由照片提供進入他人視野的窗
口。不管怎麼說，有名人相伴都是好的。明星會圍繞著自己打
造出社群與文化，Instagram也嘗試這樣做。那年2月，斯特羅
姆跟里多參加了葛萊美獎（Grammy Awards），一邊穿著燕尾
服走紅毯，一邊不斷上傳照片到Instagram，斯特羅姆醉心於
能一舉成名的契機。

就像當時西格勒在《TechCrunch》的報導所寫：「第一階
段：獲得大量用戶。第二階段：讓品牌利用你的服務。第三
階段：讓名人使用並幫忙推廣你的服務。第四階段：成為主
流。」依照這預測，史努比狗狗幫Instagram在產品上線後的
幾個月內就達成第三階段。

• • • • • • • • • • •

斯特羅姆很快地就從安霍創投的痛苦經驗中走出來。到了
2011年初，Instagram的使用者數已大幅超過PicPlz，而且他的
天使投資人傑克・多西與亞當・迪安傑羅，也幫他說服了另一
位大名鼎鼎的創投家。

麥特・科勒（Matt Cohler）是基準資本（Benchmark
Capital）的合夥人，這間公司因90年代投資eBay而聞名，現
在也有投資推特與優步（Uber）。科勒在成為投資人之前是臉
書的早期員工，他認為Instagram是第一個專門為行動裝置而
非桌上型電腦設計的應用程式。斯特羅姆跟科勒說他很欽佩臉
書，想多跟他們學習如何經營一間產品非常普及的公司。

科勒同意投資Instagram，並跟史蒂夫・安德森一起並席
公司董事會。這次由基準資本領投的A輪投資共有七百萬美
元，足以讓Instagram再多經營幾個月，但也要端看他們打算
招聘多少人。「我們將擴編團隊，使其能支持我們目前所目
睹的大幅成長規模。」斯特羅姆在2月這般對媒體說，此時
Instagram的用戶已超越兩百萬名。「我們要打造世界一流的工
程團隊。」

但此時Instagram只有四名員工：斯特羅姆、克里格、里
多與史維尼，且到8月前也不會有新員工。斯特羅姆會說他們
太忙沒空招募新人；但事實上，是因為很難找到願意離開現職
並全心全意投入Instagram的人加入。有些面試者解釋，從長
遠角度來看，他們不大相信這間公司能獨立存活下去，因為
Instagram現在不過只是分享照片到推特與臉書的最佳管道。

更何況如果面試者不願意長時間工作，或不理解公司的願景有多大，斯特羅姆會拒絕讓他們加入，這更激怒了知道他們人力緊繃的投資人。但他有一套說詞。

「我們只願意錄取最佳的人選。」他是這樣向科技媒體《Gizmodo》的部落客麥特·霍南（Mat Honan）解釋的。

但這句話在Instagram有不同的意義。斯特羅姆曾在谷歌這間帶有學術氣息，喜歡進行測試跟最佳化的公司工作，在那邊只要是畢業自常春藤聯盟的學校並擁有工程或科學的高等學位，就很有機會被錄取；他也曾看過早期的推特，當時吸引到不少無政府主義者與怪咖，使得那裡成為孕育言論自由與反建制風氣的公司。但Instagram最想錄取的是不只對科技有興趣的人，無論他們喜歡藝術、音樂還是衝浪。舉例來說，克里格就喜歡跟里多談論文學。

這個極其小型的團隊之間也發展出革命情感。每天出門買午餐的人，通常也會幫其他人一起買。他們也沒什麼必要用電子郵件溝通。他們待在同一個房間，透過小喇叭聆聽克里格最喜歡的獨立音樂。他們吃了許多酥脆的天然谷（Nature Valley）穀物棒與無糖的紅牛能量飲料當零食。裝零食的櫃子偶爾會吸引螞蟻。斯特羅姆的母親會寄餅乾給他們。他們有空時，會去找同一名在地的理髮師剪頭髮。

這間公司太過頻繁地推出更快、更流暢的iPhone程式（大約每幾週就有新版本），以至於史維尼沒有空為蘋果應用程式商店的「新功能」欄位撰寫詳細內容，而他也可能會寫得太過技術性。因此他想出一個很萬用的內容，後來有許多矽谷的程式公司也開始借用：「這個最新版本修復了故障與改善效

能。」

他們每日每夜的辛勞終於有了收穫。某一天 Instagram 在應用程式商店的熱門排名超越了臉書。達成這項里程碑就像是獲得某種獎勵，於是斯特羅姆買了市價超過一百美元的黑楓丘波本酒（Black Maple Hill bourbon）送給每位員工。來自加州郊區的天堂市（Paradise）的史維尼，為了嘲弄斯特羅姆的東岸菁英品味，傳了一張假裝要把這酒倒入激浪汽水（Mountain Dew）的照片給斯特羅姆。

大約在同一時刻，在新投資人科勒的新家舉辦的雞尾酒派對中，斯特羅姆在數年後又看到了馬克·祖克柏。Instagram 事實上也已出現在臉書的收購雷達上。這位臉書執行長也向 Instagram 的成功表示祝賀。

· · · · · · · · · · · · · · ·

到了 2011 年的夏天，推特有大約一億名月活躍用戶，而臉書有超過八億名。Instagram 的規模小不少，約有六百萬名註冊會員，但靠著立基在既存平台之上，以快兩倍的時間達成了這個里程碑。

而其中沒有比名人的加入，更能彰顯這策略的成功之處。小賈斯汀（Justin Bieber）在推特上有超過一·一億名跟隨者。所以當這位十七歲的流行歌手加入 Instagram 並在推特貼出他第一張加上濾鏡、以洛杉磯的車流為主題的高對比照片，克里格的警示系統立刻作響。他的帳號每分鐘新增五十名粉絲，也為伺服器增加負擔。

「小賈斯汀加入 Instagram，世界為之爆炸。」《時代》雜

誌（*Time*）這般報導。每回這位歌手發文，就有一大群少女湧入讓伺服器過載，有時甚至會導致系統停擺。

小賈斯汀的經紀人「摩托車」布萊恩（"Scooter" Braun），對這景況似曾相識。所有的藝人，包含在網路上火紅的小賈斯汀，都在沒有回饋的前提下，把他們的內容貼到社群媒體網站上。布萊恩在2006年發掘了這位在YouTube頻道上唱歌的小男孩，但在臉書跟推特崛起時，小賈斯汀還沒有像現在那麼紅。布萊恩想，也許他能從Instagram身上得到些什麼。

這位明星音樂產業的談判人員打給斯特羅姆的時候，他正跟著一群朋友坐在旅行車上，剛剛經過加州的戴維斯，準備要前往泰浩湖。「凱文，賈斯汀正在線上。」他說。他們想向斯特羅姆提個案：讓小賈斯汀投資Instagram，或者付錢請他發文。否則他會停止使用Instagram。

斯特羅姆早決定Instagram不會付錢請別人發文，因為他希望大家花費時間在Instagram是為了有趣跟有意義，並非為了經濟緣故。他同時拒絕付費發文跟接受投資的提議。

小賈斯汀在布萊恩的威脅下跟隨指示停用Instagram。但與他分分合合的女朋友，迪士尼的當紅女演員與歌手席琳娜（Selena Gomez）很愛用Instagram，而他們的感情關係是所有八卦部落格最關注的話題。不久後，小賈斯汀又重返此程式，繼續讓Instagram的程式基礎架構超載，最盛時期這間公司必須分一半的伺服器效能去確保他的帳號能正常運作。

小賈斯汀的粉絲多到足以改變Instagram社群的生態。「突然之間，Instagram變成顏文字（emoji）的天堂，」萊斯後來回想道。隨著年輕用戶加入，他們也發明新的Instagram禮

儀，像是交換讚，以及為了追蹤而追蹤。「Instagram 的社群，
已經從原本那種大家真誠分享在微小時刻裡體會的有趣故事，
演變成為超級巨星文化的一環。」

• • • • • • • • • • • • • • •

隨著越來越多人因為小賈斯汀或其他緣故加入 Instagram，
里多也舉辦更多 InstaMeets 讓用戶在現實社會聚在一起。在某
場辦於舊金山的夏日聚會中，萊斯向 Instagram 員工介紹他們
公司的熱情粉絲之一：潔西卡·佐曼（Jessica Zollman）。

佐曼在青少年間很流行的匿名問答網站 Formspring 工作。
這網站跟多數匿名網站一樣，已成為霸凌的溫床。青少年會詢
問同儕他們**真實**的想法，但無論是誰發文，都經常被攻擊說他
們很骯髒、醜陋、沒資格活在這世上。每當在網站上發生暴力
威脅或自殺行為，佐曼是負責與警察或美國聯邦調查局（FBI）
聯繫的人之一。

Instagram 是讓她逃避這一切的地方。因為她對 Instagram
的沉迷，同事們都笑稱她是「Instagram 女王」，而她較具藝術
氣息的朋友，也戲稱她為攝影師，儘管她只會用手機拍照。但
她仍忍不住對 Instagram 的熱愛，因為這裡似乎是個更快樂、
更具創意的網路園地，帶給人們打破窠臼的感受。她籌辦了一
場聚焦在手機攝影的研討會「1197」，這名字的由來是因為第
一張用手機相機拍的照片，是在 1997 年 6 月 11 日被分享出來。

像這樣的人，完全符合斯特羅姆對熱情員工的標準。里多
見過她之後，寫電子郵件問她是否有興趣加入團隊擔任社群傳
教士（community evangelist），帶領更多人對產品感到興奮。

「如果我回覆『當然好！』，並把字體改成120pt、暖粉紅色，這樣會不會太誇張？」佐曼回覆。

「那樣剛剛好。」里多回覆，她也就成為第五號員工。

· · · · · · · · · · · · · · · ·

斯特羅姆跟克里格越來越清楚自己的標準在哪 —— 又或者他們只是擔心會搞砸已經擁有的一切。他們不願意付錢給名人與品牌，他們不願意把產品弄得太複雜，他們不願意捲入投資者的鬥爭戲碼裡；他們願意跟科技巨頭和平相處，他們願意透過InstaMeets茁壯用戶社群，他們也願意嘗試讓Instagram不辜負佐曼的理想，成為一塊網路世界的友善淨土。

但問題是，雖然Instagram能藉由對社群的付出鼓勵用戶，他們沒辦法控制用戶。Instagram跟推特一樣，註冊時不會要求用戶填寫真實姓名。而就有些用戶對在Instagram張貼夕陽與拿鐵的照片興趣缺缺，但時常用留言騷擾別人或張貼一些讓斯特羅姆與克里格覺得不悅的照片。

每當看到行為不當的用戶，他們就會進到後台系統的帳號管理頁面，在毫無警告之下封鎖這些人，讓他們無法登入程式。他們稱這程序為「修剪酸民」（pruning the trolls），彷彿Instagram是株美麗的植物，但不免有些泛黃的葉片。

除了會在Instagram的留言區霸凌別人外，也有人會貼出展現自殺意圖的影像，或者流傳兒童裸照、動物虐待的照片，以及標註著#thinspiration（纖細啟示）並刻意美化厭食症與貪食症行為的貼文。斯特羅姆跟克里格不樂見任何像這樣的內容出現在Instagram上，但也深知隨著平台用戶成長，他們不可

能仰賴人類檢查並手動刪除不當內容。僅僅上線九個月,已有一·五億張照片在Instagram上面,平均每秒有十五張照片被上傳。因此他們構想出一套能自動偵測不當內容並事先阻擋的系統,以保護初出茅廬的Instagram的品牌形象。

「別這麼做!」佐曼表示。「如果我們開始主動審查內容,就必須要為所有內容負法律責任。只要有人發現這件事,我們就必須在刊登之前人工審核所有內容,但這完全不可能。」

她說得沒錯。根據《通訊規範法案》(Communications Decency Act)第230條指出,提供「互動式電腦服務」的人,在法律上無須被認定為資訊的「出版者或發言者」,除非他們在這內容發布前會行使編輯的權力。這條頒布於1996年的法律,原先是美國議會為了管制網路上的色情內容而設,但後來也成為網路公司免於負擔誹謗等法律責任的重要依據。這法律也是之所以像是臉書、YouTube和亞馬遜等服務能如此壯大的重要因素,因為他們不需要事先全面審查每部影片是否暴力、每條產品評論是否涉及毀謗以及每則貼文是否真實。

佐曼會知道這件事,是因為她在Formspring的時候曾跟主管去找過在推特負責處理這類法律相關事宜的戴爾·哈維(Del Harvey)。「戴爾·哈維」其實是個公務上的假名,為了保護此員工不會因為她制定的規則,而受到大批憤怒網友的攻擊。第230條也是那場會議中讓佐曼印象最深刻的事情之一。

但佐曼並非要Instagram對這類貼文置之不理。她從Formspring學到的經驗是,黑暗的文化是如何因忽略而成形,而Instagram又如何成為她逃避一切的地方。目前Instagram的

用戶數尚不大，所以里多跟佐曼能夠輪班逐一點閱有害的內容並決定怎麼處理。但到頭來他們仍為各種嘗試自殺的內容而應接不暇，而且她表示，更糟的是在小賈斯汀來到Instagram之後，平台出現更多年輕、容易受影響的用戶。

佐曼的用戶名是@jayzombie，因為她很喜歡駭人聽聞的事物，能承受看到皮開肉綻的傷口，但同時，她的心胸寬大，也拒絕讓自己感到無助。她準備了一封制式信件，會自動寄給每一個張貼自殺訊息的用戶，放上Instagram有提供服務的國家當地的精神健康諮詢專線的連結。她也讓自己成為公司與FBI聯繫的窗口，就像她在Formspring的時候一樣。

但積極面對並不總能帶來開心的結果。有一回，她向警察通報一名企圖自殺的年輕蘇格蘭女性。但當警察循線向她索取更多用戶資料時，她卻束手無策。Instagram無法追蹤用戶所在地，且蘋果根據開發者規範也無法提供Apple ID。另一個案例是當她向美國國家兒童失蹤與受虐兒童援助中心通報兒童色情內容時，她發現事實上若把這些照片存在伺服器，或者她單純想要把照片寄給援助中心，對公司來說都是違法行為。相關人員後來也跟克里格講解Instagram可以怎麼做：Instagram要建設一台獨立的伺服器，並在一定時間後會自動摧毀內容，這麼一來才能合法地向援助中心通報。克里格也照做了。

大型科技公司才會有資源設立分別負責茁壯社群成長與清理內容的工作，且通常不需要在公司前期投注那麼多心力於此，因為法律認定他們不必為此負責。但早點釐清平台的醜陋之處幫助佐曼跟里多不僅思考如何解決問題，更重要的是能如何主動推廣他們希望看到的內容類型。

推特與臉書的高層會認為，盡量別干涉內容的管制才能確保在法律上安全無虞。如果用戶遇到問題，他們可以向系統回報或自行解決，他們要怎麼與產品互動，不是公司的責任。但里多跟佐曼有不同的看法。

因為Instagram並無演算法或任何再分享照片的方式，很難讓內容自然地廣為流傳。也因此Instagram的員工有機會決定哪種用戶行為會受到獎勵，他們會在官方部落格中推薦精選的有趣帳號。他們也仰賴用戶協助改進產品，透過Instagram詢問是否有人自願幫忙把程式翻譯成其他語言，或者是否有人願意在任何地方籌辦自己的InstagMeets。他們分享創作出高品質貼文的技巧，像是在水中拍攝這般能帶來有趣視角或新奇觀點的建議。

這種策略最終創造出更多死忠粉絲，他們會增強佐曼跟里多的工作成果，而且分文不取。在受到Instagram啟發之下，各國的Instagram非官方大使會公告他們將至風景優美的景點展開攝影健行（photo walk）的計畫，許多素未謀面的人會加入此行列，探索周遭那些過去從未想過要造訪的區域。

創辦人們也推薦過許多用戶，像是因罹患萊姆病（Lyme Disease）必須休學的紐約大學四年級學生麗絲‧艾斯宛（Liz Eswein）。艾斯宛在《紐約時報》看到Instagram並加入時，因為時機尚早所以還取得到@newyorkcity的用戶名。在復原期間她藉由攝影娛樂自己，在城市漫遊之時拍下她所看到的令人歎為觀止的天際線、街頭籃球賽、中國城的魚市場以及街頭藝術家。她也會張貼Instagram聚會與尋寶遊戲的資訊，讓在地的用戶在酒吧與公園相聚，並單純透過手機觀察這座城市。這

做法幫助Instagram獲得更多用戶。而Instagram的推薦也反過來幫助她每週新增一萬名粉絲。

· · · · · · · · · · · · · · · ·

　　增設再分享的按鈕會削弱Instagram表揚模範行為的權力；每個人會因此就只關心怎麼讓內容瘋傳。但用戶似乎持續要求開發這項功能。推特剛增設轉推（retweet）的按鈕，以正視用戶會自然而然地複製並貼上他人貼文的現象。提供分享貼文的內建功能對產品的成長很有幫助。除了獎勵用戶創造出廣為流傳的內容外，分享他人內容的功能，也減輕某些用戶的壓力，因為他們認為自己沒有什麼值得拍照分享的事情。

　　克里格確實曾開發再分享的按鈕，但從未開放給大眾使用。創辦人們認為這行為會違背了你追蹤某人的期待。你追蹤他們是因為想要看到**他們**，而不是其他人的見識、體會與創造出的內容。

　　創辦人們也持續得為此理念辯護，因為社群網絡跟廣為流傳已畫上等號，而且不止有矽谷的那些人有這要求。

　　到了2011年9月，Instagram擁有超過一千萬名用戶。好萊塢的大佬們仍想要投資Instagram，紛紛造訪位於南方公園的狹小辦公室。兼具演員與歌手身分的傑瑞德·雷托（Jared Leto）曾無奈地提案道：「你們的意思是就算我把一袋錢放在你們的門口，你們也不會接受？」

　　曾出演《70年代秀》（That '70s Show）與《豬頭，我的車咧？》（Dude, Where's My Car?）等喜劇電影的艾希頓·庫奇（Ashton Kutcher），曾在2009年打敗《CNN新聞網》成為

第一個擁有百萬追隨者的推特帳號。跟小賈斯汀一樣，他理解到自己為Instagram帶來許多價值但未能從中獲得回報。庫奇一點也不像他扮演的愚笨角色。他盡可能地吸收科技產業的知識，企圖把自己掌握流行的能力，能更有效地變現。他跟瑪丹娜（Madonna）的經紀人蓋·歐瑟利（Guy Oseary）合作，從眾多機會中找出數十間公司投資（並非都是社群媒體），包含優步、Airbnb、Spotify與Instagram的競爭對手Path。「隨著新型態的消費者體驗誕生，會有至少三家公司在做相同的事情。」他回憶道。當時有不同版本的Instagram、Pinterest與優步。「只要有人能率先吸引用戶使用，網絡效應（network effect）接著就會成就一切。」

為了理解Instagram只是一時流行還是能持久的網絡，庫奇跟歐瑟利看到數據顯示用戶花越來越多時間在那之上，甚至養成了習慣。「這是場注意力的競爭，」庫奇解釋。「大家都從臉書跟推特學到這件事。」

歐瑟利與庫奇想盡辦法約到Instagram的創辦人。最終他們終於有機會拜訪南方公園辦公室。辦公室裡鋪著棕色地毯，並有著80年代留下來幾乎不透光的玻璃窗。在那邊，他們看到忙碌的團隊專注在螢幕上，企圖讓程式維持正常運作，且忙到沒空講話。

斯特羅姆抽空向他們解釋他沒打算找新的投資人，但有興趣向他們解釋Instagram的市場潛力。濾鏡讓分享照片變得容易，降低用戶的壓力。Instagram提供的濾鏡，就像是若推特提供一鍵讓人看起來更聰明的功能。「幫助人們把照片變得更美麗，會讓他們更願意分享照片；當他們更願意分享時，我們

就成功了。」他說。

「若這樣的話,你需要提供再分享(re-gram)的功能。」

斯特羅姆解釋:「我們想打造的是單純、簡潔的內容串。讓使用者能從中尋找內容,並且總是能掌握誰才是真正的原創者。」他說,他認為這套論述能說服像庫奇這樣利用自身的才華生財的人。

庫奇對於斯特羅姆在面對好點子時毫無溝通的空間而有點惱怒。但他仍然對這人很感興趣,並邀請斯特羅姆與他們的共同好友約書亞・庫許納(Joshua Kushner),一同與其他科技公司創辦人到猶他州(Utah)滑雪度假。六名男性將在雪中的大木屋度過一晚。

當天半夜,斯特羅姆突然闖進庫奇的房間,告訴他們必須**立刻**到外頭。庫奇的房間裡已經煙霧瀰漫,而壁爐周邊的牆壁已被烈火吞噬。

在凌晨四點的時候,斯特羅姆逐一檢查房間,確保所有人都安全逃出。他們全站在寒風之中,僅穿著內褲以及抱著筆電跟手機,等待消防隊前來救援。

「好吧,」庫奇想,「凱文是位好領袖。」他們變成好友,庫奇後來也幫助Instagram在娛樂產業中樹立更高的信譽。

• • • • • • • • • • • • • • •

Instagram在各方面都做得不錯:引起名人的注意、圍繞各種興趣構築起社群、透過行動電話自然地成為人們生活的夥伴。而這些也都是推特所關注的要點。兩家公司的命運是如此般交織在一起,導致有名人在拜訪Instagram的時候,還詢問

晚點能不能也拜訪一下推特，完全沒想到他們是兩間獨立的公司。

　　在2011年底，在推特負責公司交易的員工潔西卡・韋里利（Jessica Verrilli），想讓這種誤會成為事實。Instagram已在推特之上建立起自己的網絡，而且兩者擁有某些共同的基本架構跟投資人。曾在史丹佛梅費爾德計畫與克里格共事的韋里利，催促多西再度找兩位創辦人談收購的事宜。多西認為斯特羅姆聽起來有意願，只要他們能提出夠吸引人的數目。

　　伊凡・威廉斯的反對在當時已不成問題。一年前，原任營運長（chief operating officer）的迪克・科斯特洛（Dick Costolo）被拔擢為執行長，前執行長威廉斯則卸任轉而負責產品。2011年3月，多西說服了推特的董事會，他才是有正確願景，能帶領推特未來的董事長。在基準資本的代表投資人、推特董事會成員彼德・芬頓（Peter Fenton）的協助下，董事會革除了威廉斯的職位，就像他們在2008年逼迫多西下台一樣。在同時經營Square的情況下，多西成為推特的董事長，與科斯特洛合作引領產品的走向。

　　當公司高層的願景有所衝突時，他們會為了取得自身地位與影響力的認同相互攻訐，而讓原先對客戶有益的事受到阻撓。推特員工對其管理階層有這番觀察。科斯特洛想要聲張身為執行長的威嚴，但多西是創辦人，所以他們爭相想成為焦點。

　　交易團隊認為收購Instagram的合適價格應該落在八千萬美元左右。但科斯特洛覺得要用八千萬美元收購這間只不過能更方便在推特分享照片的年輕公司太貴了。他們不大可能跟推

特競爭，並成為公眾人物新聞與近況的來源。會議室裡的其他人則認為他腦中還有另一個顧慮：如果這椿收購案成交，多西會從中得到功勞。相關討論因而被推遲。

但Instagram變得越來越有價值，找到公司的立足之地與通往主流媒體的道路。儘管科斯特洛有所疑慮，許多名人仍陸續加入Instagram，像是金·卡戴珊、泰勒絲（Taylor Swift）和蕾哈娜（Rihanna）。在2012年1月，有位推特的重量級用戶加入Instagram：美國總統歐巴馬（Barack Obama）。歐巴馬的帳號是為了當年的總統競選活動，在愛荷華州黨內初選的當天創立。

Instagram在官方部落格中表示，他們希望這個帳號「能提供民眾用照片的形式一覽美國總統的日常中所發生的事情」，並鼓勵媒體記者加入此行列，貼出競選活動的幕後花絮。在同個月，克里格受蜜雪兒·歐巴馬（Michelle Obama）之邀出席國情咨文（State of the Union）演說，以解釋若沒有移民簽證的協助，他就沒有機會參與Instagram的開發。

與此同時，Instagram的團隊成員終於有所成長。過去曾為克萊斯勒（Chrysler）負責向賽車手諮詢空氣動力學（aerodynamics）的艾咪·柯爾（Amy Cole），剛從史丹佛商學院畢業。某次在去納帕（Napa）酒莊巡禮的路上，有朋友聽到她對Instagram讚不絕口，就說他能引介艾咪認識Instagram的成員。她後來在2011年10月成為Instagram的首名商務主管，雖然當時公司尚無真正的生意要做。她幫助公司在對面的大房子裡找到能長期租用且擁有真的窗戶的空間。斯特羅姆原先屬意的共同創辦人人選暨好友奎格·豪可姆斯，也加入成為

工程師並創造更多濾鏡，這是當時 Instagram 的殺手鐧功能。

　　Instagram 也終於制定出部分的編輯台規範。Instagram 對於什麼才是網站該出現的模範內容有自己的想法：那種能提供探索有趣生活的窗口。拜禮・理查森（Bailey Richardson）在 2012 年 2 月加入 Instagram 的社群團隊時，她規畫出一份「推薦用戶名單」給人們追蹤，讓他們不會認定 Instagram 只是關於名人的平台。這份名單包含世界各地的攝影師、藝術家、餐廳主廚與運動員。也特別推薦一些積極參與或組織 InstagMeets 的用戶，像是擁有 @newyorkcity 帳號的艾斯宛。理查森也找到並推薦像是 @darcytheflyinghedgehog（飛行刺蝟達西），這個由年輕日本男子經營的帳號中，他會裝扮他的小刺蝟；或者西藏的僧侶書法家 @gdax。

　　Instagram 系統內建的帳號管理工具還很簡陋（或者說根本不存在）。某個冬天「摩托車」・布萊恩向 Instagram 求救：小賈斯汀的帳號被鎖住了。但 Instagram 當時還未提供密碼重設的可靠系統。他們告訴布萊恩能透過電話解決，但小賈斯汀必須驗證他的身分。「好吧，」布萊恩說，「賈斯汀會再打給你們。」

　　理查森接起電話。「嗨，我是賈斯汀。」他說。他們也沒準備安全提示問題，所以這句話就足夠證明他的身分。她在電話中幫他重設密碼。

・・・・・・・・・・・

　　在 2012 年初，推特的資深員工伊萊・吉爾（Elad Gil）接手負責公司的策略以及合併與收購（M&A）。他也把收購

Instagram一事重新放回檯面。他在該季的策略簡報中指出，許多重要人士開始使用Instagram，不少事情也開始**發生**在Instagram上。2009年，因為有人在推特上貼出一張驚人的照片：一架飛機平安迫降在紐約哈德遜河上，人們才開始認真把推特視為新聞來源。若下一回類似的照片改貼在Instagram上呢？如果Instagram變成分享照片的主要方式呢？除非Instagram加入，否則這樣的情境對推特很不利，吉爾這般爭論。

多西雖然是推特的董事長，但他不再參與例行的產品工作。而當時科斯特洛不僅願意接受收購Instagram的想法，也樂意積極參與此案。他與克里格與斯特羅姆約在舊金山的四季酒店（Four Seasons hotel）碰面。

兩位Instagram的創辦人並沒有很想要被收購，他們覺得自己的事業才剛起步。但斯特羅姆認為禮貌上還是要與他見面，畢竟推特掌握著Instagram成長的生殺大權。臉書也是，還有蘋果。若把跟這些公司的關係搞砸了，他們也可能傷害公司的成長潛力。

科斯特洛離開會議後心想，若能討好他們，應該就能讓這案子成真。大約與此同時，多西卻嘗試另一種做法，他邀請斯特羅姆與克里格到Square的辦公室閒聊。但科斯特洛跟多西的想法一致：推特需要在他們身上賭把大的。收購的金額要看起來夠瘋狂，但也要夠值得。

吉爾與推特的財務長阿里・羅格哈尼（Ali Rowghani）也為此次收購擬定了投資條件書。推特願意提供7至10%的股票，等同大約五千萬到七千萬美元的價值，並保留一些能額外

解釋的餘地，畢竟當時推特的股票未上市。這個收購的百分比是估算Instagram目前的用戶數，大概占推特一千三百萬名用戶的7至10%。

那年3月，斯特羅姆在由投資銀行艾倫公司（Allen & Company）於亞利桑那州（Arizona）所舉辦的封閉論壇中演講。羅格哈尼、科斯特洛跟多西也都在現場。在論壇期間的某個傍晚，羅格哈尼跟多西約斯特羅姆在庭院的火爐旁喝酒。多西當時正在戒酒，但斯特羅姆會喝點威士忌。

但大家對當時的記憶有些出入。推特的線人說有看到羅格哈尼秀出投資條件書，留有空白給斯特羅姆簽名，但斯特羅姆把文件還了回去，說他不認為他該賣公司。但斯特羅姆後來否認他有聽到收購金額或看到任何文件。

但無論有沒有投資條件書，大家都同意當時斯特羅姆沒有接受收購。推特後來發動全面性的攻勢請創辦人們吃飯喝酒，直到能說服他們為止。

第三章

一場驚喜

「是他選擇了我們,而不是我們選擇了他。」
    ——丹·羅斯(Dan Rose),臉書前夥伴關係副總,
        評論凱文·斯特羅姆的決定。

奎格‧豪可姆斯需要點時間才能接電話，因為他正困在晚餐的難題中：一份來自舊金山使命區的超大墨西哥捲餅（burrito），以及一張緊包住各種餡料的墨西哥薄餅（tortilla）。如果處理不當會讓酪梨醬或吸飽辣醬的米飯掉出來。

電話是克里格打來的。豪可姆斯很少會在週日的深夜接到老闆的電話。

「一切都好嗎？」豪可姆斯問。

「嗨，老兄，」克里格說。「你明早必須來辦公室一趟。」

豪可姆斯清醒的時候幾乎都待在辦公室。前一週，4月2日，他也徹夜協助為安卓版的 Instagram 上線做準備。

「我通常八點左右進公司。」這名工程師帶點防衛心態說。

「八點。八點沒問題。」克里格說。有些事情需要討論，他解釋後便掛上電話。

豪可姆斯接著邊吃著晚餐邊好奇會發生什麼事。

. . . .

那天稍晚，提姆‧范達美（Tim Van Damme）開車下山，覺得十分感慨。他終於來到了加州，並準備在舊金山迎接與 Instagram 團隊共同工作的第一週。在他覺得非常絕望的那個冬天，Instagram 雇用了他。他之前任職的一間位於德州奧斯汀的定位打卡程式 Gowalla 在12月被臉書收購，但並非所有員工都隨著這樁交易加入臉書。若沒有 Instagram，他沒辦法在長女臨盆之際擁有健保資格。

范達美十分幸運，因為斯特羅姆剛好看到他寄來的推特私

訊，內文不僅稱讚Instagram的產品，也詢問是否有幫得上忙的地方。沒想到他們真的需要幫忙，而且十分急切。斯特羅姆跟克里格太過忙碌，他們沒時間尋覓新的設計師。他跟創辦人們面試過幾次。克里格在面試途中得不時中斷去重啟伺服器，因為青少年的萬人迷小賈斯汀剛又發文，導致伺服器停擺。這是個有趣的麻煩，范達美心想。

這名設計師在他的女兒才出生沒幾天之時，成為Instagram的第九號員工。他心想，多數的新創會失敗，但至少現在他有份工作，為一款創辦人會在意美感的程式重新設計按鈕與各種Logo。而他也推薦另一名朋友加入：Instagram雇用了菲利浦・麥克阿利斯特（Philip McAllister），另一位沒能加入臉書的前Gowalla員工，負責開發安卓版本的Instagram。

范達美一直在奧斯汀的小餐桌前工作，等到新成立的家能應付搬家。三個月之後，在抵達加州後的某個週末，他們在泰浩湖慶祝這次職涯轉換，希望能在復活節的週末欣賞到邁入尾聲的雪景。

當他正在返回新家的三小時路途中，范達美的電話響了。是他的執行長。

「你能明早八點到辦公室嗎？」斯特羅姆問。

「好的。」范達美說。

「謝謝。」斯特羅姆說。「祝你有個美好的夜晚。」就這樣了。

范達美短暫地把目光從路上移開，給了他的妻子一個驚恐的眼神。

「我要被開除了。」他解釋。他打從心裡這樣想。「在矽

谷沒有人會在早上八點開會。」

· · · · · · · · · · · · · ·

當范達美跟豪可姆斯隔天抵達辦公室時，很明顯大家都收到相同的訊息。員工們小聲交流他們的猜想。也許發生嚴重的駭客入侵事件。也許最近向創投募資出了點狀況，且Instagram燒光了資金沒辦法經營下去。

在南方公園新辦公室的會客室，他們面向門口把椅子排成半圓。賈許·里多打給他們在華盛頓特區的員工丹·托菲（Dan Toffey），並在海軍藍的地毯上把iPhone滑向斯特羅姆鞋子的方向，這麼一來他能聽到創辦人們說的一切。

「在週末的時候，我們就潛在的收購有過幾次對話。」斯特羅姆說。

這聽起來不那麼瘋狂，員工們想。前一週上線的安卓版十分成功，前十二小時內就有一百萬次的下載。

「我跟馬克·祖克柏談到話。」他繼續說。

聽起來仍很正常。

「我們接受臉書的提案。我們被以十億美元收購了。」

不大正常。難以置信。

員工們發出驚呼與歡呼，有些人笑了，不確定要怎麼掌控突如其來的驚喜，有些人則止不住淚水。潔西卡·佐曼抓著豪可姆斯的大腿。艾咪·柯爾緊握著旁邊的人的手。提姆·范達美跟菲利浦·麥克阿利斯特交換眼神。除了臉書以外誰收購都好。他們心想。Gowalla的劇碼又要再度上演了。

但這是一樁十億元的收購。十億這個魔術數字過去從未

發生在手機程式的收購案上。谷歌的確曾以十六億美元收購YouTube，但這是六年前，美國金融危機發生之前。臉書從未做過像這樣的收購。每一次他們會將買下的公司拆解，留下創辦人跟技術後，就終止產品營運。Instagram會被終止嗎？他們需要找新工作嗎？或者他們有可能都變得超級富有？夏恩・史維尼緊張到把空的沛綠雅（Perrier）礦泉水瓶子上的標籤撕碎後，再塞回瓶子裡。

斯特羅姆一步步解釋接下來會發生的事情。他們很快要去臉書總部與管理階層見面。接駁車會在下午來接所有人。但很少人專心聽他講話，他的聲音已化為每個人腦中處理思緒時的背景雜音，就跟查理・布朗（Charlie Brown）漫畫裡老師的談話一樣難以辨識。

但大家很快地被拉回現實，斯特羅姆向他們解釋這則消息將會在三十分鐘內公諸於世。

「打電話給你的家人，」他說。「或者任何在消息曝光前你必須做的事。」

里多撿起他放在斯特羅姆腳邊的電話，並發現他忘了打開擴音模式，托菲對方才發生的事情一無所知，他也成為里多第一個要解釋的對象。

其他人走回自己的桌前，這些是為新辦公室所買的Ikea桌子，在一個月前佐曼組起來的。他們傳著一瓶尚未開封的香檳，是紅杉資本（Sequoia Capital）慶祝Instagram上週剛獲得的新一輪五千萬美元募資的贈禮。上一則新聞若感覺像是里程碑，那這則新聞就感覺像是成噸的磚頭。

「我從沒想過事情的結局會是這樣。」史維尼向豪可姆斯

說。

　　大家的家人都關注一個顯而易見的問題：能獲得多少錢，但他們沒辦法回答。斯特羅姆沒有談論這件事。過了幾分鐘，還在整理心情的范達美想抽根菸，於是他走向大門。

　　「別走出去！」有位同事在他背後大叫。當時大約九點十分，收購的新聞才剛公布約十分鐘。科技部落客羅伯特·史柯伯（Robert Scoble），已經把他的白色Prius轎車停在辦公室前。**感謝提醒**，范達美心想，趕緊把門關上。接受這位推特名人的拷問，跟他現在真正需要的可說是背道而馳。

　　白色的新聞採訪車與攝影記者陸續抵達。員工們因為逃不出辦公室，所以只好上網。

　　「十億美元，」路透社（Reuters）報導，「對一家尚無顯著營收的程式開發商可說十分驚人。」祖克柏「斥資不菲收購這家頗具話題，但毫無商業模式的新創公司」，《CNN新聞網》也這般呼應，並與七年前雅虎以三千五百萬美元收購Flickr的案例對比。

　　Instagram三千萬用戶裡的部分人則在推特上討論其他的顧慮：臉書會不會拆解Instagram？或者把它融入到動態消息裡，或在產品裡擺滿各式臉書的標誌，或者添加太多新功能而破壞了原有的單純？此外，臉書也因而能控制Instagram上所有的照片資料，這聽起來不是件好事。臉書的許多作為已惡名昭彰：修改使用者隱私條款，在未告知用戶之下為程式開發者蒐集與分享資料，甚至會使用軟體辨識用戶的臉孔，方便系統自動在照片標記出他們。

　　斯特羅姆跟祖克柏的公開聲明試圖要安撫這些疑慮。

「我們必須強調：Instagram的產品絕不會消失。」斯特羅姆在Instagram官方部落格寫道。

「我們承諾會保有Instagram獨立開發與成長的空間，」祖克柏在臉書的貼文說道。「這是我們首次收購擁有這麼多用戶的產品與公司。即使有什麼能做的，我們也不打算多做什麼。」

對Instagram與臉書而言，未來會發生什麼事仍是未知數。

• • • • • • • • • • • • • •

一個月前，推特對Instagram的追求變得更為猛烈但未能奏效。兩位創辦人跟基準資本的合夥人彼德‧芬頓不只在壽司店一起吃飯喝酒，也在瑞吉飯店（St. Regis hotel）共進早餐。執行長迪克‧科斯特洛也解釋過他的願景：斯特羅姆可以繼續經營Instagram，但也能兼任推特的產品總監，幫助讓推特更適合發布影像內容。

不難看出斯特羅姆對此興趣缺缺：那次早餐會他遲到一小時，推諉是因為下雨的關係，讓克里格必須先幫他跟科斯特洛與財務長阿里‧羅格哈尼打圓場。在斯特羅姆抵達前就吃完純蛋白歐姆蛋的財務長，認為遲到的斯特羅姆不僅自傲、不誠懇，裝得一副好萊塢巨星的模樣，不過是在浪費他們時間。

推特希望在西南偏南科技大會（South by Southwest technology conference）開始前談成收購案，這場大會將舉辦在3月9號那一整週。在過去的大會裡，包含2009年的Foursquare與2007年的推特，都藉此獲得很多的關注。但斯特羅姆沒這打算。在大會上，只有一小群Instagram的員工發送

有Instagram Logo的貼紙與有著恐龍圖案的T恤。有天晚上在酒吧時，不少人看到斯特羅姆，不僅認出他是Instagram的創辦人，也跟他說他們有多麼欣賞這產品。

回到舊金山的時候，斯特羅姆感謝多西提供的寶貴經驗並解釋他為何現在不能賣公司。他想要讓Instagram變得更強大和具影響力，若此時被任何人收購就實在太可惜了。多西說他明白，並介紹紅杉資本的合夥人魯洛夫·波塔（Roelof Botha）給斯特羅姆認識，波塔後來也開始協議用創投的資本投資Instagram。

斯特羅姆會跟他的朋友說，推特從來沒有認真提過收購的事情。事實上，他們也從沒提供過任何他真正在乎的事。只有祖克柏知道最能打動斯特羅姆的關鍵：獨立性。

· · · · · · · · · · · · · · · ·

被臉書收購一事，是在4月的第一週開始展開。紅杉資本打算在這輪募資五千萬美元，讓Instagram的估值上看五億，這與推特的收購金額相去不遠。距離正式投資只剩下斯特羅姆簽字一步時，祖克柏連絡上他。

「經過思考過後，我想要買下你的公司。」祖克柏直接切入重點說。他想要盡快見面。「我願意補償你這一輪募資的兩倍資金。」

斯特羅姆不確定該怎麼做，他感到驚恐並聯絡董事會。

基準資本的麥特·科勒跟他說，不管祖克柏想要做什麼，他必須先與這輪投資的創投簽訂合約，否則他在矽谷的名聲會一落千丈。另一名董事史蒂夫·安德森當時被困在西雅圖的會

議中。直到聯絡上他之前，斯特羅姆不斷打電話給他。

「馬克・祖克柏想今天與我碰面，」斯特羅姆說。「你覺得呢？」

「聽著，」安德森判斷道，「你剛剛募到新資金，一大筆資金。如果現在的網路帝王想要見你……當然可以，為何不呢？沒什麼理由拒絕像這樣的邀約。」

安德森一直告訴斯特羅姆，他跟祖克柏一樣都是具有遠見的領袖，或許他還比祖克柏更聰明。安德森認為，當Instagram隨著時間日漸成長，大家會開始發現這件事。他不認為Instagram應該賣給臉書，畢竟時機尚未成熟。但現在，他還是得覲見帝王。

斯特羅姆在簽定這輪紅杉資本的投資後，便回頭聯繫祖克柏。

· · · · · · · · · · · · · · · · ·

臉書當時正在為幾週後的首次公開募股（Initial Public Offering，IPO）大張旗鼓，這是網路歷史上最大規模的首次公開募股之一，祖克柏也被迫思考其商業版圖的長期規畫。臉書已成為無所不在的網路服務，但用戶也快速移往行動裝置。臉書雖有應用程式，但並不像谷歌跟蘋果電腦有做手機。這意味著除非臉書投入昂貴且複雜的硬體開發，否則祖克柏只能在最終仍被其他公司所把持的疆域裡打造自己的公司。

如此一來只剩下兩種獲勝的方式：首先，是他的工程師能讓臉書不僅有趣又有用，讓人們在手機上花費越來越多時間。或者他可以買下、複製或者擊敗競爭的應用程式，確保其他公

司幾乎沒機會挑戰用戶對臉書的依賴。

當他聽到 Instagram 這輪共五億估值的募資時，他理解到這個微小但富話題性的競爭者，藉由這筆新投資將很快地造成更大的威脅。他唯一的解方就是買下它。

祖克柏過去曾用過這招（但失敗了）：在 2008 年，推特的執行長伊凡・威廉斯曾表示願接受約五億美元的收購，但威廉斯當時臨陣脫逃，現在推特也成為臉書的主要競爭對手。祖克柏對這結果很不滿意，但他其實也做過相同的事。在 2006 年，當臉書跟 Instagram 差不多歲數的時候，雅虎想以十億美元收購臉書。他忤逆董事會的建議並拒絕雅虎，很有自信能靠自己把臉書打造得更強。祖克柏也從這次關鍵性的抵抗中得到不少自信。他更加確認創辦人的直覺（也就是他自己的直覺），才是最值得被信賴的。

靠著這些經驗，祖克柏認為他知道怎麼跟斯特羅姆溝通，以創辦人對創辦人的身分。斯特羅姆並不想負責臉書的產品，就像他也不想要負責推特的產品一樣。他想要保有自己的公司，繼續規畫 Instagram 的願景，但省去承擔獨立經營的風險。臉書的網絡已經幫助 Instagram 成長，如果能讓 Instagram 成為臉書的一部分，他們能獲得不可思議的資源用來加速成長。

這個論點很吸引斯特羅姆。他們必須認真協商此事：那個週四晚上，在祖克柏位於保羅奧圖綠樹成蔭的新月公園（Crescent Park）區域的新房子裡，斯特羅姆先提出二十億的條件。

· · · · · · · · · · · · · ·

　　祖克柏邊跟斯特羅姆討價還價的同時，他也決定要讓其他人加入討論。他先是找臉書的營運長雪柔·桑德伯格（Sheryl Sandberg）與財務長大衛·艾伯斯曼（David Ebersman）進行嚴肅的討論。他們說他們相信他的直覺，但他得先通知公司交易部的總監阿敏·佐弗諾（Amin Zoufonoun），有了他才能讓一切順利進行。

　　「馬克想要買Instagram。」桑德伯格在會議電話上直接切入重點。

　　這決定真棒，佐弗諾心想：自從他一年前從谷歌的企業發展總監的職位跳槽臉書，這公司就一直在他的雷達上，而且他還記得斯特羅姆曾經是公司交易團隊的一員。

　　「他已經跟凱文談過了，且他們初步對收購金額區間的共識非常高。」她繼續說道。斯特羅姆希望這椿收購案能讓Instagram取得臉書百分之一股權價值。

　　佐弗諾嚇到說不出話來。臉書在首次公開募股一個月前的私有市場估值為一千億美元。意思就是這椿Instagram收購案的價值上看十億美元。從未有人用這麼多錢收購手機應用程式。

　　「你似乎有點疑慮。」桑德伯格觀察道。「我今晚會再聯絡你，讓你有機會再思考跟分析一下。」

　　佐弗諾思考過後，仍無法說服自己接受這數字。因為通常都會有相似的收購案能比較，或者是上市公司的市值可供對照。當桑德伯格再次聯絡他時，他希望能多理解一些細節。

「這價格實在太龐大，」他說。「我希望能知道祖克柏是怎麼想的，他們怎麼得出這個數字？」

桑德伯格把祖克柏加入會議室的通話，他提議明天上午跟佐弗諾碰面討論。

那天晚上，佐弗諾為此失眠。他才剛跟老婆與兩個小孩從保羅奧圖搬到旁邊洛斯奧圖斯（Los Altos）鎮上的一棟老房子。他沒做過那麼大的交易案，為此感到神經緊繃。在與祖克柏開會前的時光，他拿著手機不斷瀏覽 Instagram，嘗試預測這家公司的未來。

在黑暗當中，他理解到這不只是個讓人們張貼餐點照片的應用程式，更是樁很有潛力的生意。以主題統整貼文的主題標籤系統，讓 Instagram 就像推特一樣，但更訴諸視覺，人們透過不斷點擊就能知道特定活動上所發生的種種。他也發現儘管與臉書上億的用戶數相比，這應用程式只有兩千五百萬名註冊用戶，但已經有人透過在 Instagram 張貼商品圖片做起生意，而他們的粉絲確實也有會互動或留言。

Instagram 雖然還未開始賺錢，但佐弗諾推測因為 Instagram 讓用戶能像瀏覽臉書新聞動態一樣，無止盡地瀏覽貼文，最終他們也能發展出相同型態的廣告功效。他們能利用臉書的基礎建設加速成長，就像谷歌當初幫助 YouTube 一樣。

隔天早上，在臉書總部的某間會議室，祖克柏跟佐弗諾都準時現身。

「嗨，你覺得如何？」祖克柏問他。「我理解你有些顧慮。」

「事實上，經過過去的十二個小時，我想你的直覺很準。」

佐弗諾總結。「我們確實該買下這公司。」

「好的，那接下來要做什麼？」祖克柏說，絲毫不驚訝自己是對的。「我們應該要儘速著手。你認為我們能怎麼最快把這事談成？」

佐弗諾起身，走向會議室的白板，開始寫下收購的步驟：召集律師並釐清以現金與股票付款的細節，並決定臉書在縮短盡職調查（due diligence）上能承擔多高的風險。通常公司會花上數週或數月的時間評估收購公司，就像是買房者在成交前會檢查房子是否有白蟻或管線故障的問題。但如果臉書想要加速流程，他們可以在一個週末內完成，在沒有外部銀行家的參與之下。

祖克柏希望能加快速度。他是矽谷最厲害的棋士之一，能預先多想幾步。如果臉書花太多時間協商，斯特羅姆會開始聯絡他的朋友跟業師，祖克柏從他的前員工、Instagram的董事柯勒那邊得知，斯特羅姆跟推特的多西很要好。祖克柏沒有這樣的情誼優勢。但如果他越快達成協議，斯特羅姆就越沒機會聽到對臉書不利的建議，或者又一次的議價。

祖克柏也取消了與家人的春季出遊。

・・・・・・・・・・・・・・・・・・

隨著律師在臉書總部逐一定案合約細節，斯特羅姆也帶克里格去見祖克柏第一次面。結束之後，他們兩個坐在加州鐵路（Caltrain）位於保羅奧圖的車站，討論這項決定會帶來的影響。

少了臉書，Instagram的團隊跟技術架構都得加速成長，

以滿足若新投資者對獲利有所期待；但與此同時，他們也可能會失敗，或者臉書自行開發出更完美的 Instagram。克里格非常尊敬臉書的工程團隊。如果他們加入臉書，在臉書的協助下，他們會有資源去接觸更多潛在用戶，但不用擔心系統停擺。

. . . .

那個週六，他們持續在祖克柏簡單裝潢過、價值七百萬美元的家中討論。祖克柏、佐弗諾跟斯特羅姆坐在有屋頂的後院裡，祖克柏那條像拖把的匈牙利牧羊犬「野獸」（beast）也在一旁。斯特羅姆偶爾會走到院子中或到車裡，與他的董事會通電話。

克里格待在舊金山，用週末的時間處理臉書對 Instagram 技術架構的評鑑。他透過電話回答關於 Instagram 的系統架構，以及他們用了哪些軟體與服務等問題。臉書從未要求看原始程式碼。**我們就算只用樂高打造出公司，他們也不會發現**，克里格心想。

在保羅奧圖，他們則對交易案中股票與現金的占比各持己見。比起股票所存有的潛在風險，能現金入袋當然會更難以拒絕。祖克柏很努力想說服斯特羅姆，股票的比例越高會讓這樁交易在未來具有更高的價值。如果你認為臉書的成長將低迷不前，那 1% 的臉書股票就只值十億美元；但臉書有企圖會持續成長，如此一來股票的價值就會更接近甚至超過斯特羅姆原先期望的收購金額。

但祖克柏也向斯特羅姆坦承他很驚訝臉書在私人市場的估

值有一千億美元。雖然他認為臉書會持續成長,而且基於臉書的估值去計算Instagram的價值也很合理,但他也擔心這筆收購的牌價。如果他把規模尚小且無營收的Instagram的價值估得很高,可能因此會為矽谷帶來泡沫化,導致他未來想收購的所有同屬性公司都自抬身價。(他某部分說得對。在2013年,創投家艾琳·李〔Aileen Lee〕將估值超過十億美元的新創命名為「獨角獸」。當時只有三十七間獨角獸。當她在2015年更新這群稀有生物的名單時,已經有八十四間。到了2019年時,已經有上百間獨角獸。但就算這是泡沫,它也尚未破裂。)

在他們討論的時候,那條白色的拖把狗無時無刻在四處遊走、與人類四目相接、在地上打滾,彷彿牠也想參與交易案。

「你們餓了嗎?」祖克柏問道。當時已是下午三點,但他們只有喝啤酒。「我來把烤爐生火。」

祖克柏從他的冰庫拿出一大塊鹿肉或熊肉,反正就是有很多骨頭的肉。「我不確定這是什麼肉,但我想是我某天打獵的成果。」他說。前一年,祖克柏的年度目標是只吃自己宰殺的動物肉。

佐弗諾在祖克柏料理肉時站在他一旁,燻煙從烤爐飄散而出。野獸仔細看了一會後就開始吼叫,突然奔跑了約二十英尺,牽繩在風中擺盪著,並撞向佐弗諾的腿。「靠!」佐弗諾大叫。

「牠有破皮嗎?」祖克柏想知道。「因為如果牠受傷,我們需要記錄下來,而且可能需要帶牠離開。」

幸好野獸沒有破皮而佐弗諾也沒有流血,但他後來在臉書

的會議中分享這個故事，並笑稱祖克柏在那個歷史性的交易前夕，與負責收購的人員相比，他更關心他的狗。

但不管祖克柏料理的是什麼肉，大家都不怎麼捧場。斯特羅姆藉口說他幾小時後要跟女朋友約會。佐弗諾看了祖克柏一眼：**為什麼他要在討論途中跑去吃晚餐？**接下來還有很多問題要討論。

晚餐過後，斯特羅姆往南開去找佐弗諾單獨見面。佐弗諾家的風格與祖克柏明亮而現代的別墅截然不同。家裡的家庭活動室是由車庫改建而成，有著低矮的天花板、會漏風的窗戶以及從1970年代留下，由木板拼接而成的地板，佐弗諾的小孩稱這昏暗空間為他的男人洞窟。他們對坐在兩張沙發上，邊開著筆電、喝著蘇格蘭威士忌，邊繼續協商到深夜。

看著Instagram的投資人名單，佐弗諾也重新拾回對斯特羅姆的敬意。幾年前這個男人才在谷歌幫助收購團隊製作投影片簡報，他卻在十八個月裡達成這麼多事情。

· · · · · · · · · · · · · · · ·

星期天時，臉書的工程部總監麥可・斯洛普夫（Michael Schroepfer）跟佐弗諾共同待在祖克柏的廚房，斯特羅姆剛好走到外面跟董事會講電話。

通常臉書收購公司時，他們會把技術納為己有，為產品重新命名，並填補公司現有不足之處。如果Instagram真的成為獨立產品，這會打破臉書常見的收購流程，他們也不確定會發生什麼事。

「為何我們要以這方式與他們整合？」斯洛普夫問道。

「斯洛，我們要買的是魔法。我們為魔法付錢。我們不是為這十三個人付出十億美元。我們最不該做的，就是揠苗助長硬把臉書強加在他們身上。」經過數十個小時的討論，數個無法入眠的夜晚，佐弗諾已完全變成Instagram的信徒。「這家公司正在盛開，你只需要提供足夠的養分，而不是在此刻修剪植物的外型。」

祖克柏也同意他的論點。他寄電子郵件告知臉書董事會目前的狀況。這是他們首次得知這筆大交易案的消息，在一切都已經談成之時。因為祖克柏掌握公司大部分的投票權，所以董事會只是為他的決定背書的橡皮圖章。

· · · · · · · · · · · · · · · · ·

反倒是斯特羅姆要面對更多來自董事會的抵抗。尤其是史蒂夫・安德森對此感到困惑並抗拒。幾個禮拜前，斯特羅姆才募得資金讓公司能長遠地成長下去。而幾個月前，他才剛拒絕推特。

「你為何改變心意了？」他問道，斯特羅姆當時把車停在祖克柏的車道上與他通話。「如果是因為錢，不管祖克柏承諾要給你多少，我相信我都能幫你募得一樣多的資金。」安德森認為臉書刻意低估他們股票的價格，讓這樁交易案聽起來不那麼瘋狂，確實當時的Instagram也值約十二億或十三億美元。但如果他們再等久一點，到時臉書為了擺脫Instagram的競爭，可能會願意付五十億美元收購。

斯特羅姆則提出四個理由：第一，他覆述祖克柏的論點：臉書的股價很可能會上漲，所以收購案的價值會隨著時間增

加;第二,他想要擺脫大型競爭者的威脅。如果臉書決定要複製Instagram的產品並直球對決,他們就很難持續成長下去;第三,Instagram會受惠於臉書整體營運的基礎建設,不只是資料中心,還有一群經驗老道的人,能幫助Instagram處理在未來即將面對的課題。

第四點,也是最重要的一點,他跟克里格能保有獨立性。

「祖克柏向我保證他會讓我們像獨立公司一樣經營Instagram。」斯特羅姆說。

「你真的相信他嗎?」安德森狐疑地問。他看過許多買家為了成交信口開河,但後來反悔的案例。

「是的,」斯特羅姆回覆。「沒錯,我真的相信他。」

如果他那麼有自信,安德森也不打算阻撓他。至少他們都對臉書的股價有信心。科勒告訴他們臉書的經營方式跟機器沒兩樣。這位臉書的前員工,是在瑞典度假時接到他們的電話,先是祖克柏,然後是斯特羅姆,後來祖克柏又打來,一整晚都在跟他們聯絡。

回到保羅奧圖,當時條約已大致擬定完成,祖克柏也約了一群朋友一起欣賞當晚最新一集的《冰與火之歌》(Game of Thrones)。斯特羅姆沒有看這部劇,當天傍晚他在祖克柏的客廳簽署合約。因為他把名字開頭的K與S簽得特別大,讓「斯特羅姆」(Systrom)看起來就像一顆星星。

· · · · · · · · · · · · · ·

像Instagram這樣,買下一家公司卻沒有相互整合的收購方式,也為科技圈的公司收購開了一個關鍵先例,尤其是當大

型公司變得更為巨大，而像Instagram這樣的小公司，希望在與大公司正面對決和一敗塗地之外找尋另一條道路。在接下來幾年，像是推特買下短影音平台Vine跟直播平台Periscope，也讓這些應用程式由創辦人獨立經營，並維持這狀態有一段時間。谷歌也買了智慧家具Nest並讓其獨立經營。亞馬遜也收購全食超市（Whole Foods），並讓其獨立經營。而且許多企業發展的團隊在遊說新創時，也承諾會「讓他們像Instagram一樣」，但在新創成員搬進辦公室之後，就立刻改變讓他們獨立自主的心意。

　　Instagram能在臉書內獨立運作的顯著例子，後來也幫助祖克柏完成艱難的收購案，說服有主見的創辦人加入，最有名的例子就是2014年收購的通訊軟體WhatsApp跟虛擬實境的公司Oculus VR。

　　但最重要的是，Instagram的收購案為祖克柏帶來非常強大的競爭優勢。一位臉書主管是如此回顧這樁相對重要的收購案：**想像在某個平行時空中，微軟收購了當時規模不大的蘋果電腦，這會為微軟帶來很大的優勢。而這就跟臉書收購Instagram的例子相去不遠。**

　　這不是個完美的類比。然而這規模的收購案最大的挑戰並非來自於如何維持產品的成長與長久經營，而是要如何在創辦人們的自尊以及兩間公司文化的差異之中取得平衡。就以上述的假想為例，微軟是否會把iPhone視為自己的功勞？像蘋果電腦的史帝夫·賈伯斯（Steve Jobs）這樣離經叛道的創意人，又能在這個相對官僚的企業環境裡待多久？

　　祖克柏尚不確定接下來要怎麼做。但他已將自己的核心思

想列在一本橘紅色的小書裡,這本書會在每週一上午臉書新員工培訓時發給大家。在本書末的某一頁,有幾句淺藍色的文字印在海軍藍的背景,解釋了祖克柏偏執的領導性格:「如果我們打造不出能打敗臉書的產品,其他人會這麼做。網際網路不是個良善之地,不能持續與社會相連的事物,甚至沒機會留下殘骸。他們消失無蹤。」

在六年之後,斯特羅姆將會問的是:祖克柏到底覺得Instagram是「我們」還是「其他人」?

· · · · · · · · · · · · · · ·

斯特羅姆簽約的隔天早上,多西正在前往他所共同創辦的行動支付公司Square工作的路上。雖然他家財萬貫,但他很享受搭乘大眾運輸並沉浸在舊金山文化的感受。那天早上他發現他搭的一號路線公車只有他一個人。「單純的早晨小確幸:空無一人的巴士。」他在Instagram發文寫道,照片中的棕褐色車廂裡完全沒有人,甚至不見司機的蹤影。

他一直都每天發文,有時候靈感來時還會一天發兩次,主題包含Square與夕陽、咖啡與搭飛機出遊的照片。儘管Instagram最近拒絕了推特的收購提議,但多西卻因為幫助幾位投資人朋友加入Instagram最新一輪的投資,而更在乎這個應用程式的成功。

當他踏入Square的總部,有員工問他是否聽到最新消息:臉書收購了Instagram。

多西需要先搞清楚事情的真偽。他拿出手機在谷歌搜尋關鍵字並找到祖克柏的發文。當他還深陷在遭受背叛的情緒裡,

他的手機響了。是多西的密友阿維夫・尼沃（Aviv Nevo），這位內向的以色列籍美國人，也是名科技投資人，他之前在多西的建議下，透過繁盛資本（Thrive Capital）成為新一輪的投資人。

「到底發生什麼事？」尼沃說。「我才剛加入Instagram這輪五千萬美元的募資，然後我就看到這公司被以十億美元收購。這新聞對我的意義是？」

「嗯，我認為，你剛在幾天之內就讓投資翻倍，」多西緩慢地說，試圖隱藏自己的困惑。「我想，這是你能期望的最好結果之一。」

理論上，做為Instagram的最早期的投資人，多西也會變得更富有，但他只覺得很傷心。他不自覺地想到斯特羅姆。在提供他那麼多建議跟協助之後，他以為他們是朋友了。為何他從未撥通電話給他，就算只是談公事？多西說過推特的大門永遠為他敞開；他也說過價格是可以商量的。老是提倡工藝與創意的斯特羅姆，難道其實更看重臉書統治世界的手段嗎？

遲遲未收到斯特羅姆的解釋，讓多西從一開始的傷心變得越來越憤怒。他終於理解斯特羅姆從沒想過要賣公司給推特。推特被耍了。多西把Instagram的應用程式從手機移除，也不再上去貼文。

· · · · · · · · · · · ·

幾條街之外，許多Instagram的員工從後門偷溜出來，並走小巷以避開前門圍堵的媒體。他們搭上接駁車前往三十哩以南，位於門洛公園（Menlo Park）駭客路一號，被廣大停車場

圍繞的臉書總部。

這座園區就像一座他們專屬的企業小島，一邊是八線道的高速公路，另一邊則是在舊金山灣畔的鹽鹼灘。用大型藍色比「讚」的大拇指做為地標，在總部活動的員工多到需要有一大群交通指揮員與保全引導車流。那邊的天氣大概比舊金山高約攝氏五‧五度，所以Instagram的員工也脫下外套。在他們一探究竟臉書總部的內部之前，他們必須先提交身分證件給保全人員以登錄在系統中。保全印出他們的名牌，並提醒他們要隨時佩戴。

當Instagram團隊走在十六號大樓鋪著地毯的走道上並穿過幾張桌椅時，臉書的員工就理解這群貴賓是何方神聖了。一名員工起立並鼓掌，接著整間辦公室的人也加入行列。許多已經嚇呆的Instagram員工，變得更加地不自在。

他們在「水族箱」裡開會，這是祖克柏會議室的暱稱，任何人都能透過透明的玻璃猜到裡面發生什麼事。所有的Instagram員工都在裡面，有些人坐在椅子上，其他人擠在小沙發上。**就是他們**，他們走過的時候，臉書員工心想。**這房間裡有十億美元。**Instagram的團隊顯得很害怕。

這是多數Instagram員工第一次見到祖克柏本人，與2010年好萊塢電影《社群網戰》裡所描繪粗魯而不善社交的「祖克柏」相比，他本人親切許多。祖克柏也在官方部落格的文章裡分享更個人的收購故事，並解釋因為Instagram打造出很偉大的產品，所以他希望能保持原貌。他也說他想要歡迎所有人加入臉書。祖克柏也在那天在Instagram貼出野獸的照片 —— 這也是他近一年首次在上面分享照片。

這讓人略感欣慰，但除此之外的細節都尚未底定，員工不確定他們實際上會如何成為臉書的一部分、他們的合作方式，或者他們是否會從這筆交易中獲利。

他們也不清楚自己是否會在這處公司遊樂場以外的地方工作。在臉書園區裡，有一片鋪著柏油，有著綠樹、野餐桌與商店的空地。那裡也有壽司餐廳、電玩遊樂場、菲爾茲咖啡（Philz Coffee）甚至銀行。在園區的正中心則是駭客廣場（Hacker Square），每週五的一個時段，祖克柏會在那邊公開接受員工提問。有人跟他們說，這樣的園區規畫是受到美國迪士尼樂園中央大道的啟發。

導覽結束後，大家都覺得很餓，於是他們搭著接駁車前往斯特羅姆跟克里格在就讀史丹佛大學期間很熟悉的保羅奧圖市中心，距離臉書總部約十五分鐘車程。因為人數眾多，他們最後選擇到一間很不符合Instagram風格的餐廳用餐：起司蛋糕工廠（the Cheesecake Factory），這間餐廳的室內裝潢混合著維多利亞時期、埃及與羅馬風格，有著琳瑯滿目的品項，菜單多達二十一頁。

新聞的頭條想像著他們未來生活的模樣，但只基於收購的金額。

「照片分享服務Instagram的十三名員工，得知他們將成為百萬富翁後，今日大肆慶祝。」《每日郵報》（Daily Mail）寫道。

「Instagram的每名員工身價上看七千七百萬美元。」《大西洋月刊》（The Atlantic）報導道。

《商業內幕》（Business Insider）則刊出一份他們能找到的

員工清單,附上他們從網路上蒐集到的照片、個人資訊、曾就讀的學校與曾工作過的公司。團隊成員也不斷接到來自親朋好友的電話或臉書留言,恭喜他們達成一項人生成就。

但他們到底達成了什麼?在接下來的數週他們仍無法獲得關於錢的回答。

第四章

充滿不確定性的夏天

「我要求委員會立即調查臉書是否違反反壟斷法（antitrust）
……因為從事後看來，當時委員會批准這樁收購案，很顯
然讓臉書得以吞噬他在社群網路市場上最強大的勁敵。」
——美國眾議院議員大衛‧西西里尼（David Ciciline），
　　於 2019 年要求美國聯邦貿易委員會（Federal Trade
　　Commission）調查 Instagram 的收購案。

誰能成為百萬富翁？在臉書工作會怎麼改變生活？這些關乎生存的問題，在團隊成員週末前往拉斯維加斯（Las Vegas）慶祝時，都先被拋在腦後。凱文・斯特羅姆下了一道指令：禁止上傳Instagram。他跟麥可・克里格不想要讓媒體發現這趟旅程，因為他們不想讓臉書以為他們不再認真工作。這只是想讓大家放鬆一下。

這趟員工旅遊的多數費用都由公司或者斯特羅姆認識的人負擔。斯特羅姆的其中一位好友，也是創投家約書亞・庫許納，成功讓他的公司繁盛資本成為Instagram最新一輪募資的投資人。他不僅因此投資翻倍，也變得小有名氣。所以庫許納請他的大嫂伊凡卡・川普（Ivanka Trump）確保員工都能玩得暢快。每個人都能入住川普國際飯店（Trump International Hotel）金碧輝煌的套房，並收到來自這名公主的祝賀小卡。

在前往永利飯店（Wynn hotel）牛排館的路上，斯特羅姆告訴大家這餐他買單，想點什麼都行，於是他們點了魚子醬與雞尾酒。本名是約爾・湯瑪斯・齊默曼（Joel Thomas Zimmerman）的加拿大籍DJ，當晚在附近的夜店演出。他巧遇這群人時，認出斯特羅姆就是新聞提到的那個人，儘管他們企圖低調地用餐。這位DJ先向他們被成功收購祝賀，並感嘆他沒有取到他想要的帳號名稱。潔西卡・佐曼在當場立刻幫他把帳號改成@Deadmau5。

有名庫許納或川普的部屬，負責打理他們的一切。他帶著他們免去排隊人潮到一間酒吧，服務生遞給他們一瓶瓶點著仙女棒裝飾的酒。

「這樣有點太高調了。」克里格說。

「其他桌的客人也有一樣的招待。」一名員工安撫他。

但不到五分鐘，服務生開始四處發送寫著「**十億種微笑的理由**」並搭配Instagram Logo的T恤，以及寫著公司名稱的太陽眼鏡。在酒吧陰暗的燈光下，斯特羅姆倉促地想把東西收回，但接下來的祝賀手段卻更加顯眼：用「**十億美元**」冰磚文字所裝飾的一整座蛋糕。

幸好沒有人上傳照片，但許多人都為之大笑。

· · · · · · · · · · · · ·

這趟員工旅遊加深了團隊在公司收購前的緊湊時光所培養起的情誼。他們曾在某天熬夜加班覺得冷時，一起穿上史努比狗狗寄來的潮T取暖；或者有次收到別人送來的仿復古濕版（tintype）成員肖像；或者某次他們誤把夏恩・史維尼鎖在公司裡並誤觸警鈴。這群都二十多歲且特立獨行的團隊，不僅一起探索他們的生活，也都是自家產品的超級粉絲。

但這裡終究是公司，不是朋友圈，而事情也開始變得更複雜。

當團隊從拉斯維加斯歸來，他們收到的首個消息就是，臉書在這樁收購案正式通過之前，不會提供任何資源與基礎設施的協助。根據臉書律師的說法，這會需要花上數個月。美國與歐洲的政府單位正在調查，收購Instagram是否會帶給臉書壟斷市場的權力。直到那之前，Instagram不能在臉書總部工作，也不能招募新員工，得持續忍受人力吃緊的現況。

另一個消息則跟每個人相關：多數的員工並沒有因此致富。

在收購案完成的幾週後，有名臉書代表前往Instagram在南方公園的辦公室，陪同斯特羅姆和克里格跟每位員工討論新工作的合約：薪水、股票選擇權，以及在臉書待超過一年的獎金金額。他們輪流進入會議室，但有些人是臉色蒼白地走出來的。

在矽谷，不少員工經常接受較低的薪水，以獲得像Instagram這樣有提供股票選擇權（未來可以低價購買公司股票的權利）的新創的工作機會。但選擇權通常附加時間相關的限制。通常只要工作時間每滿一年，就能購買原先談妥條件中25%的股票，以鼓勵員工留職。如果員工選到成功的公司，這一小份股權就像中獎彩券一樣，能換得改變人生的財富。

Instagram是在當時規模最大的手機應用程式收購案，因此也是最優質的股權標的。但若Instagram員工接受臉書的工作機會，臉書會取消他們對Instagram的股票選擇權，並重新提供對臉書的限制員工權利新股（restricted stock units）。而且他們能獲得股權的時間也歸零計算，就彷彿他們過去都沒在Instagram工作一樣。

只有三名員工在Instagram做得夠久，能購買原先談妥的25%Instagram股份，並以較低的價格轉換成臉書的股份。除此之外的員工都無法藉由Instagram的股票獲得一毛錢。

因為臉書準備要上市，這三名Instagram的老員工必須加快手腳。至少有一人沒錢買下屬於他的Instagram股份，以轉換成臉書的股票。因為這椿收購案的價值高昂，這名員工必須要借超過三十萬美元才能負擔得起。他們的律師建議別冒這個財務風險，因為臉書的股票對二十歲的人而言，不是個安全的

財務投資標的。也沒人清楚臉書股票的表現是否優異。（臉書的股票在Instagram加入後有約十倍的成長，意味著這名員工的股份在今日約有三百萬美元的價值。）

另一方面，斯特羅姆跟克里格都榮獲改變人生的資產。克里格擁有10%、斯特羅姆擁有40%的公司股份，根據收購案的條件，各自等同於約一億與四億美元的淨值。斯特羅姆為此感到驕傲：他跟朋友說過，他在交易談妥的隔天去了當地的小雜貨店買了五份《紐約時報》，並很驚訝收銀員沒有認出他就是封面上的那個人。

他們倆開始摸索如何運用剛到手的財富，關係緊密的團隊成員也注意到了這件事。克里格想要投入慈善事業，於是他尋找捐助的對象，並詢問怎麼購買現代藝術。斯特羅姆開始找新房子並投資藍瓶咖啡（Blue Bottle Coffee）。公司辦公室偶爾會收到斯特羅姆網購的貨品。員工注意到他開了新車，買了新的勞力士（Rolex）手錶以及新的滑板。這筆財富為他帶來無限可能，他終於能買下他想要的所有事物，而且是最頂級的規格，就像篇幻化成真的Instagram貼文。

潔西卡·佐曼這位熱情的社群傳教士，質問斯特羅姆為何他們的待遇大不同。斯特羅姆解釋說，收購案的條款中有關員工的部分，都是由臉書制定且無法協商的。為了讓她感覺舒服一點，他說當收購案談妥後，他會去問祖克柏是否能讓她帶她養的博美犬匕首（Dagger）一起去臉書總部工作。不幸的是，祖克柏說臉書不允許帶狗上班。佐曼過去都帶著匕首一起上班，但她理解在這之後，她必須付錢找人幫她遛狗。

佐曼與其他感到沮喪的員工，決定去聖莫尼卡（Santa

Monica）散散心，但沒有找兩位創辦人一起去，後來卻變成某種集體心理治療的療程。**如果凱文能給我們一人一百萬**，他們這樣聊到，**我們就不再需要租房子了。我們也能投資新創或自己開公司。**他們從朋友那邊得知，新創的創辦人在獲得改變人生的財富後分一些給員工並不是什麼不尋常的事。

在這樁收購案中，創辦人們只有一部分股票能分給員工，也會認為在考量資深員工獎勵多少的同時，不該犧牲資淺員工的權利。他們大可從獲得的財富中分一些出來以避免酸言酸語，但他們不認為任職沒多久的員工也可以分杯羹。但這跟提姆・范達美和菲利浦・麥克阿利斯特在 Gowalla 遭遇的情況不同；這一回人人都有被錄用並獲得臉書等級的薪資，而且若在臉書工作超過一年，還能獲得上萬美元的獎金。（當收購案終於談妥時，像是佐曼跟范達美等員工，都待得不夠久，沒得到獎金。但其他人，包含艾咪・柯爾、麥克阿利斯特與丹・托菲，在本書寫作之時都仍待在臉書。）

在 Instagram 誕生的時期，這個產業賦予公司創辦人非常高的尊敬與權力。在與臉書協商收購案合約的時候，只有斯特羅姆跟克里格被視為 Instagram 的「核心員工」。臉書所要買的魔法，只涵蓋他們兩人。

・・・・・・・・・・・・

但這只是 Instagram 這個充滿不確定性夏天的開端。接下來數週，媒體的頭條無時無刻都在討論臉書，因為他們正準備要首次公開募股。當祖克柏穿著連帽夾克與西裝筆挺的華爾街銀行家開會時，徹底展露出矽谷人的傲氣，更讓社群網路龍頭

股票上市的消息，引起大眾的興趣。他們在5月18日以每股三十八元掛牌上市，讓臉書的價值超過一千億美元，甚至超過迪士尼與麥當勞的價值。

當祖克柏在那斯達克（Nasdaq）敲鐘上市時，臉書員工也在臉書總部內向他祝賀，但在首個交易日卻剛好遇上技術錯誤。而且從隔天起，股價就開始下跌。投資人理解到公司尚未從行動廣告中獲利，甚至連他們的用戶都開始捨棄桌上型電腦，而在手機上花費越來越多時間。

股東甚至打算集體訴訟，控告臉書刻意隱瞞營收成長緩慢的事實。其實多數股票的初登場沒有那麼波濤洶湧，但因為臉書是個有九·五億用戶每月登入使用的平台，有不少用戶也因而相信這家公司並買進股票。世界上有不少臉書用戶說他們投入畢生積蓄在這支股票上，在慘跌之後才認賠殺出。但這同時是用來支付一部分收購金額的股票，所以這筆收購案的價值也因而縮水，而當時建議別貸款三十萬美元買股票的律師也顯得很明智。

美國與歐洲的政府單位也開始調查是否要允許Instagram被臉書收購。在首次公開募股緊接著面對這個大案子，讓看似將征服全世界的臉書突然間前途未卜。而Instagram這個才推出十八個月並只擁有十三名員工的應用程式，也顯得沒那麼厲害。這場調查在當時只被視為收購公司既定的繁瑣流程之一，並非是攸關公共利益的事件。沒人想得到臉書後來會變得如此強大 —— 還有它如何幫助Instagram也變強大。

· · · · · · · · · · · · · · · ·

　　反壟斷法並非為像是Instagram這種現代社會的收購案而制定的。傳統定義的壟斷是指一間公司對特定產業掌握甚深，能藉由操控價格或控制供應鏈損害他人權益。但臉書跟Instagram對消費者沒有明顯的傷害，因為只要用戶願意提供資料給社群網路，他們的產品都是免費的。臉書的廣告業務才剛起步，尤其是手機的那一塊。更別說Instagram仍完全沒有商業模式。要達到壟斷，必須要足以削弱對手；但Instagram仍擁有許多對手，且Instagram甚至不是首款提供相片濾鏡功能的手機應用程式。

　　所以聯邦貿易委員會以一個簡單的問題展開調查：臉書跟Instagram是否在相互競爭呢？如果有的話，允許兩間公司合併就會減少市場上的競爭。

　　首先，主管機關必須基於內部通信的電子郵件與簡訊，掌握Instagram與臉書兩家公司如何看待彼此。奇怪的是，聯邦貿易委員會並沒有自己蒐集相關文件。而是交由臉書跟Instagram的律師（也就是負責收購案的同一群人）執行任務，從中找出不該讓收購案通過的證據，但他們卻受雇於他們要著手調查的公司。

　　員工們猜想是因為聯邦政府沒有足夠人力進行調查。但他們也很震驚得知美國政府通過收購案的調查程序竟是如此。儘管有明顯的利益衝突，但律師們仍有動機認真進行調查：他們若不這麼做，很可能會被拔除律師的資格。Instagram在奧瑞律師事務所（Orrick, Herrington & Sutcliffe）的律師，要求兩位創辦人與資深員工提供他們電子郵件與簡訊的歷史紀錄。他們甚至逐頁地檢查斯特羅姆的筆記本，想從中找出聯邦貿易委

員會可能覺得有問題的地方。

　　有一回，他們找到一則相關的簡訊：裡面提到斯特羅姆因為Instagram在應用程式商店的熱門度贏過臉書，送給每位員工一瓶昂貴的波本威士忌。奧瑞的律師問夏恩・史維尼這是什麼意思？他告訴他們臉書是世界上最受歡迎的應用程式之一，能打敗他們，對所有新創都是有意義的里程碑，不僅限於競爭對手。他從不知道這是否是個令人滿意的回答。

　　Fenwick & West律師事務所則負責對臉書進行類似的調查。當律師們向聯邦貿易委員會提交報告時，斯特羅姆跟祖克柏也被要求前往華盛頓特區接受進一步審問。祖克柏拒絕出席，選擇透過視訊接受提問，斯特羅姆則親自出席，在房間裡接受一群資淺人員的柔性審問，有些人甚至很興奮能見到Instagram的負責人。他們問了許多Instagram運作上的技術問題，或許想要探究臉書的陳述是否真實：Instagram為消費者帶來的功用與臉書截然不同。

　　在提供給另一個主管機關——英國公平貿易局（the U.K. Office of Fair Trading）的資料裡，臉書提到自己並不是Instagram的直接競爭者，其實推出沒多久、照抄Instagram功能的Facebook Camera才是。其他類似的應用程式，像是Camera Awesome跟Hipstamatic的下載量，比Facebook Camera還多三倍，而Instagram更是四十倍之多。他們很巧妙地把臉書包裝成闖進紅海市場的弱者，而非擁有九・五億用戶的網路龍頭。

　　若照臉書所說，這市場已經十分擁擠。他們也提出市面有許多與Instagram相近的應用程式，像是Path、Flickr、

Camera+ 跟 Pixable。英國的主管機關也被說服並認為允許這筆收購案不會讓市場缺乏競爭。公平貿易局在報告中寫道他們「沒理由相信 Instagram 具有得天獨厚的身分能與臉書競爭，無論是做為社群網路的潛力新秀或廣告版位的供應商。」

他們不理解的是 Instagram 早已獲勝。名單上唯一真的跟 Instagram 相近，也擁有濾鏡跟社群功能的是 Path，但它只擁有不到三百萬名用戶，而曾一度擁有四百萬名用戶的 Hipstamatic，正準備資遣一半的員工。PicPlz 這間同樣在 2010 年接受安霍創投的投資，也是斯特羅姆跟克里格的眼中釘，在 2012 年 7 月停業，甚至不再被提及。

主管機關只目光短淺看到現在的市場，而忽略了臉書跟 Instagram 在未來數年，甚至是近幾個月就能發揮的潛力。

臉書跟 Instagram 的真正價值在於他們的網絡效應（network effects）：隨著越多人加入，他們的力量就越強。儘管有人更喜歡使用 Instagram 的對手產品 Path，若他們的朋友沒有一起用，他們也無意久留。（Path 在 2018 年宣布停業，但他們在三年前就買給了南韓的網路公司 Daum Kakao。）祖克柏深知開創新的商業，最難的就是讓用戶適應新的習慣，並打造社群讓他們在上面花更多時間。買下 Instagram 比起從零打造產品來得輕鬆許多，畢竟只要網絡效應開始發酵，就沒什麼理由要使用較少人的產品。它已成為社會的基礎建設之一。

祖克柏之所以無視新聞頭條認為這樁十億美元收購很荒唐，也不在乎 Instagram 毫無商業模式的原因就是在此。祖克柏認為，賺錢是直到網絡效應夠強大之後才需考慮的事情，此時產品對用戶的價值高到讓他們即便有廣告及其他內容的介

入，都不會感到抗拒。臉書用戶一直都很放心地在社群網站上分享私密的資料，直到他們有理由質疑網站的動機何在。

　　而網絡效應也是臉書最終能從投資人對手機業務的恐慌中重振旗鼓的因素。臉書的手機應用程式有百萬名用戶，只是還沒完全將之變成賺錢機器而已。Instagram的網路某天也會變得有利可圖。祖克柏的觀點是，只要用戶還留在平台，就很有機會以他們為核心發展業務，而且越多用戶，越多好處。

　　Instagram的威脅也來自於，它搶走某部分臉書最想要從用戶取得的東西：花在站上的時間。臉書正與其他網絡激烈搶奪著人們閒暇之餘會想要造訪的網站。（只要是讓能看到別人的生活，或者是人們分享自己生活的服務都算在內。）Instagram的網絡越強大就越能成為臉書的替代品，讓大家無所事事的時候瀏覽，無論是在計程車內、排隊買咖啡或工作無聊的時候。

　　臉書在面對政府的審查時，很善於包裝事實來降低政府的戒心，並假裝自己只是雜亂無章的後起之秀。但他們的偏執卻也真確，任何成長快速的社群媒體產品，都對臉書的網絡效應或使用時間的長短造成威脅。臉書必須想盡辦法別被追上。為了讓這價值深植員工腦海，祖克柏在每次員工大會結束時，都會用一句明確的口號作結：「宰制市場！」

　　且也有跡象指出Instagram快擁有「贏家通吃」的效應。這產品成長的速度驚人，在被收購的當下，Instagram擁有三千萬名用戶，但到了仲夏就有超過五千萬名用戶。

　　公平貿易局的報告完全沒討論到網絡效應，只指出臉書沒有完整說明這筆收購的脈絡，並對Instagram的成長有相反的

解讀。「雖然這顯示出 Instagram 產品的強項，但也顯示出拓展市場的障礙相對不高，應用程式所擁有的吸引力也可能只是一時狂熱。」報告指出。

時至今日，臉書仍是世界上最強勢的社群網路，旗下的各種社群或通訊應用程式加總起來有超過二十八億名用戶，而其營收成長的主要推手就是 Instagram。分析師後來會認為通過這樁收購案，是主管機關這十年來最大的失敗。就連臉書的創辦人之一克里斯·休斯（Christ Hughes），也在 2019 年要求取消這樁收購案。「馬克的權力已經無人能匹敵，而這現象很不符合美國精神。」他在《紐約時報》寫道。

聯邦貿易委員會於 2012 年夏天的這場調查並無對外開放，也沒有公開報告記錄下調查內容。臉書說「調查過程十分積極與徹底」，並由「非常有能力的人員」所帶領。當調查程序結束，主管機關寄信給臉書與 Instagram 告訴他們「目前不需要採取進一步行動。」但信中也加上但書表示他們未來可能會進一步調查，「為了民眾的利益考量。」

· · · · · · · · · · · · · · · ·

Instagram 要賣給臉書是因為斯特羅姆跟克里格在招募上進度緩慢。他們非常執著於找出最完美的員工人選，但同時又為了讓網站運作而十分焦躁。根據一名投資人的說法，當他們拒絕推特並從紅衫募得五千萬美元的創投資金，他們仍然**餓得吃不下飯（too hungry to eat）**。他們可能需要有十倍的人力，才能快速成長並提供投資人所盼望的高額投資回報。

他們對此感到精疲力竭，所以賣掉公司是最簡單的解決

方案。臉書擁有超過三千名員工——有些是世上最頂尖的工程師。一旦聯邦貿易委員會同意收購，Instagram就能加入臉書，並從內部招募人才。但他們此刻仍無法得到解脫。在等待收購案通過的期間，他們暫緩了員工與設備的擴張，但註冊人數仍持續飆升。跟之前一樣，克里格不規律的睡眠時間，就是Instagram仍持續擴張最明顯的徵兆。

6月底的某個週五晚上，克里格搭著計程車跟他交往兩年的女友（現在的太太）凱特琳・崔格（Kaitlyn Trigger）要去吃晚餐。這趟難得的週末之旅，他們要去奧勒岡州的波特蘭探索一下當地的餐飲業。熟悉的錯誤通報開始響起，但他認為在新員工瑞克・布蘭森（Rick Branson）的協助下，史維尼應該能夠應付。

不幸的是，這並非是尋常的系統異常。整個網際網路都停擺了，或者說，由亞馬遜所支援的網際網路都停擺了。每一家在亞馬遜雲端上架設伺服器的公司，像是Pinterest、Netflix與Instagram，都因為東岸的風暴完全停擺。多數公司有數十名後端工程師隨時待命解決這類的問題，但Instagram只有三名工程師，其中一位只到職兩個禮拜。

「我們必須掉頭。」克里格向司機指示，甚至沒先向崔格道歉，但她已習慣這樣的系統危機。

史維尼則是在舊金山巨人隊的球場裡收到警訊，當天他跟家人在城裡碰面並一起看球賽。他向親戚們道歉，在第三局打到一半就離開球場並走到幾條馬路之外的南方公園辦公室。

當伺服器回復正常，Instagram的所有程式碼必須從零開始重構。資料雖然都有保留下來，但必須要重新教電腦怎麼處

理這些資料。接下來的三十六小時裡，克里格跟史維尼一起把系統拼湊回來，而布蘭森也盡力幫忙，但仍覺得自己很沒用，畢竟他還不熟悉Instagram的程式碼。

這也是公司史上最嚴重的伺服器問題。而且Instagram的影響力已經大到所有報導這回系統停擺的媒體，在提到Pinterest與Netflix的同時也會提到他們。而那些非工程師的Instagram員工，則會寄冰淇淋到辦公室當作支援。在熬夜時，史維尼吃了許多勺冰淇淋以保持清醒，但他還是不小心在鍵盤上睡著了幾回。

網路設備並非唯一讓這個小團隊蠟燭兩頭燒的問題。垃圾訊息也在Instagram四處流竄，以及惡意留言的問題，社群團隊的成員即使輪班工作也無法清理完畢，而這也漸漸成為他們的夢魘。雖然員工對分紅的結果有所不滿，但公司賣給臉書後也許能還給他們生活品質。

· · · · · · · · · · · ·

在與主管機關的討論裡，臉書說對了一件事：Instagram所接觸到的是另一群使用者。臉書為實名制；Instagram則允許匿名。臉書有分享與超連結的功能；Instagram則非。臉書建立雙方的友誼；在Instagram你可以追蹤別人，但他不一定得追蹤你。

臉書就像是一直延續的高中同學會，大家能藉此得知不熟的朋友們在上次談話之後，又經歷了哪些人生重大事件。Instagram則像是一直延續的初次約會，人都想要把自己生活最好的一面展現出來。

在Instagram上，人們想貼出能吸引觀眾羨慕的內容。如果照片很漂亮、有很棒的設計或帶來啟發，就能在應用程式裡獲得優異的成果。人們因此改變習慣，不僅尋覓更多能獲得優異成果的事物，也欣賞起擺盤精緻的佳餚、街頭風格的潮流以及旅行。像是「今日穿搭」（outfit of the day）、「美食慾照」（food porn）或是「適合放上IG」（Instagrammable）等用語也隨著公司的成長變成日常用語。但從沒人會用「適合放上臉書」（Facebookable），由此可見Instagram所立下的高標準。

斯特羅姆會在生活中尋覓有質感的事物與體驗，因而他確實也會希望Instagram上的照片能符合高標準。但他會說，這壓力應該落在Instagram的身上而非使用者，所以他們提供濾鏡功能，透過程式自動提升照片的品質。

Instagram也必須找出自己的定位，而非以平台上的流行來定義自己。Instagram確實有「熱門」頁面，也是唯一一個跟臉書動態消息相同，交由電腦決定內容的地方。「如果你打開『熱門』頁面，你會發現裡面還是以胸部、狗和性感女性的照片為主。」知名主廚傑米・奧利佛（Jamie Oliver）在2012年的論壇中這樣說道，雖然他是Instagram的愛用者。但在社群團隊的眼中，Instagram不只是如此。他們試圖透過部落格內容、InstaMeets的實體聚會以及精心打造的推薦用戶名單，將Instagram耕耘成一個由各種有趣的小團體所組成的世界。

說個好故事，是Instagram想傳授並獎勵的精神。根據推薦名單的管理者拜禮・理查森的說法，這個應用程式「會因為越優異的故事而越有價值。」

臉書避免讓人類決定讓用戶在動態看到什麼，Instagram

則喜歡精挑細選。被選中的任何人會瞬間獲得更多讀者，並成為應用程式中的模範市民，所以選擇推薦誰非常關鍵。理想上，推薦用戶名單應該會充滿像德魯·凱利（Drew Kelly）的用戶。

他們在那年夏天發現到他的帳號。Instagram 正在設計新產品把用戶的圖片放到地圖上（也藉此轉移收購後低迷的士氣），社群團隊發現有人在他們意想不到的地方用 Instagram：北韓。這帳號的擁有者就是在平壤的外籍教師凱利。他認為這能向世人展現北韓除了高壓統治之外的另一面向。他企圖翔實記錄學生面臨考試的表現、在學生餐廳裡的對話以及在當地市場散步的經歷。

「我的房間裡有裝竊聽器，我的電話會被監聽，我的 Instagram 會被監控，而我跟當地人的對話會被寫成報告寄到外交部。」他回想。但他仍透過不穩的學校 Wi-Fi 網路，提供外在世界的人們一個與北韓相連的難得機會，而這也代表著該國三分之二的網路頻寬。在凱利的世界裡，他稱 Instagram 為微外交（micro-diplomacy）的工具，為人類對彼此的理解搭起橋梁。

如果凱利被視為全體用戶的代表之一，也就意味著 Instagram 從原先關注咖啡拉花藝術等瑣事的平台，轉而聚焦在嚴肅的國際大事，這也是推特的伊凡·威廉斯從不認為 Instagram 能完成的事。

凱利的帳號被官方部落格推薦，但因為擔心人身安全而拒絕被加到推薦名單中。他深知這份名單的威力。社群團隊也不斷嘗試發揮其影響力去拉抬攝影師、麵包師與藝術家的人氣，

讓他們累積一定名氣之後能辭去現職，全心全意投入在追逐熱情上。

　　但讓團隊失望的是，有些因被加入推薦名單而走紅的人（同時也是初嚐Instagram名人滋味的普通人）卻想要藉機牟利。

　　經營@newyorkcity這帳號的麗絲・艾斯宛，現在擁有近二十萬名粉絲。她從在媒體與廣告產業工作的朋友那邊得知，人們願意花錢在比她粉絲受眾還小的雜誌上買廣告。在從萊姆病逐漸康復的艾斯宛，試圖向他們販售宣傳機會。Nike願意付她一筆費用（少於一百美元）張貼一張身障的耐力運動員傑森・萊斯特（Jason Lester）的模糊照片，並標註@nike並加上#betterworld（更好的世界）的主題標籤。她與其他兩名Instagram用戶合作，以此為起點開設一間小型廣告公司。他們的首名客戶是三星（Samsung），要求他們用Samsung Galaxy Note拍攝Instagram照片並加上#benoteworthy（值得一記）的主題標籤。很快地，其他擁有廣大粉絲的Instagram用戶也追隨她的腳步。

　　Instagram團隊不認為被推薦帳號的擁有者應該從粉絲的注意力中獲利，尤其當他們應該成為其他用戶的模範時。所以在那個夏天，Instagram把推薦用戶名單從兩百個大幅縮減為七十二個，試圖要藉此打壓品牌合作的行為。在一封寫給推薦用戶名單成員的電子郵件裡，他們解釋這麼做的原因是：「雖然我們樂見擁有廣大觀眾的用戶開始實驗廣告的形式，但我們不認為這樣的內容類型，能為新用戶帶來良好的體驗。」

　　在Instagram上，人們不該大剌剌地宣傳自己，斯特羅姆

表示。這是個關於創意、設計與體驗，以及坦誠的平台。「我認為Instagram之所以會那麼有趣，是因為照片中所蘊含的坦誠。」2012年，他在法國的科技論壇LeWeb這樣說道。「使用Instagram的公司與品牌當中，最優秀跟最成功的都是恰巧比較坦誠與真實的。」

他的用字遣詞透露出他的想法：「都是**恰巧**比較坦誠與真實的。」斯特羅姆並不反對人們在Instagram賣東西，他只是希望人們能掩飾一下背後的商業動機。

斯特羅姆不希望Instagram變成像路邊那排無人理睬的廣告看板，當用戶進行品牌合作時，比起直接宣傳，更好的方式是裝作他們在讓觀眾得知一件生活裡的祕密，或者是將宣傳品跟其他美麗的事物一起分享，或者說個故事。

數年之後，這些在Instagram上叫賣產品的IG名人不再被稱為「銷售員」或者「代言人」（celebrity endorsers），他們會被稱為「網紅」（influencers）。展現自我成為最高原則，但當那麼多錢等著入袋，也就很難保有真正的坦誠。

而身為形塑這場視覺革命的頭號人物，斯特羅姆不僅看見他的產品將如何為世人的行為帶來鉅變，並在與名人熱情互動的同時學著相信自己的品味與視野；但他也即將與他想打造的網絡展開對抗：不僅是與Instagram上的新興創作者階級對抗，也要與臉書這個矽谷最無所不在的公司對抗。

· · · · · · · · · · · · ·

與此同時，傑克‧多西則糾結於自己正是首名Instagram網紅，而他宣傳的產品就是Instagram本身這個事實。現在他

對這家新創的投資，在被斯特羅姆的背叛而玷污之下成為更不堪的存在：對推特頭號敵人的投資。

在收購案之前，推特看似有機會比臉書有更好的發展。但現在他不那麼肯定了。做為推特的董事會成員，擁有臉書的股票這事也讓他很焦慮，彷彿自己在偷情一樣。但多西必須等上數月才能賣出股票，因為法律有針對內部人士在首次公開募股之後賣出股票的規範。他開始尋找其他的收購對象，以填補目前推特產品線所缺乏的視覺敘事這一塊。

推特的高層也決議，既然Instagram將成為臉書的一部分，就應該將之視為強大的競爭者，而非雜亂無章的新創公司。所以那年夏天的尾巴，Instagram用戶開始看到錯誤訊息：再也不能透過推特的追隨者名單找到朋友在Instagram上的帳號了。推特的工程師阻擋了Instagram，讓他們無法與這個網絡連結。

推特也證實他們不再幫助Instagram成長。「我們深知推特的追隨者圖譜資料擁有很高的價值，而我們也證實Instagram再也不能取得這份資料。」推特的發言人卡洛琳‧潘納（Carolyn Penner）向科技網站《Mashable》表示。

雖然這段情誼的結尾很心酸，但斯特羅姆並沒有惡意。推特的高層從沒有競標的機會。法律上，根據臉書收購案的條款，斯特羅姆也不該給他們這機會。

• • • • • • • • • • • • • •

一旦聯邦政府的主管機關批准收購案得以繼續進行，接下來擋在前面的就是該州的主管機關。在8月下旬的一個風

和日麗的上午,十幾位身穿西裝、手持公事包的男性,聚集在位於舊金山的加州企業管理局(California Department of Corporations)六樓的一間會議室裡。當中長得最高的斯特羅姆,為了顯得更專業而別上了領帶夾(因為祖克伯在首次公開募股前那次不穿西裝的醜聞,讓媒體特別注重這件事)。桌子被排成一個大的長方形,臉書的律師和阿敏‧佐弗諾坐一邊,而 Instagram 的律師與斯特羅姆則坐在另一邊。

祖克柏沒有到場,因為沒要求他必須出席,且他們預期也不會太難應付。但這一次會議其實很少見:會公開審問所有閉門會議裡的決策過程,而且媒體跟民眾也被允許透過電話收聽這場會議。

這種形式也被稱為「公平聽證會」(fairness hearing):在加州,這形式很少用在未完成的公司收購案上。但這麼做可以讓股票的發行,只需經過州主管機管同意,無需經歷聯邦政府的漫長流程。加州企業管理局試圖藉由詢問雙方,以確保這樁交易對 Instagram 的十九位股東的公平性。

佐弗諾承認這樁收購案發生得非常快(而且沒有財務顧問與投資銀行的介入)。但他強調所有的條款都經過大規模地協商(規模大到他們能在感恩節假期暢飲啤酒)。

輪到斯特羅姆發表證詞時,他一開頭就先定義自己的公司。他說 Instagram「讓人們能夠以更快、更漂亮、更有創意的方式,把照片立刻分享到多個平台,其中包含 Instagram 自有的網絡。」並且解釋 Instagram 在推出約兩年之後,共有兩百七十萬美元的淨虧損、五百萬美元的銀行存款,以及八千萬名註冊用戶。

「Instagram要如何創造營收？」聽證會的主席拉斐爾·里拉格（Rafael Lirag）問。

「這是個好問題，」斯特羅姆說。「到目前為止，我們還沒賺錢。」如果沒被收購，他解釋，他們可能得繼續靠自己營運下去，雖然他不確定能撐多久。但有了臉書的協助，Instagram的股東能獲得更穩定的前景。

里拉格進而追問斯特羅姆，Instagram靠自己會不會更好？或者是否考慮賣給其他公司；當天臉書的股價為十九·一九元，他是否想過股價會下跌那麼多，導致這樁收購案的價值最終低於十億美元？

「這個十億元的價值很大部分是由媒體創造出來的。」斯特羅姆說。（當然，這不是事實，這個數字不僅寫在臉書針對收購案的公開發言裡，斯特羅姆也是這麼跟員工說的。）

所以沒有其他的收購提案？來自企業管理局的律師伊凡·葛里斯沃德（Ivan Griswold）想要知道。

「沒有，我們從未收到其他提案，」斯特羅姆說。「確實我們在經營Instagram的期間曾跟其他人談過，但並未收到任何人提供的正式提案。」

「就在開始談判之前，你沒有收到任何 ──」

「我們從未收到任何正式的提案或投資意願書，從來沒有。」斯特羅姆打斷葛里斯沃德。這個行徑顯示出他對這個問題的不安。也許他從未認真考慮被推特收購，但推特對此卻非常認真。

在最後一個階段，企業管理局的代表詢問，在現場與電話線上的人對於這樁收購案是否有任何問題或疑慮。如果推特想

要提出異議，在此時出聲會最具戲劇效果，否則就得讓一切回歸平靜。但他們人並不在現場。

「經審查過後，此交易提議的條款與細則是公平、公正且衡平（equitable）的。」委員會作出結論。這場聽證會共歷時一小時二十二分鐘。在十個工作天後，臉書就能發行股票以收購 Instagram，而 Instagram 的員工也將加入臉書。

· · · · · · · · · · · · · · · ·

一名曾想要收購 Instagram 的推特高層，事後在《紐約時報》的 B1 版匿名表示：斯特羅姆做了偽證。但他是在臉書後來做出了一件惹火他們的事情之後才出來這麼說的。

媒體是當時推特唯一能使用的手段。這樁歷時六個月且並未遭遇太多衝突與延遲的收購案，不僅削弱了推特的潛能，也提供讓 Instagram 成為世界最大網絡的各種競爭優勢，甚至能讓臉書確保市場上最主要的替代品，也是臉書旗下的產品。

第五章

快速移動，打破成規

「我討厭人們低估我們的努力。我討厭人們說我們不可能成功，因為我們已經賣掉公司。從外部的角度來看，我理解他們的論點，但我只想要證明他們是錯的。」

——凱文・斯特羅姆於2019年
《提姆・費里斯秀》(*Tim Ferriss Show*)

在收購案成立後的那週一，Instagram的員工搭上提供Wi-Fi的巴士，被迫接受嶄新的一小時通勤生活。當他們一抵達公司領到員工名牌後，就被派到新的辦公空間，辦公室的大門是一道藍色外框的玻璃車庫門。

新的Instagram總部就位於臉書園區的正中央。員工們都稱臉書園區為「校區」（campus），彷彿大家都還在就讀大學。在辦公室外的水泥地上，有以灰色漆成的偌大「駭」（HACK）字樣，大到搭飛機前往舊金山國際機場的旅客，從飛機上都能看到。Instagram員工的辦公區的隔壁就是生鏽的戶外火爐，以及任何人都能免費領取杯子蛋糕跟霜淇淋的甜蜜商店（Sweet Shop）。

斯特羅姆慢慢能接受收購案已畫下句點的事實。他極度專注、反應迅速且充滿熱情的同事，即將成為大公司的一員，並享有矽谷人才爭霸戰之下，所能獲得的員工福利：免費食物、免費交通接駁、免費連帽衫、水瓶與派對。如果他們失去了動力怎麼辦？如果他們認為自己已成功，且停止努力工作該怎麼辦？

多數的外人認為斯特羅姆的創業之旅已經結束。在矽谷，創辦人很常在公司被收購之後就「坐領乾薪」（rest and vest）：在新的母公司待上四年以執行股票選擇權而成為百萬富翁，但平常不用做太多工作。所以斯特羅姆在收購案後，很常收到惱人的問題問他最近在做什麼。**在開什麼玩笑？**他心想。**我還在開發這個產品。**

斯特羅姆在Instagram上貼出一張與尚只有十七人的團隊，在車庫門前合影的照片。「在新辦公室的第一天！迫不及

待想跟大家分享新的計畫！」那天傍晚，他決定來使用看看火爐。但讓他困惑的是，雖然才大約下午六點三十分，卻已經見不到任何臉書員工的人影。「結束完美的第一天，回家去。」他在貼文寫道，並附上火爐的照片。

那一週，彷彿為了要加深他的憂慮，臉書舉辦了一場週間的派對，慶祝臉書在全世界擁有超過十億名活躍用戶：過去沒有社群網路能達成這里程碑。那天，員工們喝得酩酊大醉，也讓人想起臉書早期會像兄弟會一樣，在保羅奧圖郊區的泳池別墅玩著投杯球（beer pong）狂歡。

幾名Instagram的設計師，也參加了派對以擺脫夏季累人工作的煩惱，當他們微醺地返回車庫時，斯特羅姆有些不悅。「不是**我們**擁有十億用戶。」他說，該投入工作了。

• • • • • • • • • • • • • • • •

斯特羅姆跟克里格是因為想讓Instagram有一天能擁有更多用戶與變得壯大且具影響力才願意被臉書收購。有個明顯能達成目標的手段：就單純跟著臉書過去的做法。但既然獲得了自主性，他們仍想實現自己的願景，展現出Instagram做為一間大公司底下的新創公司，獨一無二的品牌與個性。

他們得學著理解這間公司的經營哲學，才能更加融入這個新環境。比起公司的文化與活動，臉書更在乎績效指標。臉書想要達成績效指標（譬如十億用戶的里程碑），以匯集更廣大的資料池，從中汲取更多人類互動行為的資料。這些資料能幫助臉書改善產品並讓人們花上更多時間，而人們的發文與留言也會創造更多資料。接著，這些資料幫助臉書把用戶分成更小

群的受眾，提供給廠商打廣告。

脸書員工之所以沉溺這場週間派對，或許是因為他們需要一點打氣。員工的士氣跟股價息息相關。脸書股票從5月剛上市的三十八塊，到了9月時幾乎腰斬，祖克柏也試圖扭轉這個態勢。因此若產品沒有優先針對手機使用設計，他就拒絕提供任何意見回饋，這麼做是為了讓公司跟上市場的潮流，其中包含Instagram這樣的後起之秀。

Instagram收購案通過之時，脸書的股價也幾乎來到最低點。因此在最終的紀錄上，脸書所付給Instagram的現金及股票的總價值為七‧一五億美元 —— 而非當初登上新聞頭條的十億美元。儘管如此，這個十億美元的數字，仍讓斯特羅姆跟克里格覺得自己進到這家公司後，必須要證明自己值得。

他們確實感受到來自各方的懷疑。除了來自朋友與媒體的輿論之外，脸書的員工也公開詢問主管這椿交易的價值在哪，或者在路過時，隔著玻璃車庫門看一眼Instagram的辦公室，試圖找出答案。他們說，如果這就是致富的方法的話，也許自己應該馬上離職並著手開發新的競爭者，希望哪天也能被脸書收購。

在接下來的半年裡，脸書的策略藍圖中沒有任何與Instagram相關的項目。雖然它是款純做手機的產品，但還沒有賺錢，而且就脸書來看，也還沒大到能開始營利。

也很有可能是因為從脸書的角度看來，Instagram仍會造成威脅。

· · · · · · · · · · · · ·

　　臉書的用戶很熱衷於上傳每回派對跟旅行的照片，並在上面標註朋友 —— 接下來這些朋友會收到電子郵件或者紅色的通知圓點，誘使他們回到臉書。用戶每一次上站對臉書都很重要。但基於最近蒐集到的資料，臉書發現照片分享的行為開始趨緩，並覺得或許得歸咎於Instagram。

　　奇妙的是，在Instagram被收購後的一個月，Instagram的工程師奎格‧豪可姆斯曾受邀與推出Instagram仿製品Facebook Camera的開發團隊共進午餐。「我們的目標就是要消滅你們。」他們在席間向豪可姆斯解釋。在當時，臉書仍無法確定能成功完成收購，因此豪可姆斯也不確定要怎麼解讀他們的語氣，以及當他們同事的感受。

　　不久之後，Instagram的員工也受邀與臉書的明星成長團隊開會。這傳達出一則明確的訊息：在藉由數據檢驗並確認Instagram不會帶來威脅之前，臉書不打算提供任何援手。

　　臉書的成長團隊利用豪可姆斯粗略的分析資料，試圖理解是哪種人會加入Instagram，以及在安裝Instagram後，會不會減少臉書上的照片分享行為。雖然Instagram才加入臉書的魔下沒幾天，但是若他們可能對主力產品造成威脅，這家大公司已打定主意要荒廢Instagram。

　　成長團隊最後的報告沒有個結果，臉書也允許Instagram接觸內部的成長專家。這場折磨似乎有些矯枉過正，畢竟Instagram只有八千萬名用戶，而臉書擁有十億名用戶。但透過這次教訓，也讓人見證臉書得已成功攀上社群王座所費的苦心。

　　臉書最大的目標是要透過社群網路來「連結全世界」。這樣的行銷語言聽起來十分高尚，彷彿臉書的志業是要帶動人類的同情心，但實際的工作內容相當直白：儘可能讓越多人越頻繁地使用臉書。公司內的任何行為：包含要開發哪個新功能、要怎麼設計功能、要放在應用程式的哪處、要怎麼推銷給用戶，全都得遵守成長的教條，且員工們也被教導要將之視為道德義務。

　　Instagram 嘗試的是為人們提供新的興趣，而臉書則是會利用數據理解人們最真實的渴望，然後投其所好。無論臉書從用戶身上得到什麼觀察，都能把人們的愛恨轉換為數值，然後根據需求調整衡量標準。

　　臉書會自動將用戶大大小小的行為分類，不只是他們的留言與點擊，還包含他們沒有發出去的文字、瀏覽時曾停留但沒有點擊的貼文，以及搜尋過卻沒有成為好友的名字。他們會利用這些資料，舉例來說，找出誰是你最好的朋友，藉由從0到1不斷變動的「友誼相關性」（friend coefficient）數值來判斷友誼的緊密與否。數值越接近1的人，就越常出現在用戶動態消息的最上方。

　　個人化是臉書的運作核心，不僅影響動態消息的排序，更關乎誰是廣告的受眾。一間公司能透過客製化的文案，把同一項商品賣給住在多倫多、有大學學歷的愛貓人士，以及住在溫哥華的藍領愛狗人士。這是廣告業務的創舉，因為電視廣告商從不知道自己的受眾是誰。

　　但為了取得更多資料，臉書必須持續成長。要成長的不僅是用戶數，還有人們在臉書所花的時間，進而將所有細小的行為彙整成一份資料庫，並找出人們想要看到什麼：無論是在動態消息、臉書廣告或者臉書的產品裡。只要有越多人加入生態系，創造出越多內容，就能在動態消息中提供更多版位給品牌下廣告。

　　由哈維爾‧奧利帆（Javier Olivan）所領導的成長團隊，能快速找到、分析並解決問題。他與團隊成員會透過大型電腦螢幕追蹤用戶行為，螢幕上的圖表會以行為、國籍、裝置等細項進行劃分。如果出了什麼問題（譬如，法國的成長率突然大幅減緩），有人就會調查並找出那是因為從法國流行的電子郵件系統匯入聯絡人的系統壞掉了。他們會修復問題，接著處理下個狀況，緊接著再下一個。

　　臉書的所有員工都有權限存取臉書所有的程式庫，無需經過太多授權就能著手修改。他們只需證明這次的修改能夠提升某項重要指標，譬如應用程式的使用時間，儘管只有些微提升。這讓工程師與設計師能加速工作流程，因為他們無須花太多時間爭辯「要不要開發」與「為什麼開發」的問題。大家都知道，他們的加薪與否完全取決於對成長與分享的影響力，他們無需在乎其他事物。

　　而什麼會為臉書產品帶來威脅或機會，也是用同一套分析方式進行衡量。臉書能存取並追蹤在手機上人們多常使用其他應用程式的數據。這些數據能在早期就警告臉書，關於正在崛起的潛在競爭者。如果臉書能自行開發出相似的應用程式並最終獲得更多用戶，他們會立刻嘗試這麼做；如果成效不彰，像

Instagram這般收購公司的手段就會派上用場。

數年過後隨著臉書持續茁壯，這套用來偵測並癱瘓競爭者的戰術會受到嚴格的審查，而臉書投消費者所好的策略也遭受指控是在讓世人沉迷於數位版的垃圾食物，他們蒐集資料的舉動更會引發侵犯隱私的恐懼。但目前來看，在這個臉書還未成為眾矢之的的時代，股價的下跌讓臉書更加專注展現出他們即便在手機上，也能創造出一項可行的長期業務，讓所有酸民跌破眼鏡。

「這趟旅程只完成了1%。」各式海報張貼在校園的四處寫著。

「最大的冒險就是不敢冒險。」

「完成比完美更重要。」

「快速移動，打破成規。」

員工們鮮少質疑這些口號。這些文字明確且令人安心地刻劃出成功的樣貌，並詳列在員工報到時發放的手冊裡。「每回當我們將自己帶到下一個階段時，我們會為此感到自滿並覺得勝券在握，但事實上這只降低了我們晉升到下一階段的機會。」祖克柏在2009年的一封電子郵件中寫道，而這段話也收錄在這本手冊裡。無論臉書變得多麼龐大，仍保有無名小卒（underdog）的精神。

Instagram的團隊還太小，尚無法明文列出他們的價值觀，但面對著臉書的駭客文化，他們也知道自己**不是什麼**。Instagram想要讓產品經仔細思考並設計後才開放給世人使用。關注人性，而非數字。更在乎藝術家、攝影師跟設計師，而非DAUs（這個臉書所創造的術語指的是「每日活躍用戶」

〔daily active users〕。）他們不希望人們受其愛恨束縛；並向他們介紹未曾見識過的事物。

儘管如此，Instagram得先找出他們此刻需要關注的指標。臉書的成長團隊要他們別太天真。到了某一天，Instagram的成長速度終會趨緩，而他們必須理解如何促使用戶花更多時間在應用程式上，而什麼原因阻礙他們不再繼續使用Instagram。**你們可以之後再來道謝**，一位成長大師跟他們說。

但像這樣的問題似乎還遠在天邊。Instagram的使用者仍快速增加，以至於員工僅能勉強維持服務正常運作。有人告訴Instagram，臉書快速成長的方程式是：傳送通知與提醒電郵、掃除註冊流程的障礙、理解數據並採取守勢。如果他們希望Instagram有朝一日能真的造成影響，就必須學會這些重點策略。另外要注意的是，如果處理不慎，也可能毀滅Instagram跟社群所建立的良好氛圍。

用戶們早已習慣於臉書為了增加平台上的分享量，不停地挑戰隱私與舒適圈的邊界，並在失敗之後才向用戶道歉。最早的案例發生在2006年，當臉書在無預警之下，一夜之間把個人的臉書貼文移到公開的「動態消息」上，這舉動一度引起眾怒，但後來大家都沉迷於這新功能，也就漸漸無人追究。

經過這些年的經驗，臉書也學到雖然人們一開始會因為隱私被侵犯而憤怒，但會漸漸淡忘這件事，因為他們其實很享受在臉書看到的內容 —— 畢竟臉書會依據過往的行為紀錄，提供系統認為用戶最想要的事物。通常這時候人們就會冷靜下來。若他們仍感到憤怒，臉書會收回這項更動並發想另一版不會讓用戶憤怒的產品。**最大的冒險就是不敢冒險**。到目前為

止，這做法的唯一後果是和美國聯邦貿易委員會達成協議，委員會表示公司必須先取得用戶同意，才能蒐集新類型的資料。

Instagram的員工沒興趣以臉書的方式營運品牌。但他們又不懂得怎麼以臉書的數據思維，解釋Instagram的好口碑的價值在哪。Instagram珍貴的感性面反而成為臉書的笑柄之一。他們實在太看得起自己了──而且斯特羅姆也幫不上忙。

在收購案成交的幾週後，斯特羅姆與臉書的高層一起在保羅奧圖的希臘餐廳 Evvia Estiatorio 與公司重要的廣告商開會。在會議開始前，他巧遇廣告部的副總安德魯‧博斯沃斯（Andrew Bosworth），這名高大的光頭男是祖克柏的重要幹部，也很勇於發表意見。博斯沃斯身穿一件寫著「保持冷靜，繼續駭下去」（Keep Calm and Hack On）的T恤。

「我喜歡你的衣服。」斯特羅姆說。

「謝謝，我在倫敦的一場黑客松（hackathon）得到的。」博斯沃斯回道，他喜歡被稱作博斯（Boz）。

「喔，我以為上面寫的是『保持冷靜，繼續**搖滾**下去（Keep Calm and **Rock** On）』，事實上我不喜歡這說法。」斯特羅姆回道。**嗯，駭客們。**

「嘿，老兄，我聽到了，但至少我的衣服很適合我，」博斯說。反倒是斯特羅姆的衣服看似太緊了。

「我的衣服比你的車還貴。」斯特羅姆回嘴道，正準備好要為捍衛時尚的藝術價值而戰，但周圍的人就先把雙方拉到會議室裡。博斯翻了個白眼，認為斯特羅姆要不是太高傲就太沒安全感，或兩者皆是。斯特羅姆的衣服來自專為雅痞設計的男裝精品品牌Gant，而博斯那台車齡十年的Honda Accord則停

在室外。

. . . .

　　斯特羅姆跟克里格究竟在臉書擁有多大的權力仍不大清楚。他們分別以產品經理與工程師的一般員工身分加入公司。斯特羅姆的上級是剛被升為技術長的麥克・斯科洛普夫（Mike Schroepfer），雖然在移轉期間，他是由商務開發部總監丹・羅斯（Dan Rose）負責管理。在祖克柏的指示下，他們兩位都沒有過問太多 Instagram 的事務。他要求整間公司別打擾這個小團隊，讓他們做自己擅長的事。

　　但祖克柏其實對 Instagram 有些想法。除了指派成長團隊調查 Instagram 會對臉書的照片分享功能造成多大的威脅之外，他對 Instagram 的第一個要求就是讓人們能在照片上標註彼此。

　　在臉書，產品開發需求是按照優先程度編號進行排列，其中 0 跟 1 都屬於最高層級。但在所有優先層級之上，能無視產品路線圖規畫的是被私下稱作「祖先級」（ZuckPri）的需求，意味著祖克柏正在追蹤相關進度。而 Instagram 的照片標註功能就屬於「祖先級」，這功能能曾幫助臉書在早期獲得大幅成長，因此祖克柏深信這在 Instagram 也能奏效。

　　斯特羅姆也想要提高照片標註的優先程度，但並非用臉書原本預期的方式，而是採取更巧妙的做法。斯特羅姆跟克里格對於寄電郵通知用戶被標註，或者是寄電郵這件事的做法都有所抗拒。他們不願意為了短暫的成長去打擾用戶，或者破壞社群對他們累積已久的信任。他們也不認為發送推播通知，在

用戶手機上增添必須消除的紅點這行為有任何益處。如果 Instagram濫用推播通知，通知會變得毫無意義，兩位創辦人辯駁道。

這也是組織小的優點。在臉書，動態消息上有著各種相互競爭的功能。負責這社群網路裡個別功能（活動、社團、好友要求、留言）的產品經理都想讓他們的產品能允許利用紅點或推播通知，這麼一來他們在達成各自的成長目標與取得優異的績效評分上才能公平競爭。開發一個**不想**加入推播通知的新功能是個很奇特的概念，尤其是對成長至上的臉書。

Instagram也照自己的方式進行，因為祖克柏已堅持要讓這單位能獨立作業。結果當Instagram推出照片標註功能時，並沒有推升成長。但應用程式仍提供很好的使用體驗，不管這體驗值多少錢。人們也在動態消息之外，獲得一份自己出現在哪些照片裡的有用紀錄。

克里格跟斯特羅姆開始理解他們所處位置的優勢：他們能學習所有臉書的伎倆，並透過觀察臉書自家產品的成功與否，理解這些做法的優缺點。然後，他們但願自己能在必要的時候，抉擇是否採取另一條途徑。

．．．．．．．．．．．．．．．

大多數時間，祖克柏都要求他的員工除非Instagram主動求援，否則別打擾他們。畢竟這是第一次他打算讓收購的團隊維持獨立，他立下許多規範以避免搞砸這原則。他正在等待這個網絡變得更強大，並讓Instagram先保有元氣 —— 就像他當時也是等到用戶習慣用臉書後才開始加入廣告。

　　但Instagram也從未參與過大公司的運作，所以他們花了一點時間理解要怎麼跟臉書索取資源。因為Instagram不像臉書一樣，擁有充沛的工程師人力進行系統開發，往往他們會創造出比較獨特的程式碼寫法。但隨著每個月有數百萬多名的用戶加入Instagram，這樣的系統運作方式就變得緩慢。斯特羅姆跟克里格雖然不想要推播通知，但他們願意在其他部分的品質上作出退讓，以幫助應用程式能更快速茁壯。

　　臉書的資源也減輕了潔西卡‧佐曼等員工的負擔。這名Instagram員工最早負責社群審核的工具，也逐漸熟稔用戶受到哪種威脅，她認為如果沒有臉書大批約聘人員的協助，她無法找出並解決那麼多問題。

　　為了提供給加入Instagram的百萬名用戶更好的服務，她著手開發過渡期的內容審核機制，人們若在Instagram上回報所看到的不當內容，系統會將回報自動送給負責清理臉書不當內容的同一批人。

　　臉書以低薪雇用許多外包約聘工，他們會快速查閱貼文是否有包含裸露、暴力、虐待、冒用身分等各種問題，進而決定是否有違反規範而必須被移除。Instagram的員工不必再接觸糟糕的內容。這個噩夢正式地被外包出去。

　　臉書也提供翻譯工具幫助Instagram拓展到更多國家。在熱情粉絲的協助之下，Instagram已有幾種語言的版本，但臉書的系統能處理更多種語言。但這個決策讓松林弘治（Kohji Matsubayashi）這名日本的「語言大使」（language ambassador）感到困擾，他認為臉書的翻譯品質不佳。

　　在斯特羅姆Instagram貼文留言的號召之下，松林基於自

己對產品的熱愛,不辭辛勞地協助Instagram把系統翻成日文。當他發現Instagram把他的翻譯換成臉書的版本時,他過去解決的一些細微問題又重新浮現了。日本的用戶也在向他抱怨這些小細節,譬如他過去在翻譯「照片」時,是用「**写真**」而非比較口語的「**フォト**」。

他寫電郵向克里格闡述他的憂慮。「我擔心我在3.4.0版所發現到的細微翻譯問題,會成為翻譯品質淪陷的起點,這也是我寫信給你的原因。」他解釋。但他沒有收到回覆。以Instagram的未來性考量,利用臉書的系統架構十分合理,儘管有時候品質略顯低劣。

臉書所宣揚的是以「規模化」運作 —— 用越少的人力服務越多的用戶。如果Instagram想要持續成長,他們免不了要取捨何時要對臉書讓步。

* * * * * * * * * * * * * * *

對臉書而言,Instagram的成長方式也很重要,他們必須要為自己服務,而非主要競爭者。臉書認為Instagram的照片沒道理繼續在推特的推文中顯示。這個功能當初幫助Instagram一炮而紅,讓傑克‧多西、史努比狗狗、小賈斯汀等人,能在推特分享加了濾鏡的照片,但同時也無償產出許多貼文,讓推特(而非臉書)能藉此投放廣告。臉書有個新手法 —— 在推文中只會顯示藍字的超連結,把人們導向Instagram的網站上看照片並下載應用程式。

當這改變在2012年的12月生效時,民眾向推特回報,擔心是否系統有誤。但臉書的發言人也向大眾證實這項改變是臉

書所為。

　　這場衝突也重新點燃推特對這椿收購案的不平，為了報復臉書，他們找上當時任職《紐約時報》的記者尼克‧比爾頓，當時他正在寫關於推特的書。他們提起夏天的聽證會，以及斯特羅姆否認曾有其他收購提案的這件事。但比爾頓需要證據，所以他們帶他去推特的辦公室，律師拿出一紙推特於2012年3月所準備的投資意向書。《紐約時報》的律師很謹慎地審查這件事，因為這是個很嚴厲的指控：斯特羅姆做了偽證。

　　「由於目前未上市的推特預計會在明年創下十億美元的營收，將會大幅提升公司的估值，Instagram的投資人或許可能會因而多賺得幾百萬美元。」比爾頓報導道。沒人知道臉書能否從行動裝置的泥淖脫身而出，但推特正在前往展開華麗IPO的路上。

　　加州企業管理局的發言人馬克‧利斯（Mark Leyes）向媒體表示，這則指控只提出了「假想的狀況」，除非有「利害關係人」提出正式投訴，否則不值得展開進一步調查。在這裡「利害關係人」指的是臉書跟Instagram的股東。當然，沒有人表達意見。

　　在Instagram這邊，只有斯特羅姆知道在亞利桑納的火爐旁發生的事情。但他堅守自己的版本。他向朋友說過，他跟創辦人／執行長的朋友們的晚宴上比爾頓也是常客，他只是因為Instagram現在紅了才寫這篇報導。比爾頓後來就不曾受邀參加晚宴，而Instagram的照片也不再顯示在推特裡。

· · · · · · · · · · · · ·

12月下旬，往往是媒體寵兒的Instagram面臨了另一次公關危機。因為他們早期員工裡沒有律師，所以當時所寫下的「使用條款」是直接從一些網路上的範本複製貼上後，再針對Instagram的需求修改而成。但身為上市公司，臉書對此有較高的標準。在12月，因為公司邁入新的階段，Instagram也接受調整使用條款的建議，加入未來可能會藉此盈利並與臉書分享資訊等內容。

直到這件事登上媒體頭條前，斯特羅姆跟克里格並沒有仔細看過新的條款。

「Instagram表示他們現在有權販售你的照片。」科技媒體《CNET》抨擊。

「臉書強迫Instagram用戶允許公司販售他們上傳的照片。」《衛報》（*The Guardian*）的標題警告。

持續有相關報導產出，提醒Instagram用戶他們無權選擇退出新條款，除非他們在1月底條款生效前刪除帳號。#deleteinstagram（刪除Instagram）的主題標籤開始在推特上爆紅，人們也上面引述新使用條款的內文：**你同意讓公司行號能利用Instagram將你的照片與付費或贊助的內容及廣告關聯顯示，且無需提供任何補償。**

這明顯聽起來是Instagram打算從平台上初露鋒芒的攝影師和藝術家的身上獲利。但克里格跟斯特羅姆和他們的用戶一樣震驚。他們只想要打開一扇通往廣告獲利的門，但還沒找到可行的商業模式，尤其不可能打算販售用戶的照片。

最主要的原因是他們完全低估了用戶對臉書的不信任（與恨意）。從憤怒的推特推文裡看得出來，Instagram的社群注意

著收購案將永遠摧毀這款應用程式的跡象。

當怒火仍在網路上延燒時，斯特羅姆在部落格寫下他第一封祖克柏式的道歉文，並解釋這些無意造成困擾的用語會被刪除。

「Instagram的用戶擁有他們的內容，Instagram不會奪走用戶的任何所有權。」斯特羅姆寫道。「我們尊重所有的創作者，無論是藝術家或業餘人士，都投入心力創造最美的照片，而我們也尊重你的照片就是你的照片。」

當他按下發表鍵，斯特羅姆也看著即時圖表──來自成長團隊的新分析工具──圖表顯示刪除帳號的人持續攀升。但隨著大眾漸漸消化這則新聞，也不再有人刪除帳號，最終應用程式又回歸成長。

‧‧‧‧‧‧‧‧‧‧‧‧‧‧

在臉書負責Instagram整合相關事務的丹‧羅斯，用好奇的視角看著這次試驗。這證明了幾件事：首先，Instagram有著迥異的品牌風格，用戶也對此非常在乎。第二，臉書未來得更謹慎處理。也許兩家公司間會需要專人負責溝通，密切注意兩者的不同，並找出如何利用資源，並將Instagram的需求翻譯成臉書人能懂的語言。

在營運長雪柔‧桑德伯格的建議之下，羅斯找上桑德伯格的得力助手艾蜜莉‧懷特（Emily White），這位剛從產假歸來的明日之星，之前負責行動領域的夥伴關係業務。

「我們這次搞砸了，」他向懷特求助，「妳必須去找斯特羅姆聊聊。」

在接下來的數週，當懷特與斯特羅姆討論越多關於Instagram的未來，她就越確定她想要與他共事。她過去在谷歌跟臉書初創的時期工作過，而現在她能在不離職之下，也參與Instagram的初創時期。

但她的一些臉書高層的同儕則建議她別這麼做，認為這個職位對前途無量的她太大材小用了。何況她是「桑德伯格的好友」，在公司內部也被稱為「FOSes」（Friend of Sandberg的縮寫），有一種說法是一旦她們離開她的管轄範圍，就會黯然失色 —— 至少根據多數男性員工的說法是這樣。懷特卻忽略這些反對意見。**我們很可能會浪費十億美元且惹怒一個優秀的團隊，只因為在大公司裡沒有人真正理解這間我們剛買下的公司**，她心想。

經過這次混亂，斯特羅姆重新拿回執行長的頭銜，臉書也希望他擁有獨立決策的權力。

· · · · · · · · · · · · · ·

對於有人能幫他理解如何在臉書內部經營一間公司，斯特羅姆因而鬆了一口氣。他跟懷特每週見面數小時，試圖找出如何說明Instagram的不同之處，以及他們需要與不需要幫忙的地方。他們調查臉書員工的手機，發現其中只有10%的人曾用過Instagram，約莫等同全體美國人口的使用比例。所以第一步，他們需要先教育員工。

懷特雇了一名設計師來設計Instagram的辦公室，在架子上擺放攝影書籍、舊式相機與好幾瓶波本酒，讓空間營造出工藝的氛圍，並顯得有經過精心設計。（斯特羅姆的朋友與

商務夥伴總是會送他波本酒當禮物，為了向產品早期的名稱致敬。）Instagram的裝潢設計與臉書截然不同，臉書為了彰顯「這趟旅程只完成了1%」的精神，不僅辦公室的天花板管線外露，木頭地板也未經打磨。Instagram的員工每週一次會捲起他們的車庫門，邀請路過的臉書員工參觀辦公室，試圖跟他們交朋友。（雖然臉書園區四處都有提供免費的咖啡，但Instagram員工能提供**優質的咖啡**，他們偏好用手沖或義式咖啡機泡出來的。）

斯特羅姆跟懷特與克里格一同提出一則Instagram的使命宣言，後來也被《華爾街日報》（*Wall Street Jaurnal*）認為很矯揉造作：「捕捉並分享世界的時時刻刻。」

懷特從臉書內部招募人才來填補Instagram的新職缺，並將數據分析的思維帶入公司。但在臉書大獲好評的駭客心態，卻會為擴張中的Instagram團隊帶來衝突。前臉書的員工為了提高使用率，會提出像是加入分享的按鈕等顯而易見的想法，但原始的Instagram員工就會拒絕他們，並說：「這不是這邊做事的方式。」Instagram員工會向他們解釋InstaMeets的魅力何在，或者討論如何用@instagram帳號集中推廣阿爾伯克基國際熱氣球嘉年華（Albuquerque International Balloon Fiesta），而有些前臉書員工會翻白眼。

但**過去**Instagram是怎麼經營自己的？原始的Instagram員工會協力找出向來自臉書的新同事解釋公司文化的最佳手段。他們會腦力激盪並做研究，甚至有一次還要焦點小組的成員想像，如果Instagram是人類的話，他會長得什麼樣子。（他們多數會畫出有著旁分瀏海與深色眼睛的男性面孔；這些畫像很詭

異地都長得像約書亞‧里多，Instagram的第一號員工，他現在還留在公司工作。）

最終團隊歸納出Instagram的三點價值觀，仔細研究都會發現與臉書的文化有不小的文化衝突。

最重要的是「社群優先」，意指所有的決策都必須圍繞在讓用戶能開心地使用Instagram，而非發展一樁快速成長的生意。而太多的推播通知就違反這項原則。

第二點是「保持簡潔」，意味著在所有新產品上線前，工程師必須先思考這是否能解決特定的使用者問題，或者這項更動是否必要，否則可能會讓產品變得過於複雜。這跟臉書「快速移動，打破成規」的信條成為對比，比起實用性與信任，臉書則將成長奉為圭臬。

另一點則是「激發創意」，指的是Instagram把產品定位為藝術的渠道，不僅要教育使用者，並透過策展的方式協助其中的翹楚獲得更多曝光，且聚焦在真實和有意義的內容上。這麼做是為了抗衡部分開始以虛假的自我形象塑造而走紅的Instagram熱門帳號。這也跟臉書利用演算法顯示個人化內容的策略截然不同。「我們沒有自己的聲音，」臉書動態消息的負責人克里斯‧考克斯（Chris Cox）會這麼跟員工說。「我們提供人們發聲的權利。」

‧ ‧ ‧ ‧ ‧ ‧ ‧ ‧ ‧ ‧ ‧ ‧ ‧ ‧ ‧ ‧

Instagram的社群團隊 —— 他們專注在撰寫部落格介紹有趣的帳號與提供用戶活動支援 —— 違反了另一條臉書的教義，就是臉書只專注在能**規模化**的事物上。他們不會主動接觸

明星用戶，因為無論特定群體的影響力如何，在策略上都不如整體用戶來得重要。如果你能夠善用資源為成千上萬，甚至上億人帶來影響的話，為什麼要投資心力只服務一個人或一群人？

Instagram 認為他們的社群團隊是公司的靈魂人物，致力幫助其他的百萬名用戶找出產品使用的基調。透過 @instagram 帳號展出的任何內容，都會獲得其他使用者的關注或模仿。他們也持續關注各個國家的用戶使用 Instagram 的不同方式，也向 Instagram 的產品經理通報他們所看到的需求、掙扎與機會。他們仍不斷更換建議用戶的名單、提供新的興趣與用戶給用戶追隨，並在 Tumblr 經營部落格。

這些行為也突顯出他們心目中 Instagram 的理想樣貌：人們透過這個應用程式展示他們在京都研磨抹茶的手法、攀爬吉力馬札羅山（Mount Kilimanjaro）的體驗，或者在奧勒岡州的海邊，設計自己的獨木舟。他們透過策展的方式來突現出用戶利用產品的新途徑，進而啟發其他的 Instagram 用戶。Instagram 明確希望推廣這種風氣，所以會舉辦像是週末主題標籤的企畫（weekend hastag project），向用戶募集相關主題的照片，譬如 #jumpstagram，跳在空中的照片——或者 #lowdownground，從貼近地板的角度拍攝的照片。每週都有上千張的參展照片，希望能獲得登上 @instagram 帳號的機會。

Instagram 的用戶因為覺得自己跟這品牌有所關聯，仍持續在世界各地自行舉辦 InstaMeets，在活動中結交新朋友與談論攝影。有些人甚至會以花朵排列、手織毛毯或裝飾蛋糕等方式在實體世界做出 Instagram 的 Logo。但用戶對 Instagram 迷戀

的價值很難客觀地衡量，也難以判定與策展團隊的努力是否相關。

佐曼與懷特時常對於從主動接觸用戶中能得到多少回報有所爭執，最終導致佐曼在獲得就職滿一年的獎金前就離職，因為她不再覺得受到重視。除此之外也有其他因素影響：通勤接駁車、她不能帶狗上班、員工們也不如往常會一起出遊。但最主要的是，她厭惡臉書以績效導向的員工評量方式。若她只負責啟發用戶，又能如何展示出她為公司所帶來的成長？

在她離職前，斯特羅姆曾聽佐曼抱怨這件事，但並沒出手干涉。他知道如果Instagram真的想要在臉書內部有所影響，想要證明自己值得臉書收購公司與後續投入的資源，那包含社群團隊在內，都需要能做出讓臉書覺得有價值的表現。Instagram必須打倒對手或者開始盈利。他認為賺錢這一塊，只要產品持續走在正確的道路上，將會很自然地發生；因為視覺的媒介不僅誘人，也能激勵人心，因而非常適於銷售產品或打造品牌 —— 只要看起來與傳統廣告有所不同。

斯特羅姆曾向祖克柏提一些賺錢的點子，但很快地就被回絕。

「現在別擔心這件事，」祖克柏說。「只要繼續前進。你們現在要做的就是繼續前進。」

斯特羅姆轉而找上博斯沃斯，他在去年才與這名廣告部副總起過紛爭。「不了，老兄，」博斯說，他尊重斯特羅姆的野心，也開始對他有所好感。「我們現在不需要你們貢獻營收。你們只要持續成長。」臉書的手機廣告業務已開始出現前景，所以斯特羅姆只需跟隨祖克柏的中心思想，也就是要等到網站

取得長遠的影響力，才能開始從中賺錢。

雖然被拒絕，斯特羅姆還是會花上數個小時與懷特和早期負責商業開發的員工艾咪·柯爾共同腦力激盪找出能賺錢的策略，無論是透過銷貨、廣告等各種可能。但在開始盈利之前，他跟克里格決定，是時候讓Instagram著手祖克柏所設下的其他優先事項 —— 該處理一個具競爭性的威脅了。

斯特羅姆想到其他被收購公司的創辦人的下場。線上賣鞋平台Zappos的執行長謝家華（Tony Hsieh），在公司2009年被亞馬遜收購後，沒被納入傑夫·貝佐斯的麾下；YouTube的創辦人們也不再跟YouTube有所關聯 —— 他們在2006年公司被谷歌收購後就離開公司。

他無意像這般遭到世人遺忘。

第六章

全面宰制

「我們打算為世界帶來無人能匹敵的影響力,而為了達成這目標,我們不能停在原地假裝我們已經做到了,需要一直提醒自己尚未成功,並不斷採取大膽的行動並持續拚鬥,否則我們會冒著已達巔峰而逐漸消失的風險。」

——馬克·祖克柏,節錄自臉書的員工手冊

許因為祖克柏在斯特羅姆身上看到不少自己同為創辦人的影子，所以他很放心地提供Instagram一定程度的獨立自主。

畢竟他們倆的成長背景十分相似。

他們都生長在舒適的市郊家庭中，由疼愛小孩的雙親撫養，擁有關係緊密的手足。他們都從東岸的菁英寄宿學校與私立的大學畢業，在學校中，他們不僅著迷於工程，也對歷史很感興趣 —— 祖克柏喜歡希臘與羅馬帝國的歷史；而斯特羅姆則喜歡藝術史與文藝復興。他們的歲數相近：斯特羅姆雖比祖克柏早五個月出生，但因為祖克柏經營公司的時間更久，讓他顯得更有智慧。

儘管如此，他們仍只保持著商業夥伴的關係，斯特羅姆也希望在讓Instagram對整體公司有所貢獻的同時，也不會失去對公司未來的控制。他們倆大約每個月會在祖克柏的家共進晚餐並討論策略，但事實上祖克柏的家等同另一個辦公室。在2010年電影《社群網戰》上映之後，他也花更多心思在個人安全上，因為他無法出現在任何公開場合，也不可能在不被立刻認出的前提下搭飛機出差。在2013年，他花下三千萬美元買下他保羅奧圖住處周圍的所有房產，以確保擁有更多隱私。

祖克柏的家不僅會用來開會。也會用來舉辦一些社群聚會，但斯特羅姆並非座上賓。有一群臉書的員工 —— 包含廣告部的負責人安德魯・博斯沃斯以及動態消息的主管克里斯・考克斯 —— 都會受邀帶著老婆在週末一起烤肉。這些朋友伴著祖克柏度過臉書初創期的動盪，當時臉書提供每月六百元的房租津貼給住在辦公室方圓一英里的員工，那時辦公室位於保

羅奧圖的市中心。因此早期的員工最後都生活在相同的街區，一起認真工作與玩樂，並分享在臉書上。

　　烤肉宴的所有與會者每週一也會參與斯特羅姆的領導人會議，而他還在摸索怎麼在會議上發聲。他們組成了一個小圈圈，但斯特羅姆並非其中的一員，就像是每個人都佩服他跟克里格的緊密關聯，但不怎麼理解這關係有多大的力量。

　　有一次，祖克柏找斯特羅姆一起去滑雪，嘗試與他建立關係。但這一次出遊只顯露出他們兩個人為人與個性的不同。

　　斯特羅姆熱愛競爭，但也非常在乎怎麼用**最好的方式**來做事情。他會以評價最高的年份為基準來挑酒，他想要從最有才華的人身上吸收知識，而當他想精通任何一門新的技術時，他會讀成堆的書籍。很快地他就找了個人的造型師、私人健身教練以及管理教練。他喝咖啡時，只會喝用藍瓶咖啡的咖啡豆，且僅限風味最佳的豆子 —— 烘焙後四天的。「為此我有一台特殊的機器，能夠在幾秒內得出咖啡萃取的比例，並獲得數據圖表。」他有一回接受時尚品牌 MR PORTER 的線上月刊訪問時提到。

　　在他小的時候，他的父親有一次買了球棒、棒球與手套回家，就能在後院練習棒球，但斯特羅姆問父親，他能否先去圖書館借書，在開始打球前先理解投球的技巧。

　　另一方面，祖克柏則立志要做得**比其他人都出色**。他喜歡玩桌遊，尤其是像是「戰國風雲」（Risk）這類的策略遊戲。在臉書草創階段，他偶爾會在辦公室玩，並調整他的策略讓他的對手永遠無法預測他的下一步。他曾經因為在公司的飛機上玩拼字遊戲輸給朋友十幾歲的女兒，為此挫折到開發出一款能

找出所有拼字組合的電腦程式。

當谷歌於2011年推出企圖與臉書競爭的社群網站時，祖克柏引用古羅馬元老院成員老加圖（Cato the Elder）的話來鼓舞臉書員工與之對抗：「必須摧毀迦太基！」（Carthago delenda est!）然後，就像他平常在臉書面臨警訊時一樣，他會展開「封鎖」要求員工加班，並組織「戰情室」，也就是致力於打敗競爭者的會議室。在臉書內有各式各樣的戰情室。

在那次滑雪之旅，斯特羅姆用了名叫滑雪路徑（Ski Tracks）的應用程式，會顯示出每次滑雪的總長、海拔以及坡度等資訊。他下載這程式以提升他的滑雪表現。

「這是什麼？」祖克柏問道。「這會顯示你的極速嗎？」

程式確實會顯示極速。

「在下個山丘我會打敗你！」祖克柏宣布，讓斯特羅姆立刻覺得不舒服。

斯特羅姆偏好山岳滑雪，透過未知的環境挑戰自我，但祖克柏即便在年輕的時候，就鍾愛下坡競速。即便在山上，他也要是一方霸主。

而創辦人的個性也反映在其所創辦的公司上。斯特羅姆在網路上創造出一片地方，讓專注在個別領域的有趣人物，都能在此被其他人追蹤、稱讚並效仿。他選擇拓展社群的方式是透過策展的手段以吸引到高手的注意。這產品只單純做為用戶展現所長的場所，斯特羅姆不想要做很大的變動，擔心會因此毀了這個初衷，除非這項變動能讓這個應用程式持續提供高水準的體驗。

而祖克柏創造出史上最大的人際網絡。他選擇拓展社群的

方式是透過不斷調整產品，讓用戶花更多上網時間在臉書上，並同時緊盯著競爭者的做為，從而想出策略以削弱對手。

斯特羅姆從未遇過像祖克柏這般有謀略的人。他想要學習祖克柏做事的方式，但也想用自己的、不那麼侵略性的方式來主張他身為執行長的地位（而且是優秀的執行長之一）。他的下一步想要說服祖克柏，幫助他將Instagram視為臉書的好夥伴，但Instagram僅靠自己，很難滿足祖克柏對制霸產業的野心。

● ● ● ● ● ● ● ● ● ● ● ● ● ●

收購Instagram一事為這產業的其他人帶來巨大的漣漪效應。其他的社群網站程式立刻吸引到投資人的目光，抱著某一天他們也將以高額資金被臉書或推特收購的想法。

臉書的起點是文字，Instagram的起點則是照片。而下個世代的社交軟體則會與影片息息相關。用戶頻頻要求Instagram提供影片功能，而當時也有許多創投家投資的新創也想要奪得先機，包含Viddy、Socialcam和Klip。YouTube跟臉書有提供影片功能，但並非專門開發給智慧型手機用的。儘管如此，Instagram仍未採取行動，除非到了必要的時刻。

推特在Instagram的收購案落敗之後，收購了傑克‧多西心目中的下一個明日之星：Vine，人們在上面會錄製並分享總長六秒鐘且不斷輪播的影片。推特在2013年1月Vine正式上線前的幾個月就收購了他們。

多數人不認為自己會想要拍一支僅長六秒的影片。但Vine的限制能激發新型態的行為，就像是Instagram的方形照片限

制或推特一百四十個字元的文長限制。富有創造力的人能找出 Vine 的使用方法，展現個人的搞笑功力或驚人伎倆。他們湧入這個新的程式，累積了大量的觀眾，以個人的短劇贏得一些關注。其中像是金恩‧巴哈（King Bach）、麗麗‧龐斯（Lele Pons）、奈許‧格里爾（Nash Grier）和布特妮‧佛蘭（Brittany Furlan）都擁有百萬名的粉絲。但推特不知道要怎麼經營這個產品，一如臉書不知道該如何經營 Instagram。

總是很在乎品質的斯特羅姆，告訴人們他對影片尚不感興趣，因為行動網路的速度太慢，無法提供好的體驗。Vine 卻證明這不再是個問題。

「我們不希望讓 Vine 成為影片版的 Instagram，」斯特羅姆開始會說。「我們希望 Instagram 成為影片版的 Instagram。」斯特羅姆跟克里格給工程師六個禮拜的時間開發並推出能在 Instagram 的動態消息上傳十五秒影片的功能。斯特羅姆會說，這個特定的秒數並不是來自臉書式的優化結果，而是「藝術性的選擇」。

在收購後首次出現的外敵，讓 Instagram 的部隊能投入這項任務並團結一心，一如戰爭讓國民變得更愛國一樣。克里格特別感謝有這機會能開發新東西，而非花費所有時間在修復系統上，只為了應付應用程式的快速成長。當他們投入在開發影片功能的計畫時，他也教自己如何成為更好的安卓工程師，並幫助團隊能準時完工。

安卓手機是惡名昭彰地難以開發，因為不同廠商會開發出不同尺寸的手機。克里格在功能上線的前一晚熬夜超過凌晨三點，只為了跟安卓團隊的主管共同用他們在 eBay 買到的各家

手機測試應用程式能否正常運作。這個集合的小隊決定在辦公室過夜。有名工程師在空的會議室裡把沙發墊放在一起當床。到了早上五點三十分，甚至能看到克里格光著腳在辦公室的盥洗室裡刷牙。

上線當天，臉書把媒體聚集到一間重新擺設得像咖啡店的空間裡，有著報紙散落在桌上，為了向Instagram上無所不在的拿鐵照片致敬。祖克柏做完開場演講後就把麥克風交給斯特羅姆。這個動作頗具象徵意味：祖克柏在這裡，決定**不要**成為臉書產品發表活動的主講人，讓這場活動只跟Instagram這品牌相關。畢竟這個小團隊獲得不少人的尊重。

活動結束後，祖克柏、斯特羅姆跟其他人返回Instagram的辦公室，盯著計數器看有多少影片上傳到平台。這是第一次（也是最後一次）任何人有印象祖克柏來到Instagram的辦公室。當數字來到一百萬時，所有人也為此歡呼。

睡眠不足的克里格，在瀏覽動態消息時，看到一則讓他淚流滿面的貼文。這名他在應用程式早期就有追蹤的日本朋友，養著一條可愛的狗。而他也貼出了影片。這是克里格第一次聽到他朋友的聲音。

Instagram終於完成了一件大事，不只加深了跟用戶之間的關係，也加深了跟臉書公司的關係。他們終於有理由能大肆慶祝——而且是斯特羅姆會想要慶祝的那種。團隊前往「酒鄉」索諾瑪（Sonoma）並待在Solage度假村中，乘坐熱氣球、吃著名廚料理的食物，並坐在租來的賓士敞篷車中快樂地兜風。

• • • • • • • • • • • • • •

　　斯特羅姆跟克里格原本預期影片會成為一般人慣用的貼文形式，就像那名日本人拍狗一樣。但從 Vine 的例子能看得出，多數人沒有必要張貼短影音，除非他們有特別想要展示的東西，像是蛋糕的裝潢、健身的過程或者喜劇短片。

　　因此在 Instagram 上獲得大量關注的影片拍攝者，其實跟在 Vine 上面累積大量粉絲的帳號是同一群人。他們也會互助合作，譬如在洛杉磯共同創作並拍攝喜劇短片，或者在達爾文・馬茲格（Darwyn Metzger）位於西好萊塢區的梅爾羅斯大街（Melrose）與格納屈街（Gardner）的交叉口的辦公室裡玩耍。馬茲格的公司 Phantom 會提供空間讓他們合作，並幫助他們與廠商協商拍攝 Vine 影片的條件。像佛蘭、馬洛・米金斯（Marlo Meekins）和傑洛米・雅爾（Jérôme Jarre）等 Vine 影片的創作者仍猶豫是否要跟廠商合作拍片，認為他們的觀眾討厭被賣東西。但最終當價格談攏時，這些小明星們也開始仰賴這筆收入，在 Vine 上面鼎鼎有名的人每則貼文能賺入數千美元。

　　馬茲格認為這商業模式難以長久，一部分是因為他不信任推特的領導者。Instagram 推出影片功能的那天，應證了他的恐懼。**只要出現有臉書撐腰的競爭者，就意味著 Vine 完蛋了**，他心想。他告訴他的成員，「從現在起，你必須花三分之一的時間把你的觀眾轉移到其他平台。我不在乎是 Instagram、YouTube 還是 Snapchat，但你得找一個 Vine 的替代方案。」

　　雖然不願意接受這個惡耗，但他們仍聽了他的建議。包含

佛蘭、龐斯和艾曼達·瑟妮（Amanada Cerny）等前Vine影片的創作者，都開始把其心血轉移到Instagram上，最終也吸引到數百萬名粉絲。

· · · · · · · · · · · · · ·

透過影片功能的策略，斯特羅姆也猜中能得到新的主君臉書信任的最好方式，就是打敗競爭對手。但他太低估了祖克柏的偏執。在斯特羅姆不知情之下，祖克柏也嘗試要收購其他與Instagram相似的公司。事實證明，祖克柏大手筆收購公司的動作只是戰略的一部分：透過擁有多款的應用程式，並下注買入數名競爭者，是希望能規避臉書終將退流行的風險，因為祖克柏認為這時刻總有一天會到來。

2012年，當祖克柏在公司歡迎斯特羅姆加入公司的同時，他也寄電郵給另一名年輕男子，他剛開發出一款大獲成功的應用程式。他同樣畢業於菁英學校，並擁有不錯的家世，至少在經濟上是這樣。他的競爭哲學是？**其他人的做法都是錯的。**

伊凡·史皮格（Evan Spiegel）的應用程式Snapchat一開始在2011年只是史丹佛上的派對工具，用來抵抗臉書和Instagram所創造出的世界，特別是Instagram。當人們的貼文都為了方便大眾按讚跟評論而經過修飾，到底有什麼好玩的？哪裡才能上傳二十幾歲年輕人的荒誕行徑，卻不會在社群媒體上留下永恆的紀錄而影響職業生涯？當他所屬的Kappa Sigma兄弟會負責舉辦狂歡派對時，他看到了一個契機。

在兄弟會成員巴比·墨菲（Bobby Murphy）和雷吉·布

朗（Reggie Brown）的協助下，他構思出一個照片寄出數秒內就會自動消失的應用程式。第一版的程式被命名為Picaboo。「這是分享會自動消失照片的最快方式。」史皮格在寫給兄弟會網站BroBible的提案信中寫道，信件主旨是：「荒唐的iPhone應用程式」，並署名為「經認證的老兄」。他解釋當你拍照時，你可以設最多十秒的倒數計時器；一旦你的朋友打開訊息，照片在超過時限後就會自動消失。「有趣的玩意。」他附加說。

史皮格的身形瘦長，留著一頭褐色的短髮，有著筆直的眉毛以及美人溝下巴，與斯特羅姆的謹慎相比，他則非常叛逆。史皮格從小性格內向，不容易相信別人，也對豪華車的舒適有所偏好。他的父親是位強勢的公司法律師，才剛幫越洋公司（Transocean Ltd.）辯護，這家公司要為2010年英國石油（BP）在墨西哥灣的漏油事件負責。

除了很愛說髒話之外，史皮格也很容易引起紛爭。布朗後來指控稱Snapchat將他趕出公司，並且不承認其共同創辦人的地位。後來Snapchat也為此達成和解。

但叛逆也正是Snapchat的產品吸引人之處。史皮格厭惡其他人對其人生和抉擇有所意見，而他並不孤獨。在現代社會，要經營線上的個人品牌變得更為重要，也因而讓人感到焦慮。Picaboo一開始並未掀起波瀾，但當創辦人們將產品重新命名為Snapchat，加上影片功能，並提供虛擬螢光筆的功能，讓用戶在照片及影片上繪製或寫字後，他們創造了一個更沒壓力、更好玩，且更吸引年輕人的產品。

「為了管理數位版本的自己，人們承受了很重的負擔。」

史皮格對《富比世》雜誌的記者J.J.柯勞（J.J. Colao）說。「這讓聊天完全失去樂趣。」

一開始，媒體把Snapchat描繪成傳遞煽情訊息的應用程式。如果你不是傳裸照，為何你需要讓照片消失？但這樣的刻畫方式誤解了青少年使用科技的邏輯。

Instagram扭曲現實的濾鏡與精心策畫、打造的體驗有個壞處：心理壓力。為了Instagram，年輕人會把手機相簿塞滿數十張相同主題、但不同拍攝角度的照片，從中找出最完美的一張，並在上傳前要先修飾瑕疵。他們費盡心思讓事情變得很酷，且看起來也很有趣。但他們常常把得到十一個讚以下的照片刪除。因為當照片的按讚數超過這數字，就會隱去按讚者的名稱，只顯示數字 —— 這個為了節省空間的設計，卻演變成年輕人評斷人氣的指標。

但Snapchat的世界就截然不同，年輕人傳給彼此隨手拍的自拍照跟未經剪輯的影片。這應用程式的設計對成人很困擾，因為它並非為了快速瀏覽內容而生 —— 開啟程式時，會直接跳到拍攝模式，讓用戶能立刻捕捉並傳送某個當下所發生的事情。Snapchat有點像在傳訊息，或者進行非同步的影音聊天。而且很好玩。

「人們使用Snapchat的主要原因是因為內容好看很多，」史皮格跟《富比世》雜誌說。「一早起床就能見到朋友是很有趣的事。」

年紀稍長的人本就不會理解。到了2012年11月，Snapchat擁有數百萬名用戶，大部分落在十三到二十四歲的區間，並每天傳送三千萬則訊息（snap）。

史皮格的應用程式可能很快就從市場上消失 —— 或者他可能因為輟學而被父親趕出家門。但在臉書收購Instagram之後，一切都變了。不僅來自投資人的資金變得很容易取得，也得到更多收購方的尊重與關注。

那年11月，祖克柏仍在規畫Instagram與臉書整合事宜的同時，他也重新展開狩獵。他寄出一封電郵：「嗨，伊凡，我對你在Snapchat做的事情十分佩服，我希望能有機會聽聽你對公司願景的想法。如果你有興趣的話請跟我說，我們可以某天午後在臉書總部散步聊天。」

Snapchat對年輕人的吸引力很關鍵。準備離開高中，進入更廣闊世界的年輕人，正快速地串連起人脈，這對他們接下來的人生也有關鍵的影響。在這年紀，在脫離父母的管控之下，他們也養成新的習慣以及累積消費能力，也培養對品牌的喜好，以及長達數年的忠誠度。臉書雖然是從大學起家，但祖克柏知道臉書也需要這群更年輕群眾的力量。

他寄電郵給史皮格的舉動，就跟當初Instagram初露鋒芒時，斯特羅姆會收到科技巨頭們的來信一樣，都不明說自己的意圖。史皮格也打算欲擒故縱。

「謝謝 :) 很高興能與你碰面 —— 我有到灣區時會再通知你。」他回覆。

祖克柏則回信說他最近剛好會去洛杉磯一趟。他要去跟準備幫臉書總部設計新建築物的建築師法蘭克・蓋瑞（Frank Gehry）見面。也許我們能在沙灘附近碰面？史皮格也同意碰

面，並找了共同創辦人墨菲，與祖克柏在某棟臉書租用的私人
公寓裡見面。

當他們當面談話時，祖克柏就不再百般奉承，而是直接威
脅對方。他在會議中不斷暗示，除非雙方找出合作的方法，否
則Snapchat會被臉書打得一敗塗地。他準備推出Poke這個跟
Snapchat一樣，能傳送會自動消失的照片的應用程式。他不會
抗拒直接照抄對方的產品，要盡臉書全力取得勝利。

但祖克柏這位網際網路的王者，竟認為Snapchat是個威
脅，這一點對他們而言也是種奉承。史皮格打算跟他拚了。

· · · · · · · · · · · · · · · ·

2012年12月，Poke正式上線，一開始確實顯示出擁有臉
書加持的威力。凌空出現在數百萬用戶的眼前，也成為iOS應
用程式商店上免費app的冠軍。

但接著從隔天起，Poke在排行榜的名次就逐漸下降。祖
克柏的威脅看來只是空話。對他而言更糟的是，許多之前不知
道Snapchat但有下載Poke的用戶，反而從這過程裡意識到有
其他做得更好的同類型產品，進而推升Snapchat的下載數。

臉書雖然複製了Snapchat的功能，但他們沒能成功複製這
應用程式酷炫的因子。他們這回所遭遇的問題，跟當時想開發
出一個複製Instagram的相機應用程式時一樣。這個社群網站
的巨頭雖能控制上百萬人的注意力，但產品的品質與用戶的體
驗，才是用戶是否願意繼續使用的關鍵。

幸運的是，臉書的武器庫裡還有另一項工具：資金，而且
祖克柏可以獨立決定要怎麼使用公司的資金。他提議要以超過

三十億美元收購Snapchat。這比當初收購Instagram的金額還令人吃驚，畢竟兩間新創公司的用戶數差不多，而且都一樣仰賴臉書股票進行收購，此時臉書的股價也回漲至剛上市的三十八美元。

但也令人吃驚的是，史皮格拒絕了。這位二十三歲的執行長察覺到臉書的弱點，也因而看到了契機。更重要的是，他跟共同創辦人巴比‧墨菲沒興趣讓祖克柏當他們的老闆。

在2013年6月，史皮格反倒從創投募得八千萬美元的資金，讓這間上市不到兩年、毫無營收且只有十七名員工的公司，其估值上看八億美元。

祖克柏對於自己至今無法買下Snapchat或開發出相近的產品而備受挫折，也期許自己能更理解年輕族群，無論是他們為何遠離臉書，以及怎麼把他們找回來。

. . . .

這一次的對抗，也讓史皮格更加確認臉書就是給老人用的平台，有一天會像雅虎跟AOL一樣成為時代的眼淚，但他不想跟他們一樣。他禁止員工使用像是「分享」（share）或「貼文」（post）等會讓他聯想到臉書的詞彙，因為Snapchat希望更私人一些，也傾向改為使用「傳送」（send）等用語。

他也下定決心要推出祖克柏也想不到的新點子。假設Snapchat加上「傳給所有人」的選項，但內容一樣會消失，或許在二十四小時過後？史皮格在讀大學時就發想出這個點子，他稱之為「二十四小時照片」（24 Hour Photo），因為過去沖洗底片會需要一天的時間。他跟史丹佛的友人尼克‧艾倫

（Nick Allen）共同腦力激盪，決定開放一次能上傳多張照片，這功能能幫助用戶以生活為藍本，創造一本數位的手翻書。在Instagram上，你只會上傳派對中**最好**的照片或影片。但是若我們把從事前準備、前往派對、遇到朋友以及隔天宿醉去上課的相關照片或影片都分享出來呢？

Snapchat的團隊剛從史皮格父親的豪宅搬到位於洛杉磯的威尼斯海灘步行區上的一棟藍色小屋，在那裡，天天都有有趣的事情。嗑藥的人溜著滑板經過、嬉皮用噴漆罐繪製塗鴉、美麗的海灘遊客在做日光浴。這樣的脈絡讓人能輕易想像得到，媒體最迫切的問題之一，就是無法提供多元的管道向世人展現當下發生的事情。

在畢業後於2013年加入公司的艾倫，向工程師說明這項願景的細節：這個名為限時動態（Stories）的產品，會依時間排序，讓最舊的先顯示，而非像推特跟Instagram一樣，總是先顯示最新的貼文。每則限時動態的內容會在二十四小時過期，如果用戶及時查看，他們會看到一份清單顯示所有看過這則更新的用戶。

Snapchat的用戶不會把內容「貼」到他們的限時動態，而是「加入」（add）。到了現在，隨著直播工具的盛行，降低了人們對於社群網路上優秀內容的標準，Snapchat也為同一群希望能減輕發文而生的壓力的年輕用戶，創造出新的使用習慣。

· · · · · · · · · · · · ·

與此同時，斯特羅姆並不知道祖克柏找上了Snapchat，更別說知道他曾威脅他們或想要收購他們。但當祖克柏正開始關

注平台上的青少年用戶時，斯特羅姆覺得自己已領先了幾步。青少年不想用臉書，是因為家長也會用臉書。但家長尚未進軍臉書，加上Instagram最近開始注重蒐集數據，所以他們知道用戶的年齡分布，並從中看出年輕人對Instagram的偏好。

在成功推出影片功能後，Instagram感覺自己在臉書的生態圈中取得獨立。但或者他們只是被忽略了？斯特羅姆懂得如何把境況包裝得很好聽。**我是Instagram的執行長，我們基本上仍是間獨立公司，而祖克柏是我們的董事**，他會這麼說。

但Instagram若完全仰賴臉書的廣告營收的話，就不大能算是獨立運作的公司。斯特羅姆仍是名沒賺錢的執行長。在祖克柏要斯特羅姆暫緩思考商業模式的幾個月後，Instagram又進一步證明自己的實力，將總用戶人數增加至一億人。因此到了2013年中，臉書終於願意讓他們實驗廣告機制。

斯特羅姆跟他們的商業團隊決定如果要能讓廣告Instagram上收到良好效果，宣傳的手段要更像Instagram的貼文：視覺上很吸睛、帶點藝術性，而且不會太具商業氣息；在圖素上不能加入文字或價格。這件事很重要，就像斯特羅姆在前一年說到，任何來自品牌的貼文，都要「盡可能地坦誠與真實」。Instagram想效仿《Vogue》雜誌的模式：高端品牌會低調地展示產品，彷彿只是美麗、快樂的人們的生活元素之一。

那年9月，艾蜜莉・懷特接受《華爾街日報》的專訪，報導的標題是「Instagram描繪賺錢的前景」。記者艾芙琳・茹絲里（Evelyn Rusli）將懷特在Instagram扮演的角色，比做雪柔・桑德伯格在臉書的角色。茹絲里寫道，懷特花上數週與可口可樂與福特汽車等知名企業開會，並「希望不要踏上臉書前

期與廣告商的覆轍」，這句話也激怒了公司內部的員工。

　　但臉書和Instagram的廣告計畫可說是南轅北轍。臉書透過線上系統銷售廣告，任何人只要有信用卡都能使用。即便是大型品牌，有些雖能獲得臉書業務的協助，但還是必須透過這套公開的系統投放廣告。這麼做是為了讓任何人都能挑選他們希望看到廣告的受眾，能越精準找到有需求的受眾，就越可能讓他們掏出錢包。設定完廣告受眾後，系統能自動找出吻合特徵的用戶，在廣告開始投放之前，臉書的員工不須審核甚至不用看過廣告，除非是特殊案例。

　　另一方面，Instagram試圖打造尊榮的體驗，會與廣告商共同策畫廣告的想法並人工放置他們的廣告。他們清楚不可能永遠都這樣進行，但是斯特羅姆和克里格總是督促大家先做最簡單的事，就像他們一開始開發這程式一樣。比起花費珍貴的工程師資源，或者弄清楚臉書廣告業務單位的公司政治問題，先以人工處理小規模的廣告規畫相對合理許多，畢竟這做法最終可能不會成功。

　　斯特羅姆使用了創辦公司時所採用的相似策略 —— 挑選**懂**他們想法的初始夥伴如Burberry與Lexus—— 他會親自審核每一則廣告。尤其是現在，Instagram的品牌價值十分寶貴，不能冒險讓任何人用各自喜歡的方式呈現廣告。

* * * * * * * * * * * * *

　　在2011年11月1日，Instagram推出第一則廣告。等候多時的精品品牌Michael Kors允許能在@michaelkors帳號發文，並付費透過系統將貼文擴散到沒有追蹤他們的用戶。這張照片

活像是時尚雜誌中的浮華生活照：鑲著鑽石的金錶放在桌上，旁邊擺著鑲金條紋的杯子與色彩繽紛的法式馬卡龍。其中綠色的馬卡龍被咬了一口，讓人不會覺得這只是個道具。「下午5：15，在巴黎受盡呵護。#MKTimeless」，內文寫道。

「每天只允許一間品牌下廣告」，斯特羅姆下了決定 —— 因為這樣感覺對。這一點沒啥好商量的：就算路易威登（Louis Vuitton）想要該月20號的版位，但冰淇淋品牌Ben & Jerry's已經先行預定，那他們也會拒絕路易威登。這些早期的廣告主的名字，都會在白板的行事曆上用紅筆寫清楚。然後有員工會把廣告的幾版提案印出來；接著斯特羅姆會逐一看過，決定哪個夠好，哪個不可行。如果有不好看的廣告，他會提出異議。

有一回，斯特羅姆擔心品牌廣告貼文中的食物看起來很不可口，尤其是看起來軟爛的薯條。「這張照片不適合下廣告。」他跟吉姆‧史庫威爾（Jim Squires）這位剛從臉書來到Instagram的新任廣告總監說。

「但是，這名客戶的檔期迫在眉睫了。」史庫威爾說。

「沒問題，」斯特羅姆回覆。「我今早要坐飛機。我可以調整白平衡並讓照片銳利一點。」在他讓薯條看起來更酥脆之後，透過臉書即時通把照片傳給史庫威爾，然後廣告才上線。

比起Instagram的技術是否為廣告做足準備，斯特羅其實更關注照片的質感，但這一點也惹出不少麻煩。在Michael Kors的廣告上線當天，負責聯繫的窗口就收到品牌方抱怨，照片上手錶顯示的時間應該是5:10不是5:15，但他們不知道如何修改內文。而Instagram的團隊也坦白說，目前還沒有方法讓

用戶能修改內文,而且公司也沒辦法協助覆寫內容。這個錯誤就被保留下來,但報導Instagram廣告功能上線的媒體卻沒有注意到這件事。

· · · · · · · · · · · · · ·

　　為了要開展廣告的業務,Instagram不得不逃避一項難堪的事實:廣告代理商討厭臉書。泰迪·安德伍(Teddy Underwood)這名剛轉到Instagram負責推廣廣告服務的臉書早期員工,認為能銷售廣告的唯一方法就是讓Instagram的廣告系統跟臉書截然不同。他在跟大型廣告代理商開會時,會透過精心準備的投影片討論給人啟發的意義。他告訴他們Instagram是完全獨立經營,沒有介接臉書的廣告系統,也計畫與廣告商建立更良好的關係、提供效果更好的廣告,以配合受眾的品味與品牌的美感。

　　但儘管如此,他的身分卻有些詭異。名義上,Instagram的艾蜜莉·懷特是他唯一的主管。但臉書廣告業務的新任負責人凱洛琳·艾佛森(Carolyn Everson),卻也負責規畫廣告的策略。許多在Instagram負責業務與行銷的人,都像這樣擁有雙重的主管。祖克柏承諾要給Instagram的獨立自主,只包含產品跟工程端,但由雪柔·桑德伯格管理的行銷與業務端,臉書則開始會有更深程度的控制。

　　有一天,安德伍在會議室中透過視訊向艾佛森回報進度。在會議上他提案,要讓廣告主感覺Instagram的廣告能比臉書的還更有價值 —— 他也因此與四大廣告代理商之一談成一筆大生意。

「Omnicom承諾明年會在Instagram投入四千萬美元的廣告費，」他報告，「而我認為另一家大型的廣告代理商也有意願加入。」

但艾佛森的反應跟他預期的不一樣。後來他才發現，艾佛森一直想辦法要把廣告代理商找回臉書，她希望利用安德伍的成功，能幫助臉書廣告業務的整體發展。「Instagram現在顯然是廣告代理商很想要卻無法企及的新奇事物。」艾佛森從紐約透過視訊說道。她對於Instagram能迅速就談妥大筆交易很驚訝，也想要利用這一點。「我們的談判籌碼比想像的多。」

她要求安德伍回去跟廣告代理商談合作條件，若他們希望在Instagram投入四千萬美元的廣告，就得一併在臉書投放一億美元的廣告。安德伍拒絕這項提議，表示他很看重與廣告代理商的關係，也承諾給他們與臉書完全不同的新型態廣告。艾佛森則說，臉書的團隊會接手接下來的談判。事實上，她堅持Instagram未來的廣告不應該由不同的團隊進行銷售。安德伍在發現到自己於Instagram的工作，並不如設想能讓他重拾新創的感覺，也沒在這個職位上撐太久。而艾佛森也沒有得到她想要的條件，當Omnicom的合作案在2014年公布時，只僅限於Instagram。後來艾佛森也否認她曾要求對方投入更多金額。

· · · · · · · · · · · · · · · ·

堅決不自滿於霸主地位的臉書，在被新創包圍之下，即便他們羽翼未豐，仍總是想方設法要延伸優勢。他們要求Instagram減少主題標籤#vine的能見度，並且鼓勵知名用戶別在平台上顯示Snapchat的用戶名稱。而且即便在他們沒辦法像

對Instagram這樣掌控競爭時，他們也會不斷研究 —— 詳細地研究。

在2013年，臉書收購了名為Onavo的工具。這次收購案沒有引起太多騷動，因為這並非很吸睛的消費端產品，而是名為「虛擬私人網路」（virtual private network，縮寫為VPN）的古怪玩意，這個由以色列工程師開發的工具，讓人們能夠自由地上網，讓政府無法監視使用者的行為，也避開防火牆的阻擋。

對臉書而言，這次收購非常關鍵。因為當人們逃避政府監視的同時，卻也在無形中提供臉書加強競爭力的情報。一旦臉書買下這間提供VPN的公司，他們可以檢視所有利用此服務的網絡流量，並從中進行推測。他們不僅能知道人們使用了哪些應用程式，還能知道他們使用應用程式的時間，甚至能知道他們在使用應用程式的哪一項功能 —— 所以，舉例來說，他們就能知道相較於Snapchat的其他功能，Snapchat的限時動態是否更受歡迎。這工具幫助他們能比媒體更早掌握到正在崛起的競爭者對手。

這些資料也開放給臉書員工能輕易存取，並彙整到給主管跟成長團隊的定期報告中，因此人人都能夠密切掌握競爭對手的動態。於祖克柏與Snapchat的創辦人們碰面的幾個月後，當《華爾街日報》率先披露臉書要以三十億美元收購Snapchat時，艾蜜莉・懷特就立刻先查看相關資料。而當她在手機上接到獵人頭公司傳來咄咄逼人的訊息時，她也先想到此。

那名獵人頭告訴懷特，他有個千載難逢的營運長缺額想找她，若她不立刻回電，他也不會再與她聯繫。

「聽著，」她跟對方接上線時說道，「我希望能在未來請你幫忙，但也許是五年後，不是現在。」

但她掛上電話後，她仍想著對方說的話。這名獵人頭提到這是家快速成長、顧客導向的新創，而且不是位於北加州。懷特突然理解她完全知道他講的是哪一間公司，而且對此開始有點興奮。

她至今的職涯幾乎都待在雪柔・桑德伯格的麾下，先是在谷歌，後來在臉書。而她在Instagram任職的時間，有一半都在處理公司內部的政治，她也好奇若離開桑德伯格的影響範圍，自己的能力到底有多少。但她並不想要跳槽加入臉書的競爭對手。

但Onavo的資料顯示，Snapchat跟Instagram的應用程式使用量其實並非相互競爭而是呈正相關：如果有人會用Instagram，那他更有可能也有用Snapchat。懷特認為這或許是因為史皮格的新創填補了社群媒體的一個空缺，創造出一塊空間讓人們放輕鬆，補足這項Instagram無法提供給用戶的體驗。

她找她先生討論。「不願冒險的人，為敢於冒險的人賣命。」他跟她說。她也回電給獵人頭，表示自己對這職缺有興趣。

. . . .

這些資料並沒有提供懷特這場競爭的全貌。事實上，Snapchat已經演變成為Instagram創業至今，最具威脅的對手。Snapchat的「限時動態」功能才剛上線，與私訊相比，這功能把內容分享給更多人看到。而Instagram才正準備要推出

私訊功能，也是他們首次嘗試開發這種只能傳送貼文給一個人，而非分享到動態的工具。

當懷特離職並接下Snapchat營運長的職位時，也讓斯特羅姆的信心大受打擊。在過去這段期間，他曾跟她一起腦力激盪、旅行，並在她的引導下規畫商業模式。但現在他在某種程度上，開始對自己的決策有所質疑而無法思考，尤其是關於他應該相信誰。多數由懷特找來Instagram的人都是前臉書員工，而在她離開之後的一段時間，斯特羅姆也停止舉辦與員工的問答會議。而且有好幾個月，他開始會上班遲到，甚至停止一部分的招聘計畫。

祖克柏也面對著自己的擔憂。懷特的離去並不讓他掛心，他擔心的事情一直以來都是臉書要如何持續保持霸主地位，抵抗脫離主流的命運。臉書準備要邁入公司成立的第十個年頭，而全球近半數能上網的人口都有使用這產品。如果不計入封鎖臉書的中國，那這比例還會提高許多。所以，假設他們持續運作到讓更大比例的人口加入臉書，那接下來呢？如果臉書接下來不斷遇到像Snapchat這樣收購失敗的情況、如果他們沒能買下更多像Instagram的新創，那他們還能怎麼成長？

首先，他試圖讓員工在臉書內部，開發出更多更有趣的臉書競爭對手。他沒辦法只仰賴Onavo蒐集到的情報，及早察覺即將竄紅的產品，甚至也不能假設自己能夠收購這些新創。臉書也需要靠自己的力量，試圖開發出下一個Snapchat、下一個Vine。在2013年的12月，臉書舉辦了為期三天的黑客松——一場專為開發新點子而生的活動——並啟動一項名為「創意實驗室」（Creative Labs）的全新計畫，也就是公司內部的新

創加速器。大約有四十個點子從這場黑客松誕生，而其中最成功的就是 Poke，但這功能最終也沒能存活。

第二，祖克柏發起了一項計畫要讓更多人能上網，這些人也是臉書未來的潛在用戶。他在臉書設立名為 Internet.org 的部門，乍聽像是個非營利組織；這部門負責讓世界上的偏遠地區能連上網路，無論是透過無人機、雷射或各種團隊能想得到的方式。

第三，祖克柏理解到他還有另一項祕密武器：斯特羅姆這號人物。就像是 Instagram 的廣告能讓臉書有機會與廣告代理商修復關係，Instagram 在臉書內保持獨立的樣貌，也能幫助臉書說服在猶豫是否加入臉書的其他創辦人。斯特羅姆過著讓臉書想拉攏的其他創辦人稱羨的生活，而對於那些跟 2012 年的斯特羅姆處在類似處境的人 —— 雖然產品很受歡迎，但缺乏明確或已知的商業模式 —— 祖克柏能讓他們持續經營公司並保有執行長的頭銜，卻不用煩惱經濟壓力，而臉書也能提供各種網路與設備的支援。

在收購 Snapchat 失敗之後，祖克柏請斯特羅姆協助以收購下一間他想要追求的公司：WhatsApp，這款通訊軟體在全世界擁有四‧五億名月活躍用戶。根據 Onavo 蒐集到的資料，這款應用程式特別在許多臉書仍未占優勢的國家發展活躍。

斯特羅姆也很盡責地幫助祖克柏宣傳公司的願景。在 2014 上半年，他跟 WhatsApp 的執行長詹‧孔姆（Jan Koum）在舊金山的日本威士忌酒館（Nihon Whisky Lounge）共進壽司晚宴。斯特羅姆向他保證臉書會是個好的夥伴，不大可能摧毀讓 WhatsApp 獨一無二的地方。

　　孔姆是出了名地不信任他人，因為他在蘇聯監視下的烏克蘭長大。他所開發的應用程式提供端到端的加密，所以人們的聊天記錄無法被任何人讀取 —— 即便是警察或是他的公司。他向用戶承諾WhatsApp「沒有廣告、沒有遊戲、沒有噱頭」，是款每年付一美元就能使用的工具。這麼看來，WhatsApp不大可能加入臉書，因為臉書會監控用戶以強化廣告的推動。

　　斯特羅姆費盡全力說服孔姆，臉書對獨立的承諾是真心的。孔姆跟他的共同創辦人布萊恩·艾克頓（Brian Acton）能夠在這家靠廣告賺錢的社群網站裡仍保有自己的價值。

　　但比起斯特羅姆的遊說，金錢或許更能說服孔姆。當收購的結果公布時，所有Instagram的員工都再度感到震驚。本次收購金額是驚人的一百九十億美元。此外，孔姆更獲得臉書董事會的席次，WhatsApp甚至能留在位於山景城的辦公室辦公，且大約五十名的員工都變得十分富有。

　　經過Snapchat以及這回收購案之後，突然沒有人質疑Instagram對臉書到底值不值十億美元。反倒是斯特羅姆不斷被問到 —— 不管是被媒體、業界人士甚至任何人 —— 他是不是太早把公司賣掉了？

第七章

新名人階級

市面上有很多產品都具代表性。譬如可口可樂。但是 不只具有代表性，它更成為了一種現象。

　　　　　　　── 蓋・歐瑟利，瑪丹娜跟 U2 樂隊的經紀人

在 2012 下半年，查爾斯・波奇（Charles Porch）前去拜訪馬克・祖克柏的姊姊蘭迪・祖克柏（Randi Zuckerberg）。

波奇這位負責管理臉書與頂級名流關係的人士，需要一些職涯的建議。他是否該試著加入剛搬進臉書總部的車庫空間、規模尚不大的 Instagram 團隊？Instagram 當時只有八千名註冊用戶，而臉書則有十億名用戶。但他已經感受得到，Instagram 可能會成為流行文化在網路上的重鎮。

當他們在她位於洛斯奧圖斯、占地六千平方英尺的家的草地後院上喝著紅酒休息時，這個問題也勾起了過去的挫折。

蘭迪・祖克柏是臉書最早期的員工之一，但自從 2009 年起，當美國總統巴拉克・歐巴馬的辦公室決定讓推特成為他與美國國民溝通的主要管道之一，她就不禁好奇臉書是否有可能在全世界扮演類似的角色。她的弟弟的網站有沒有可能成為名人、音樂家，甚至總統與群眾溝通時，率先採用的平台？做為顧客行銷部的主管，她除了既定的權責範圍之外，還發展出一套鼓勵名人多發文的策略。

蘭迪・祖克柏是名身高五呎五吋（約 165.1 公分）的黑髮女子，跟祖克柏機器人般的性格不同，她的個性十分奔放且古怪。她家的餐廳有著紫色的壁紙，上頭有大紅唇印點綴，而餐桌則圍繞著不同大小與風格的椅子。她很喜歡公開演講，曾夢想著長大要成為一名歌劇歌手。

她是在 2010 年，把波奇從 Ning 這間為名人的粉絲創造微社群網站的公司挖角到臉書。波奇的臉色白皙、微禿且門牙間有縫，其舉止十分討喜，且他腦中彷彿有一本記載著名人的姓名、臉孔和相互關係的百科全書。早在「網紅」成為家喻戶曉

的詞彙之前，他就很清楚若希望讓臉書的新功能能被所有名媛太太使用的話，必須跟誰在洛杉磯吃午餐。

祖克柏跟波奇一齊實驗能夠讓公眾人物在臉書上亮相的各種做法，甚至在祖克柏懷第一胎時，仍搭飛機造訪數十座城市。如果U2樂團主唱波諾（Bono）在世界經濟論壇（World Economic Forum）期間用臉書做直播，能吸引到觀眾嗎？或者若《CNN新聞網》的主播克莉絲蒂納・阿曼波爾（Christiane Amanpour）做一支關於阿拉伯之春的影片？也許他們應該代表臉書出席金球獎？或者跟歌手凱蒂・佩芮（Katy Perry）一起直播？

上述的方法他們都嘗試過，但臉書的員工卻覺得這些舉動，只不過是無關緊要的特權 —— 執行長的姊姊用公司的錢去跟名人攀關係。畢竟在這間推崇工程師文化的公司，尚不清楚這樣的合作關係如何對成長有直接的助益。

受到祖克柏的姓氏給誘惑，許多名人願意跟她碰面。但因為名人們被臉書以及粉絲專頁的機制、讚、演算法以及推廣貼文搞得不知所措 —— 所以他們傾向另找專人來管理帳號。

有一回，搖滾樂團聯合公園（Linkin Park）的成員承認他們不清楚自己能否在臉書上傳他們自己音樂的影片，因為他們不知道誰有權管理他們的粉絲專頁。另一個案例則是本名是威廉・亞當斯（William Adams）的黑眼豆豆（Black Eyed Peas）團員will.i.am，他在跟蘭迪・祖克柏和波奇開會的時候突然站了起來，並拿著手機在會議室裡走來走去，邊玩著遊戲邊聽著他們繼續做簡報。**我們是在往死胡同裡走。**

她在臉書任職六年後，於首次公開募股前離開公司。波奇

持續推展業務，帶著像是蕾哈娜（Rihanna）這樣的巨星導覽臉書的總部，但未能產生聲量。人們上臉書是為了和朋友和家人聊天與分享連結，而不是用來追隨名人。

把時間拉回到2012年的洛斯奧圖斯草地上，他們在小酌幾杯後合力找出解答：波奇應該去Instagram發展。雖然許多她弟弟的員工對她有所懷疑，但她對名人的策略是正確的，而且名人的加入或許能幫助臉書鞏固在流行文化的地位。

已經有跡象指出在Instagram使用這套策略將如虎添翼。正在使用Instagram的明星都親自管理自己的帳號，而非外聘團隊負責。而且在這個網絡上，不僅沒有臉書上難用的粉絲專頁，也不需要跟推特一樣寫一百四十字內的精簡貼文。名人可以輕易地貼出方形的照片，就能立即觸及到他們想要接觸的所有人。

而且祖克柏的做法其實比他們想像的還更有效。Instagram已經不再跟以前一樣，只是攝影師和藝術家分享創意的地方。Instagram將變身成為塑造公眾形象並能藉此獲利的工具，而且不僅限於知名人士，而是人人都能使用。每個Instagram帳號都有機會不僅成為看見他人生活經驗的一扇窗 —— 這是創辦人們原先的設想 —— 也能當作自媒體般營運。這個轉變將催生出影響力的經濟，把所有相互連結的Instagram活動視為核心，他們將踏入臉書跟推特尚未涉足的新領域。

為了抵達那塊無人涉足的領域，波奇開始在暗中影響著有潛力的網紅，手把手進行教學，邊喝著一杯又一杯的葡萄酒邊制定戰略。

　　波奇這名男同志，他的母親是法國人，父親則是美國人，因為他們家會時常來往兩地，他也精通法語跟英語。而且因為姊姊有障礙而無法說話溝通，他非常懂得察言觀色。從教授軍事史的父親身上，他吸收有關策略的知識。因為在家裡沒有網路，所以他們家很愛聽古典樂。更令人吃驚的是，雖然他後來在好萊塢闖蕩，但曾經他對流行文化一知半解。他也在紐澤西州普林斯頓的一所合唱學校度過很緊湊的三年。

　　他在蒙特婁的麥基爾大學（McGill University）主修國際發展，想像自己將成為一名外交官。但他後來又重回音樂的懷抱——雖然跟他成長時聽的音樂截然不同。他在2013年搬到洛杉磯，並在Craiglist上找到在華納兄弟唱片（Warner Bros. Records）實習的機會，他的工作任務是要想盡方法在網路留言版上為新專輯炒作話題，其中包含瑪丹娜、嗆辣紅椒樂團（Red Hot Chili Peppers）與尼爾‧楊（Neil Young）。

　　其中一位華納唱片的助理是艾琳‧佛斯特（Erin Foster），她的父親是加拿大籍製作人、詞曲創作者大衛‧佛斯特（David Foster），他曾幫賈許‧葛洛班（Josh Groban）、麥可‧布雷（Michael Bublé）製作過專輯。因為父親的關係，她沒被交辦太多工作。甚至出於無聊，她會一直約波奇偷溜到對街的星巴克。他為了留下好的實習印象，通常會拒絕她，但隨著時間發展，他們的關係日漸緊密，最終成為好友。

　　佛斯特一家人跟好萊塢有很緊密的連結，不僅透過製作音樂，也因為大衛‧佛斯特的其中一段婚姻與卡戴珊–詹娜家族

搭上線。佛斯特一家就彷彿成為波奇的第二個家，但跟居住六個小時車程遠的北方濱海小鎮的原生家庭相比，根本是完全不同的世界。

「當我帶他跟我身邊的人見面，無論是名人或是世家大族，查爾斯卻不曾感到驚嚇。」佛斯特回憶道。換過數任渣男男友，她的私人生活非常戲劇性，也很仰賴波奇帶給她的穩定感。「他讓人們感到愜意，因為他是個愜意的人。我也覺得他光靠直覺就知道人們的需求與欲望。」

接下來的幾年，波奇從在華納唱片跟Ning任職，以及與福斯特的朋友來往的經驗裡發現，若想與名人建立信任關係，很重要的一點是幫助他們搞懂令人困惑的數位新玩意 —— 而非展示產品。他會跟柔伊·黛絲香奈（Zooey Deschanel）、潔西卡·艾巴（Jessica Alba）和哈利·史戴爾斯（Harry Styles）討論在線上組織粉絲，即便那並非他的工作，也還沒有人在做類似的事。接著在Ning任職時，他在聽完人們想要達成的目標後，會幫助很多明星在推特註冊帳號，儘管他並非推特的員工。

當他到臉書工作時，波奇發展出一套能吸引公眾人物加入社群網站的理論。他會找到方法以個人的名義直接與名人們討論他們的目標，而非透過唱片公司或經紀人。他知道如何讓他們的線上貼文看起來很自然且親密。如果名人能揭露一些他們私密的想法與經驗，就能跟粉絲建立連結。這種線上討論讓名人能夠控制自己的形象，加深與粉絲間的連結，進而提升商業潛力。

．．．．．．．．．．．．．．．

　　在跟蘭迪・祖克柏談完的幾天後，查爾斯・波奇走到凱文・斯特羅姆的桌邊並解釋他的計畫。他會去找推特跟YouTube的知名用戶，試著讓他們轉來Instagram分享照片。同時他也會確保在Instagram土生土長的明星 —— 那些藉著推薦用戶名單或其他方式茁壯的使用者 —— 能從公司得到更直接的支援。

　　波奇已有一份願望清單，列出他希望最終能在Instagram開設帳號的名人，包含歐普拉（Oprah Winfrey）跟麥莉・希拉（Miley Cyrus）。一旦明星們知道Instagram的用途，他們的觀眾也會跟著一起加入，就像當年粉絲跟著席琳娜和小賈斯汀加入Instagram一樣。接著更多的明星會跟著業界龍頭來到這平台，並吸引到更多粉絲加入，然後持續下去。公眾人物需要Instagram，Instagram也需要他們 —— 或至少，他們是這樣提案的。

　　斯特羅姆之前沒聽過波奇這號人物，也為他的熱情感到非常驚喜。這位執行長一開始對名人加入Instagram持保留態度，認為自己的應用程式是讓人們體驗跟欣賞事物，而非做自我宣傳。但他確實理解到，隨著社群的人口增長，公司也得隨之進化，如果這已成為不可逆的發展，那Instagram也不該置身事外。他總是很欽佩把事情做到極致的專家，無論是知名主廚或是電音DJ。雖然他對主流的流行文化沒那麼理解，但波奇能助他一臂之力。

　　斯特羅姆跟商務部門的負責人艾咪・柯爾，早已隨時待命

要服務一些大名鼎鼎的人物，包含勒布朗‧詹姆士（LeBron James）跟泰勒絲，他們當然希望能有人接手這些工作。只要名人的貼文不要廣告味太重，Instagram 的用戶也能因而看到前所未見的世界，就像 Instagram 過去帶著用戶欣賞麋鹿農和拿鐵拉花藝術家的幕後故事一樣。名人就像 Instagram 一樣管理著自己的社群，而且還能帶著粉絲加入 Instagram。

波奇心想，若要找出 Instagram 上的視覺文化和主流文化之間的交叉點，那時尚社群會是個關鍵。時尚部落客和模特兒在 Instagram 都有帳號，所以 Instagram 只需要說服像安娜‧溫圖（Anna Wintour）等時尚圈的大老認真看待這些用戶。一旦成功把時尚圈拉入 Instagram，在好萊塢赫赫有名的人物也會跟著加入。然後是音樂人，以及運動明星。「所有面向大眾的產業都是相互連結的。」他解釋。

波奇首先在 2013 年 2 月的紐約時裝週（New York Fashion Week）進行測試計畫。在活動開始的前一晚，他在林肯中心（Lincoln Center）的活動帳篷中擺設了兩個螢幕，並用木造的小型 Instagram Logo 做為標誌，讓 Instagram 能藉此在活動亮相。一旦人們在那邊拍照，就會顯示在螢幕上。

我真心希望艾咪‧柯爾會喜歡這點子，波奇心想，他察覺到 Instagram 的人對於他們品牌帶給人的形象與感覺，有很明確的願景。

隔天，當他抵達帳棚時，他看到一群人聚在 Instagram 的擺設旁，很興奮地看著自己的照片即時顯示在螢幕上。專屬活動的攝影棚，在當時還是個新鮮的事物。模特兒、設計師和部落客似乎都一樣很願意參與這場 Instagram 品牌的體驗活動。

　　就在那一刻，波奇知道自己正在做一件大事，只要自己施一些力並與合適的人攜手合作，就會自然而然地蔚為風潮。他的策略是先找出引領潮流的人並與之合作；他知道若這麼做，他們Instagram的成功會為其他人帶來同儕壓力。

　　為了要讓計畫成功，他必須讓這些關鍵人物知道誰是Instagram的負責人並信任他。他們需要覺得支持自己的是他們喜歡的人，而且他能解決他們的問題，因而感覺不那麼麻煩。波奇該慶幸的是，不像馬克・祖克柏，斯特羅姆願意把跟名人打交道視為首要任務。

· · · · · · · · · · · · · · ·

　　斯特羅姆跟波奇在2013年第一次去洛杉磯出差時，帶著新功能要來取悅名人：驗證。Instagram很無恥地抄襲推特的功能，在帳號旁有藍色勾勾徽章的人，就是證明過帳號的持有者確實就是本人。驗證徽章一開始是用來避免假冒身分，但很快地就演變成身分的象徵。如果能被推特驗證身分，就代表你有一定名氣會讓人們想要假冒身分。

　　在當時，如果你想要獲得Instagram的驗證，唯一的方法就是你有認識在Instagram工作的人。就像臉書跟推特一樣，Instagram並沒有提供客服系統或是聯絡電話，讓人更有動力想要認識在那些公司工作的真人。這麼一來，獲得驗證的徽章就變得很特別，並給人一種彷彿貼文獲得Instagram認可的印象 —— 儘管這並非Instagram的本意。

　　演員艾希頓・庫奇和瑪丹娜的經紀人蓋・歐瑟利，在2011年拜訪Instagram並表達投資意願之後，一直都有跟斯特羅姆

保持聯繫。也是那一年，斯特羅姆從燃燒的小屋中拯救了庫奇和他的滑雪夥伴。現在，這段關係對這兩人的其他朋友已經變得價值連城。所以庫奇和歐瑟利也同意在歐瑟利位於比佛利山莊的豪宅的室外庭院中為 Instagram 舉辦一場派對，邀請數十位有興趣跟斯特羅姆碰面的人與會，其中包含哈利·史戴爾斯和強納斯兄弟（Jonas Brothers）。與會嘉賓多數都沒帶著經紀人同行，Instagram 也主動提供飲品和開胃菜。某一刻，斯特羅姆拿起餐具「叮、叮、叮」敲著玻璃杯，並介紹自己是 Instagram 的執行長，波奇則站在他一旁。

接下來整晚，人們找上他並詢問自己為何要使用這個應用程式；而已經在用的人則分享自己的使用心得。有些人說 Instagram 讓他們能同時直接跟粉絲和朋友對話，其他人則提出對部分貼文中的仇恨言論感到擔憂。有些明星跟斯特羅姆交換聯絡方式，並保證若使用上遇到問題，或者有一些改進的建議時會再跟他聯絡。

音樂人很熟悉推銷自己，但電影明星就不必然。「要讓好萊塢對這產品的價值買單是非常困難的，」庫奇回想。「做為一名演員，不適合讓大家知道你真實的樣貌，因為這會讓他們更難代入你所演出的角色。」但庫奇認為在數位的年代，電影演員也免不了要揭開神祕的面紗，因為電影選角最終仍會受演員吸引觀眾進場的能力而左右，而像他一樣擁有推特追蹤者的人就很吃香。「在娛樂產業中總有一日，演藝人員的價值會受到他們銷售參與產品的能力而影響，這一點似乎很明確。」庫奇解釋。

一開始，斯特羅姆覺得在這些名人中自己格格不入；這感

覺讓他想起了他在米德爾薩克斯寄宿學校的日子：他的同儕都擁有遊艇和夏日小屋，或者他們的家族曾被媒體報導。但隨著他問了許多問題、聆聽他們的故事並得知他們的不安全感，他也理解到派對裡的每個人，都只是試圖要在崗位上持續精進，而他們能協助彼此。

Instagram鼓勵名人用這應用程式記錄下他們在日常生活的所見，從狗仔隊手上奪回權力並控制自己的話語權。但明星在Instagram貼文需要拿捏好平衡，而不是跟狗仔隊做一樣的事情：如果名人在登入後只張貼新專輯或新電影的消息，粉絲們只會認為他們在做宣傳。如果他們張貼分享日常生活的原生內容，製造親民的形象，那麼粉絲就更有可能為他們在商業上的成功加油打氣。

明星以前很習慣收費並提供照片給名人雜誌刊登。但Instagram不會付錢給任何人——至少不是直接付錢。波奇表示，他的團隊很樂意針對Instagram有關的計畫提供建議，只要聯絡得上他，就都能獲得免費的顧問服務。**如果你不打算做好Instagram，那就別做了**，他會這般建議。訴諸情感能營造信任，以及引起好奇。（最終，名人會學到如何透過Instagram賺錢，但當時這個點子聽起來很不成熟。）

歐瑟利在派對上觀察著斯特羅姆，注意到他做事的方式不像在做生意。跟其他科技產業的人物相比，他十分隨和，比較像要跟人交朋友而非賣東西的業務員，很真誠地努力理解自己的產品能為知名用戶帶來什麼效果。很難去想像馬克·祖克柏會帶著他的特勤局（等同於隨扈加上公關隨行人員），參與這樣的派對並與人打成一片。

雖然斯特羅姆認真想置身名流文化中，但有時他仍對此一無所知。在派對中，一名留著黑髮的小個子女性向他解釋，雖然她熱愛使用Instagram，但覺得這對年輕人帶來壓力，因而在線上對彼此惡言相向。因為這位明星有廣大的粉絲人數，所以這產品的優劣都變得十分顯著。她會看到粉絲在照片的留言中被霸凌──Instagram對此仍無解方。

「請問妳是做什麼的？」斯特羅姆問，他六呎五吋的身軀居高臨下。她拿出手機向他顯示她的Instagram個人檔案，她是一名擁有八百萬粉絲的流行歌手，而她的名字是亞莉安娜・格蘭德（Ariana Grande）。

· · · · · · · · · · · · · · ·

有些名人不想仰賴Instagram的說詞來衡量這應用程式的價值，他們選擇自己研究，並跟同行中的早期採用者請教。卡戴珊–詹娜這個實況秀家庭的大家長與公司老闆克莉絲・詹娜，在2013、2014年間接到很多上流社會朋友的電話，他們想知道為什麼他的女兒們那麼在乎Instagram。

「很多人會認為，少掉某種程度的隱私和神祕感，人們會對他們失去興趣，」詹娜解釋。「對很多娛樂產業的人而言，他們唯一想分享的只有當他們接受正式採訪，或者在電視上有演出。」

因為卡戴珊–詹娜家庭已在電視上經常分享她們的生活，也就不會擔心在網路上分享。他們的實境秀在2007年首播，過幾年後，他們的製作人萊恩・希克雷斯特（Ryan Seacrest）打給詹娜並建議讓她最知名的女兒金・卡戴珊在推特上跟粉絲

說話。她也照做了，並理解到各種做法的成效，接著傳授給其他家族成員。

在2012年，金・卡戴珊加入Instagram，希望將她在推特的成功複製到新的市場上。她的觀眾很高興能有機會追蹤更多螢幕以外的事情，並更常見到她很知名但也具爭議性的凹凸有致的身影。隨著家族成員們積累了數百萬名粉絲，Instagram也成為她們主要的行銷工具，因為圖片具備更即時、親近的效果，也讓推特的重要性黯然失色。

當波奇和斯特羅姆出沒在好萊塢的各大現場，向使用Instagram的明星保證他們能掌握自己的形象時，他們不會跟明星們提到Instagram有潛力能透過張貼品牌或產品的資訊帶來額外的收入。但是金・卡戴珊知道有哪些可能性。

卡戴珊從她於2000年初結交的名媛好友芭黎絲・希爾頓（Paris Hilton）身上學到如何透過攝影來打造自我品牌。希爾頓則是從她當時的經紀人傑森・摩爾（Jason Moore）學來的，他在尚無Instagram的年代，就設計出一套複雜的系統來操弄媒體。摩爾開創出一個新的觀念，就是人們能透過**因有名而成名（famous for being famous）**，並無恥地藉此為核心發展事業，

在實境秀《拜金女新體驗》（The Simple Life）中，希爾頓扮演一個金髮富家傻妹的角色 —— 在數年過後，她表示這個人物設定，有部分是製作人創造出來的。但不管怎麼說，她很樂意配合這套計畫並把整個世界（不僅限於《拜金女新體驗》節目中）成為她的舞台。外流的色情影片讓她一舉登上新聞頭條，她也就一直待在鎂光燈的焦點中。摩爾會向狗仔隊提

供希爾頓在何時何地出沒的小道消息，並跟信任的攝影師打好關係，助長了因網路部落格的崛起而誕生，二十四小時輪播的八卦新聞。新的新聞網站像是《PerezHilton》、《TMZ》也因為希爾頓的戲碼而受惠。

當摩爾看到希爾頓時，他看到一個能把人塑造成品牌的機會——這種新型態的品牌，不同於歐普拉的媒體帝國或歐森雙胞胎姐妹以周邊商品為核心的演藝生涯。就讀大學時，他曾花上一學期研究美泰兒（Mattel）的芭比娃娃成功的因素。「我開始在想，如果芭比能走動跟拉屎，那她會變成什麼樣子？」摩爾回想。「她的個人品牌會是什麼？因為現在芭比已成為一種生活風格，她是一名生活光鮮亮麗的女性，住在好房子裡，擁有漂亮的配件。這為何會吸引美國與全世界年輕人的目光？」

摩爾嘗試把希爾頓做的每件事都變成能賺錢的生意，甚至把希爾頓在節目中的口頭禪「好辣」（That's Hot!）註冊為商標，這樣才能放在T恤上。希爾頓有自己的香水與服飾的生產線，以及慈善計畫：她已經把「因有名而成名」變成一種新型態的創業。在還沒有社群媒體跟iPhone的年代，為了要能呈現出粉絲的熱情，摩爾會帶著自己的手持攝錄影機（camcorder）跟著希爾頓環遊世界，每當她造訪新的城市或發表新產品就會拍攝成錄影帶，如此一來才能剪接出影片呈現給潛在的商業夥伴。在看到希爾頓跟她的熱情粉絲後，品牌商也理解與她聯名企畫的價值在哪。

因為希爾頓很有錢，所以當他們真的得控制與她相關的消息時，他們就會用錢打通。摩爾會付錢請狗仔戴上綠色圍

巾，希爾頓就會知道當她走出家門、夜店甚至監獄時，要看哪一顆鏡頭。接著摩爾會匿名把照片賣給八卦網站。「然後雜誌社就會來找我們詢問回覆——從頭到尾他們都不知道是我們搞的鬼，」摩爾解釋。「狗仔隊本質上就像是芭黎絲每天發的Instagram貼文，而實境秀就是每週的限時動態。」

與此同時，克莉絲・詹娜理解到成名最快的方式就是跟更多名人相互連結（這個概念後來也幫助詹娜將與他們家合作的化妝師與體能訓練師，變成在Instagram上的迷你明星）。所以在2006年，在《與卡戴珊一家同行》上映之前，她打給摩爾詢問能不能讓希爾頓跟金・卡戴珊常常一起現身，因為她的女兒想要打造一個名為Dash的服裝事業。摩爾心想，卡戴珊留著更為蜷曲的黑髮，能吸引到完全不同的客群。他跟詹娜說這沒問題。

希爾頓透過謹慎控制照片與影片，以助長她的事業。所以當像是YouTube和iTunes等數位平台來詢問合作機會，希望能免費介紹希爾頓的影片和音樂時，摩爾拒絕了他們。「我們過去每張照片都能收入數百或數千美元，」他解釋。「為什麼我們要免費做這件事？」

但在推特推出之時，詹娜和卡戴珊還只是初露鋒芒的名人，沒辦法透過外流照片賺多少錢。他們明白自己能在社群網站上創造更大筆的生意，只要跟希爾頓一樣，打造出專屬自己的生活品牌，接著向這些觀眾販售廣告，只不過摩爾是親力親為。

他們不用外流照片給媒體、付錢給狗仔隊或者製作宣傳影帶給品牌商，只要自己在Instagram發布照片，就會被可能比

大眾文化雜誌的讀者還廣大的群眾看到。在未來，因為產品跟名氣息息相關，他們就能在開發出要賣給粉絲的產品之前，就能先得知粉絲想要買什麼產品。金‧卡戴珊會問她的粉絲香水瓶該是什麼顏色，並透過票選功能能得到答案。

但多數未使用Instagram的名人，大多看不見這股力量。詹娜記得一次和某位大牌名人的談話中，他就跟參加歐瑟瑞派對的某些人一樣，詢問擁有線上粉絲的意義何在。但詹娜清楚，「當然，能夠成為目前Instagram上社群力量的一員很有趣，但同時如果當你**確實**擁有大批粉絲，並你**確實**希望把賣產品給粉絲變成一樁生意的話，其實有很多觀眾都心甘情願等著你來賺他們的錢。」

卡戴珊一家人會跟品牌商收取高額費用，把產品置入到貼文中，而且就像史努比狗狗在2011年一樣，都沒有提到他們這樣做是否有收錢。而在未揭露商業動機的前提下，讓貼文看起來比較像是實用的點子而非廣告 —— 而美國的主管機關很慢才對這做法有所應對。

因為消費者的消費習慣更容易因為朋友或家人的推薦而影響，而非廣告或評論，因此這種隱晦的付費廣告就很有效果。卡戴珊一家人先是透過電視，然後透過Instagram創造出一群很值錢的粉絲，並且能讓粉絲感覺他們一家人比較像是朋友，而非賣產品給他們並獲利的業務。他們在Instagram為產品背書的成效驚人，每次他們推薦的產品，都會快速完售 —— 無論是化妝品、服飾、或是名聲不佳的保健產品，譬如他們推出的瘦身茶和名為「腰部訓練員」（waist trainers）的現代版束腰。卡戴珊在Instagram上的帝國，就像是1990年代的歐普拉

讀書俱樂部，但注入了超大量的矽膠。

　　像卡戴珊一家人這樣的網紅，幫著品牌商避開電子商務的陷阱。隨著亞馬遜等網站的崛起，無論消費者想買什麼都擁有很多選擇，在實際購買之前，他們會花點時間閱讀評論或者尋找最優惠的價格。在Instagram上那些與品牌合作的貼文，卻很難得地能讓消費者立刻做出決定，因為有了他們信任的人的背書，他們會覺得自己做出了明智的決定，即便是買下像「腰部訓練員」這樣有問題的產品。

　　時至今日，金‧卡戴珊‧威斯特擁有一‧五七億名粉絲，每則貼文能賺進約一百萬美元。芭黎絲‧希爾頓最後也加入Instagram，目前擁有一千一百萬名粉絲。波奇現在在洛杉磯有專職的員工，負責回覆像卡戴珊一家等名人的需求，直接解決問題，而非像多數用戶一樣得自力救濟。

· · · · · · · · · · · · · ·

　　多年之後，隨著有上百萬人在Instagram累積足夠名氣，並得到品牌贊助張貼內容時，瀏覽著這些Instagram菁英的帳號，會開始覺得彷彿置身平行時空，在那裡所有生活中不好的事，都能靠消費獲得治癒。有些未成氣候的人會假裝自己很容易受影響，這樣一來他們就能販賣他們假裝喜歡的產品，並支撐他們過著一個假裝很真實的生活態度。一連串令人渴望的品牌合作貼文，會讓大眾厭惡起自己平凡的人生。這個效應讓許多早期的Instagram成員十分沮喪，他們原本希望能打造出一個以藝術欣賞與創意為核心的社群，但卻覺得自己建了一座購物中心。

　　但直到有足夠多的Instagram用戶成名之後，大家才開始擔心Instagram會走向這樣的未來。若回到2013年，讓人們有機會在Instagram上營造自己的粉絲似乎是件很美好且很有影響力的事情。Instagram不專屬於名人 —— 而是為了眾人而生。員工們也視此應用程式為民主化的力量，讓普通人能繞過一般社群的守門人，並基於他們在Instagram追蹤的帳號，展示出值得一看的內容。但後來Instagram的粉絲數變成像是用來衡量品牌知名度的 Q score —— 不管他們是因為旅行照片、烘焙食品、陶藝品或者是健身課表而聞名的。

　　要在Instagram上獲取粉絲的方式跟在其他應用程式上不同。因為Instagram沒有分享的按鈕，人們沒辦法像在推特一樣因瘋傳的內容而成名。任何人都不能重新分享其他人張貼的內容。雖然新加入Instagram的員工，特別是來自臉書的新員工，會每隔一段時間就建議加上再分享的工具，以增加平台上的貼文數量，但都被斯特羅姆和克里格給回絕。因為許多人都希望有公開再分享的機制，甚至有企業打造出Regram和Repost等應用程式，試圖滿足用戶的需求，但這仍無法媲美程式內建的功能。雖然這樣讓人們難以受人注意，但某個程度上也讓人更容易打造個人品牌，因為貼文內容都是原創。這也是創辦人們所希望的。

　　但仍有一些方法能影響系統。譬如「熱門」的頁籤會顯示平台上正流行的影音。或者是主題標籤，人們能藉此探索其他尚未追蹤的帳號。因為Instagram不會讓內容因演算法而瘋傳，他們仍對誰能走紅握有一些控制權。

　　社群團隊所付出的努力，原本是希望能強調出有趣的內

容，並成為新加入平台用戶的典範，但這做法也有些副作用，像是迫使這些有趣的帳號成為眾人的焦點。團隊會人工挑選出要跟廣大Instagram社群分享的帳號，不只決定了**什麼**會在Instagram上蔚為風潮，更決定了**誰**能夠走紅。隨著產品的使用者增長，團隊的權力也相對擴張。

波奇認為要把握著社群團隊造神的能力。若Instagram想成為一個不只名人，而是所有人都能張貼照片，並且讓人們感到渴望的地方的話，就得顯得獨特，並具備原生的潮流跟個性。這就得靠Instagram自己支持新的明星，但不是直接透過金錢，而是讓他們受到關注並給予機會。

這麼一來，隨著越來越多人用他們的Instagram帳號吸引到觀眾，這其中最大的網紅就是Instagram本身。多數的Instagram用戶只是普通人，毫無人脈能找上大公司或名人協助在貼文中提及他們以提升在Instagram的能見度。但這些普通人能藉由Instagram的策展工具瞬間獲得提升：包含登上推薦用戶名單，以及比所有名人都擁有更多粉絲的@instagram帳號。

· · · · · · · · · · · · · · ·

社群團隊擅長尋找在特定領域中變得突出的用戶，像是時尚跟音樂。舉例來說，丹‧托菲就是負責尋找寵物類別的Instagram員工。他會一直開著一份記錄優秀寵物帳號的試算表，盡可能不帶偏見且保持公正。清單中涵括了貓、狗、兔子、蛇、鳥；有些是領養的，有些是昂貴的純種寵物；有些很不修邊幅，有些則細心打理。他會仔細瀏覽清單後，選出其中

一個成為「本週的毛小孩」，並在@instagram的頁面上展現這些帳號的精采表現，希望藉此激勵其他人。

撇開專業性不談，托菲最喜歡的是看起來有點傻、需要多點疼愛的動物。譬如失去後肢得仰賴小輪椅的山羊寶寶，或是舌頭永遠收不回來的貓。但他特別關注還是遭遇悲劇的狗。一隻長得古怪、由吉娃娃跟臘腸犬混種的狗吸引了他的注意，牠有著細長的鼻子以及一口暴牙。

狗的名字叫做鮪魚（Tuna），而他的主人康特妮·黛許兒（Courtney Dasher）是位室內設計師，她在2010年的農夫市集裡收養了沒有牙齒、待在特大號的運動服中發抖的牠。當黛許兒隔年加入Instagram，她決定要以鮪魚的樣貌而非自己的樣貌示人，並創辦一個名為@tunameltmyheart（鮪魚融化我的心）的帳號。這隻狗的帳號不僅觸及到她的家人跟朋友，也吸引了數千名的網友追蹤。但在2012年12月的某個週一晚上，這個帳號開始在世界各地獲得粉絲。

那天晚上，托菲在Instagram的部落格貼出三張鮪魚的照片之後，牠的追蹤人數在三十分鐘內從八千五百人躍升至一萬五千人，黛許兒下拉頁面並更新後，又跳到了一萬六千。隔天早上，鮪魚擁有三萬兩千名粉絲。黛許兒的電話也因為來自全世界的媒體詢問而響個不停。安德森·古伯（Anderson Cooper）的談話節目邀請她飛到華盛頓特區上節目；但她選擇用視訊，因為覺得請假一天不大可行。

而隨著出席邀約不斷湧入，她的朋友在她意識到這件事之前就提醒她：她必須辭去在洛杉磯太平洋設計中心（Pacific Design Center）的工作，全職經營她的狗的帳號。這聽起來

很荒謬，所以她請了一個月的假來測試這個理論。果然，BarkBox這間以訂閱制銷售寵物用品的公司，願意贊助黛許兒和她的朋友，帶著鮪魚進行八個城市的巡迴。

在不同城市裡，人們都來找她並哭著對她說，他們原本深陷在憂鬱跟焦慮之中，是鮪魚帶給他們快樂。「這是我第一次理解到，我的貼文對人們多有分量。」黛許兒後來回想。「而這也是我第一次理解到，我想要把這當正職。」她接下來就以管理鮪魚的名聲維生。

隸屬於企鵝蘭登書屋（Penguin Random House）旗下的出版社柏克萊（Berkley），跟她簽訂了出版合約，書名就叫做《鮪魚融化我的心：有著暴牙的敗犬》（*Tuna Melts My Heart: The Underdog with the Overbite*）。這本書接著帶來更多的品牌合作機會，還有把可愛的鮪魚做成填充娃娃或馬克杯等商品。在書的後記裡，她最感謝的就是鮪魚，但也感謝托菲分享她的貼文並改變她的一生。一名Instagram員工的個人喜好就直接為她帶來金錢上的成功，但同時也因為這隻狗的兩百萬名粉絲（其中包含亞莉安娜）的習慣。

· · · · · · · · · · · · · · ·

多數人並不認識形塑他們生涯的Instagram員工。瑪莉安·帕爾（Marion Payr）是在她的先生拉菲爾的推薦下加入Instagram，他是在2011年於雜誌上看到這款應用程式的介紹。她原本只用Instagram來分享旅遊的照片。這位年過三十的奧地利籍女性，在維也納的一家電視公司的行銷部負責行政作業，在這之前她沒有任何攝影經驗。2012年的某天，她

Instagram 崛起的內幕與代價

收到一封Instagram的系統信，通知她被選為推薦用戶。她的
@ladyvenom的粉絲從六百人暴增為上千人。

帕爾決定要享受這般小規模的名氣，跟清單中來自世界各
地的人都提出好友邀請，所有人一開始都很困惑，但多數都很
感激。很快地，她也加入當地的攝影散步之旅，並協助組織
InstaMeets，成為Instagram在她國家的志工大使，儘管她從未
遇過或接觸任何Instagram的員工。

到後來，她終於能辭職並全職投入在旅遊攝影中。她打造
一間小工作室，承接品牌端有關如何有策略地使用Instagram
的諮詢。當她的粉絲人數來到二十萬人時，大家都希望跟她一
樣能開發自己的觀眾。她被視為一名專家，很擅長在已有利可
圖的Instagram平台上吸引眾人的目光，但她始終不清楚自己
為何變得出名。

• • • • • • • • • • • • • •

雖然表面上看起來，被Instagram選作推薦都會帶來好的
結果，但並不是每個人都很享受這種突然之間得要取悅數千名
陌生人的感覺。一些被選上的人覺得要對新的觀眾負責，但沒
過多久因為壓力太大而停止更新。這就跟中樂透一樣：值得慶
祝但又心情複雜，而且沒辦法立刻找出變現的方式。

儘管如此，很多部落格仍想盡辦法要解碼出能被
Instagram推薦的方法，無論是透過@instagram帳號的貼文或
是推薦用戶名單。但其實沒什麼好解釋的，因為在Instagram
並不存在一套公式或演算法。跟臉書數據導向的決策相比，
Instagram上的策展是依照員工的個人品味所發展而成。

但Instagram能給你的，他們也能收回。人們會突然從推薦用戶名單中被踢除，舉例來說，或者在沒有警告或解釋之下，就因為違反曖昧的內容規範被取消帳號。有些人理解到，選擇在Instagram上發展生意，就意味著自己的未來得仰賴著別人的恩惠，但那些在加州門羅公園工作的一小群人，常在飛機上做出決定。唯一能避免大禍臨頭的方法，就是跟像是波奇和托菲這些Instagram的員工打好關係。就像臉書說的一樣，這種策略無法規模化。

Instagram的員工不喜歡平台的「熱門」頁面，這個由電腦所打造的喧囂之處，會顯示那些讚數和評論數高過平均的貼文。Instagram最後也把這個頁面給剟除了。缺乏人類品味的介入，這個頁面很容易被操弄，一如推特跟臉書那樣。那些想嘗試獲取觀眾的人知道何時是最適合發文的時段，譬如午餐時間、午後或者傍晚時分，因為人們最有可能在那時查看Instagram。一旦他們成功登上那個頁面，他們會得到更多的粉絲，讓他們的下一則貼文更有可能成功。人們追求著更高的指標，但在擁有足夠多的粉絲之前，他們不清楚能透過粉絲跟他們的注意力做什麼。

派格·海瑟薇（Paige Hathaway）是最早期受益於熱門頁面的人之一。在2012年，這名當時二十四歲的女性，開始在Instagram上貼照片，記錄下她健身的過程。她的身形纖細，留著一頭金髮，被在健身房認識的教練找來參加改變身形的競賽，要變得更有肌肉。

在健身房，人們很困惑地看著她滿身大汗，在鏡子前用手機拍照，彷彿健身是件很有魅力的事。但在Instagram上，

陌生人會覺得看著迷人女性的身材變得更有致很有意思。在2012年的夏天,她從一百磅增肌為一百二十磅,不僅提升力量,也提高她在競賽中獲獎的機會,最後她也獲得第二名。

更善於健身幫助她控制自己的生活與未來。海瑟薇的童年是在一個又一個的寄養家庭中渡過,接著她打很多份工,為了要從奧克拉荷馬大學畢業。她解釋,在她開始健身後,「她的信心來到前所未有的高度」。她後來成為健身教練,並持續發文,儘管她不再需要為了某場競賽而奮鬥。

海瑟薇不確定就長期而言,她想要走上哪種職涯,但她的貼文每隔幾週就會出現在Instagram的熱門頁面上。建立觀眾群給她帶來了機會,儘管她還不懂得主動尋求。「我收到許多公司找上門想要跟我合作,但我不知道這代表著什麼。」她記得。她後來決定擔任Shredz這間販售健身與減重的保養品的小公司的代言人,那時她只有大約八千名粉絲。當Instagram在2013年的夏天加入上傳影片的功能,這款應用程式也很適合用來展示健身動作。海瑟薇的粉絲數也一飛沖天突破百萬,而她的收入也直上雲霄。Shredz也跟著她一起茁壯,成為一間營收數百萬美元的公司。在健身房的鏡子前拍攝滿身大汗的照片上傳到Instagram,也成為健身族能接受的行為。

「我那時必須聘人幫忙,」海瑟薇在談到她暴漲的人氣時說。「前一兩年,我擁有整個團隊的協助,我招聘了管理團隊,有人幫忙與線上客戶互動,有人幫忙處理產品背書的事情,光靠我自己沒辦法管理這一切。」

她的成功也震驚了整個健身產業,也有人開始質疑什麼才是健身明星該有的模樣。海瑟薇獲得她的粉絲群 —— 以及眾

多傳統媒體的注意力——卻不曾花錢參與像是健身競賽等活動。在2014上半年，Shredz的執行長艾文・拉爾（Arvin Lal）曾為自己決定找海瑟薇而非職業健身參賽者做行銷的做法進行辯護：「誰能保證在台上的那個人，一定比擁有百萬名粉絲的人更懂健身、有更好的身材？派格或許是世界上最知名的女性健身明星。比起能接觸到台上的人們，能針對台下的人做行銷並進一步接觸反而比較重要。」

. . . .

　　許多產業正面臨相同的結構變化，並要克服類似的問題。如果有件事情在Instagram上變得很知名——無論是健身的方式、室內裝潢的潮流或者某種口味的餅乾——但真的會為現實生活帶來價值嗎？尋找甚至付費找IG名人為產品背書值得嗎？若在現實生活中已擁有流行的品牌，是否該嘗試讓它在Instagram也流行起來？

　　來自倫敦的Burberry，其創意總監克里斯多福・貝里（Christopher Bailey）會定期到矽谷一趟，藉此得到更多用來打造現代時尚品牌的點子。在新iPhone問世之前，舉例來說，Burberry就跟蘋果電腦合作，在高度保密協議之下，他們共同在2013年iPhone 5S的發表會中，展現出手機攝影的能耐。

　　某一趟矽谷之旅，在波奇於紐約時裝週的活動結束之後，貝里跟斯特羅姆見面，從他認為Instagram將成為許多幕後花絮源頭的這個願景中，獲得許多啟發。他開始注意到那些記錄街頭時尚的帳號，部分有拍到Burberry，也很震驚新的時尚流行很快地就出現在平台上，並受到知名帳號的討論。Instagram

的用戶對於Burberry行事曆上哪天露出紙本廣告毫不期待。貝里意識到，Burberry必須開始在Instagram發表自己的內容，在即將到來的產業轉型中拔得頭籌。

「我們很習慣曠日費時安排攝影以及照片的後製，然後在雜誌買廣告的傳統做法，」貝里解釋。「六或九個月後，才終於在雜誌上看到這些照片。但有了Instagram，事實上我們可以自聘攝影師和工作團隊，在幾分鐘內就能把照片上線，直接跟對我們品牌有興趣的人互動，這簡直不可思議。」

那年9月，在iPhone發表會的前後，Burberry邀請斯特羅姆與幾名Instagram員工參加倫敦的時裝秀。貝里猜想未來的時尚活動將不僅限於走秀跟時尚設計，也要把更廣大的群眾帶到現場——告訴他們穿這些設計服飾的是誰，誰也參加了活動，以及整場活動的體驗是否讓人印象深刻，並值得在Instagram追蹤。

因此在Burberry的伸展台上，他們改變自己過去製作時尚秀的方式，不僅首次播放背景音樂，並邀請非專業的攝影師，特別是在Instagram做街頭時尚的攝影師，用由蘋果電腦提供的新手機記錄下整場秀。這些業餘人士無需經過Burberry的嚴密審核就能貼出照片，而貝里要確保對此有質疑的人明白他為何要這麼做。他回憶道：「在這個產業中，很多人會嘲諷我們在Instagram上做的事情，甚至發表評論說奢侈品用戶不會用這種平台，因為Instagram太浮濫了。在這之前，時尚品牌有點神聖，並蒙著神祕的面紗。我們只會釋出精心設計的照片，展現出我們希望人們看到的那部分。」

這個轉變頗具風險。貝里花很多時間出席內部會議，解

釋主題標籤的運作機制，以及為什麼讓消費者的負評跟著正評一起出現在Burberry的Instagram頁面上並沒有關係。他認為，不管Burberry做為一個品牌在Instagram有沒有經營帳號，都免不了會出現在上頭，因為不管怎樣一般人都會利用#burberry的主題標籤討論品牌，因此，他們不妨加入其中。

貝里不需要為這個受Instagram所啟發的策略辯護太久，因為在伸展台活動的幾個月後，貝里的老闆，安潔拉・阿蘭特（Angela Ahrendts）離開Burberry並到蘋果電腦擔任高階主管。不久之後，貝里被拔擢為執行長。

· · · · · · · · · · · · · · ·

那年Burberry所使用的iPhone，包含了一項被Instagram所影響的軟體功能。這是第一次，iPhone提供拍攝方形照片的選項，人們可以直接把照片上傳到Instagram，無需經過調整或裁剪。蘋果電腦也直接在內建相機軟體中，提供自創的濾鏡。

但事實上，Instagram的成長毫不受到這個舉動影響，這或許也清楚地顯示出Instagram不再只是個把照片加濾鏡分享到其他平台的產品，甚至也不跟濾鏡有關聯。這產品的影響已從科技，擴散到文化與交友的層面，這要歸功於團隊在產品的初期的努力與規畫。

當斯特羅姆和波奇在2013年去倫敦出差 —— 這也是他們第一次出國推廣Instagram—— 他們同時從公眾人物和社群著力。他們不只參加Burberry的伸展台走秀，也參加主廚傑米・奧利佛所主辦的餐會。奧利佛是最早註冊Instagram的名人之

一，他早在臉書收購前就有Instagram帳號。當時，斯特羅姆被一名投資人介紹這位主廚認識，並很緊張地在晚宴上為他創辦帳號。

2013年，就像洛杉磯的奧斯瑞跟庫奇，奧利佛也能夠找來許多倫敦赫赫有名的明星，橫跨電影、音樂與運動圈。不僅女明星安娜・坎卓克（Anna Kendirck）出席這場活動，還有滾石樂團（Rolling Stones）的成員和自行車選手克里斯・佛姆（Chris Froome）。同一天晚上，Instagram在倫敦的國家肖像館（National Portrait Gallery）舉辦InstaMeets，找來一些雖不有名，但在社群很有影響力的用戶。一如往常地，斯特羅姆會接受提問、蒐集意見並與人聯繫。

斯特羅姆跟波奇這一次出差的行程，後來也成為固定的樣板。他們每次出差會安排至少一次與名人們共進餐點、一場給一般用戶的活動，以及出席一場公開活動，像是時裝表演或者足球比賽。

· · · · · · · · · · ·

當推特準備上市之際，Instagram在與公眾人物的關係上獲得很大的進展，然而過去在社群網站當中，推特是這個領域的佼佼者。沒有人知道華爾街認為推特多有價值，也沒有人知道推特是否在投資人眼中，最終會成為臉書的強大競爭者。總是想勝過別人的馬克・祖克柏，絕不希望有任何閃失。

在蘭迪・祖克柏離開的兩年後，臉書終於有理由開始吸引公眾人物加入這個更大的社群網站，而這個舉動會讓推特很痛苦。在推特首次公開募股的準備期間，臉書花上數月執行蘭迪

一直希望公司做的事情。他們組織了全球的夥伴團隊，目標就
是要找公眾人物在平台發文。

　　臉書的策略跟Instagram不大一樣，更偏重於擴展與相
關機構的關係——包含唱片公司、電視台和藝人的經紀公
司——相較之下，波奇的策略是直接跟明星打交道。臉書也
找上像是《紐約時報》跟《CNN新聞網》等媒體組織，希望
臉書能成為他們除了推特之外，另一個張貼重要新聞的地方。
臉書開始允許媒體網站在文章中嵌入公開貼文，就像他們嵌入
推特的推文一樣。這些媒體組織樂意接受臉書出錢在網站上做
實驗，因為如紙本訂閱的傳統現金流來源正在衰退。

　　馬克‧祖克柏開始把臉書上像推特的貼文稱作「公開內
容」，並開始在財報會議上向投資人表示，他想要讓這類型的
文章成為公司的重點。他要讓臉書在推特上表現得比推特還
好。

　　這個策略給人們帶來的好處是，大家在臉書上有更多事物
能張貼跟討論。人們在臉書上每多待一年，都在擴展自己的人
際網路。事實證明，儘管「連接世界」是個宏大的商業目標，
也跟成長畫作等號，但其帶來的副作用就是人們的動態消息上
也充斥著點頭之交。在公司創辦近十年後，臉書的用戶不太願
意張貼他們比較私人的觀察或生活要事給廣大的讀者閱讀。臉
書仍持續以驚人的速度在增加用戶跟營收——但馬克‧祖克
柏希望找出會影響成長且迫在眉睫的問題，並在事態嚴重前就
先解決。

　　臉書發明了一套理論，認為名人相關的內容與新聞，能幫
助用戶與不熟識或者很久沒聯絡的人開啟對話。並能取得用戶

興趣的資料,幫助臉書更精準投放廣告。

Instagram的經營非常獨立,因而臉書在規畫策略時,幾乎不會想到他們。不管Instagram有怎樣的進展幾乎都不算數,除非對臉書有幫助。但他們會合作。Instagram的團隊很小,所以他們會請臉書幫忙在沒人派駐的國家做介紹。其他時候,臉書會仰賴Instagram的人脈,並鼓勵名人在Instagram發文時,勾選同意在臉書同步刊登的選項。

在這一點上,波奇幫了大忙。他說服了查寧·塔圖(Channing Tatum),把他的新生兒艾佛莉(Everly)的照片賣給八卦雜誌是很俗氣的事情。他反而建議塔圖應該把照片當成他在Instagram的第一則貼文,也同步分享到臉書上,他解釋這個選擇會看起來很有創意。塔圖同意這麼做,而這篇貼文獲得超過二十萬個讚 —— 也獲得許多媒體報導。

名人經常對這兩個雖隸屬於同一個組織,但擁有不同規則和策略的產品感到困惑。臉書不會像Instagram跟推特,很願意捧著大筆資金鼓勵名人和媒體組織創造他們想要的內容。他們用來獎勵公眾人物的主要貨幣並非現金,而是廣告的額度 —— 他們能在臉書免費投放價值上千上百美元的廣告。塔圖的嬰兒照片也獲得額度能用來宣傳新的電影,但只是因為他也有發文到臉書,並非是因為Instagram的緣故。這筆交易比起八卦雜誌所能提供的還有價值。

塔圖是名拓荒者,但很快地名人們不需要波奇的說服,就會在Instagram發布生活大小事。

• • • • • • • • • • • • • • • • •

　　祖克柏其實太過擔心推特的競爭威脅。因為臉書是第一家上市的社群網站公司，他們也教育華爾街的人一套正確地為社群網站公司估值的模型——也就是每一項行為都必須聚焦在推進公司，而這一點對臉書非常有利。因為臉書的策略不是要創造聲量，而是全心全意在成長上。

　　在2013年底，臉書的一半廣告營收來自於手機——在短短一年多的時間內就獲得戲劇性的成長，這也要歸功於祖克柏超級想要解決這問題。這個社群網站已擁有十一億的用戶。祖克柏也證實了他的主張，也就是無論在哪裡，只要社群網絡持續發展，廣告業務也會接踵而來。到了2013年12月，臉書的股價也來到五十塊，與年初相比上漲了八成，並超過上市時的三十八塊。華爾街的人在規畫模擬未來的模型時，很習慣以過去的相似案例為基礎，所以他們也渴望著下一個臉書的出現，而大家認為那應該就是推特。

　　推特的執行長迪克‧科斯特洛，知道他們不可能在成長的賽局中擊敗臉書，但當準備提交給美國證券交易委員會（Securities and Exchange Commission）的文件時，他意識到他們必須跟臉書一樣要提供「月活躍用戶」的指標，儘管他預見這數字在未來幾季會呈現下滑。推特不像臉書那般專注在成長上，但也無法提供其他用來自己對世界的影響力與重要性的指標。此外，美國證券交易委員會也可能需要類似的資料。

　　推特在2013年的12月以每股二十六塊美元上市，在交易首日股價就攀升到四十四‧九塊。到了月底，股價一舉來到七十四‧七三塊，這也顯示出當看到臉書走出上市時的困境谷底反彈之後，市場對這產業的無比樂觀。推特的用戶數只有臉書

的五分之一，各方輿論都假設隨著時光飛逝，他們最終也會成長到這般規模。

幾個月之後，推特首次揭曉財報，科斯特洛認為大家會對此很滿意，因為他們銷售出超乎預期的廣告數量。

但他錯了，投資人很在乎用戶成長速度的減緩，而他沒預料到人們會那麼快就關注這一點。投資人認為如果營收成長與用戶成長息息相關，那反之亦然 —— 一旦用戶成長減緩也會導致營收成長下降。

推特真正的優勢很難以解釋。有許多政治、媒體、體育圈的大人物，會優先在這裡討論所有大眾關心的事情，然後才到其他地方分享。但要怎麼衡量這個現象的價值？

就算華爾街的人無法理解，Instagram 卻很清楚價值何在。

· · · · · · · · · · · · · ·

從經濟成就與規模的面向來看，臉書會是 Instagram 最大的競爭對手；而從文化影響力的面向來看，最大的競爭對手則是推特。若將 Instagram 視為獨立個體，他們與這兩者仍不在同一個位階。他們才剛開始嘗試廣告業務，也只有臉書四分之一多的用戶數，加上一些有使用 Instagram 的公眾人物。但他們的策略非常不同。Instagram 不仰賴爆紅內容，更專注在訓練跟策展內容，提供其他用戶做為參考，並讓名人分享他們工作以外的生活瑣事。推特是奠基於即時事件與爆紅內容，所以他們希望名人在平台上做一些能展開對話並引起大量轉推的事情，而 2014 年 3 月的奧斯卡金像獎就是最明顯的例子。

在推特負責維繫電視圈人脈的小組跟主持人艾倫・狄珍

妮（Ellen DeGeneres）的團隊，花費數月反覆討論要如何讓她在眾星雲集的頒獎典禮現場，能創造出值得在推特分享的一刻。狄珍妮喜歡自拍的點子。自從Apple在手機加入前鏡頭，以及Instagram讓為社交而拍照變得流行後，自拍這行為就瞬間爆紅。「自拍」（selfie）甚至成為《牛津英語詞典》（*Oxford English Dictionary*）2013年的年度代表字。

在彩排時，狄珍妮看到貼著梅莉·史翠普（Meryl Streep）的座位名牌，在靠近第三排的走道。這讓她想到，若她能找史翠普也加入，這張自拍照會變得更加精采。奧斯卡金像獎的主要贊助商三星的代表團，在看著她預演台詞時，也聽到她的計畫。他們立刻把握這機會，聯絡推特的廣告主管，並確保如果狄珍妮要上傳自拍照，她不會用自己的iPhone而是用三星手機。團隊在典禮當天早上，提供一排的三星手機供她選擇，全都具備自拍的功能。

在直播當下，奧斯卡金像獎的主持人狄珍妮下了台後走近梅莉·史翠普。坐在觀眾席中的布萊德利·庫柏（Bradley Cooper），在對計畫一無所知之下，很即興地從主持人的手中接過手機，並讓其他演員也入鏡：珍妮佛·勞倫斯（Jennifer Lawrence）、露琵塔·尼詠歐（Lupita Nyong'o）、彼得·尼詠歐（Peter Nyong'o）、安潔莉娜·裘莉（Angelina Jolie）、布萊德·彼特（Brad Pitt）、傑瑞德·雷托、茱莉亞·羅伯茲（Julia Roberts）和凱文·史貝西（Kevin Spacey）。這張自拍照立刻成為推特史上最熱門的貼文，被超過三百萬人轉推。

· · · · · · · · · · · ·

當Instagram看到推特在奧斯卡金像獎的成功，以及製造出的媒體聲量，他們感到十分沮喪。雖然沒辦法造成瘋傳，但他們都持續與名人合作，催生形式相同但規模較小的畫面。而且他們不只跟最有名的用戶建立關係；他們也持續將整個生態系中的各種有趣人物的內容進行策展跟推廣，其中有些人也靠自己的能力成為迷你明星。

Instagram再一次有機會以不同的形式贏過臉書。因為無論好壞，Instagram已經變成一個很完美的場所，讓人們分享那些乍看是有感而發的貼文，但其實背後是公司的品牌團隊籌備數月的成果。就算沒有Instagram的協助，品牌商也從平台上找到了價值，不僅得益於外部的廣告經費，更加上有越來越多的用戶意識到自己能在Instagram上謀生，譬如投入健身的派格·海瑟薇，以及康特妮·黛許兒與她的狗鮪魚。

在這個Instagram變得更商業、更具策略性的階段期間，他們的第一名員工、負責架構社群團隊的約書亞·里多，決定要離職攻讀創意寫作的碩士學位。拜禮·理查森，這名在收購之前就由里多找進公司的員工，曾發掘前幾個被加到推薦用戶清單的攝影師、藝術家跟運動員用戶，她也決定在此刻離職。早期充滿藝術氣質且無比新奇的Instagram，因為規模的擴大而逐漸消逝。與此同時，原始員工的人數，已經遠遠比不上從臉書加入或者新進員工的數量。

斯特羅姆告訴員工他們正在現在要面對不只一個，而是多個用戶社群，因此他們不可能面面俱到，所以必須做出選擇。他認為除了主流的名人之外，Instagram必須利用有限的資源，跟部分類型的用戶培養出很好的關係──像是時尚品

牌攝影、音樂和青少年族群。而飲食、旅行、家居設計等其他因Instagram竄紅而被重新形塑的產業，他們不會立刻加碼投入，因為跨足新的領域，就意味著承諾要長期投入，而他們不想做出無法兌現的承諾。

在里多離職前，他試著找到一個能夠幫助Instagram跟所有重點領域的用戶提升關係的人來接手——不是科技背景的人，而是那些全心全意投入在Instagram希望觸及的領域的人。像是他聘請了安德魯·歐文（Andrew Owen），他組織過年度的攝影大會，還有從《國家地理雜誌》找來了潘蜜拉·陳（Pamela Chen）以說服那些抱持懷疑態度的攝影師和藝術家，Instagram是個很適合上傳他們作品的地方。而克里斯蒂·喬伊·瓦特（Kristen Joy Watts）則是來自專做時尚的廣告公司，負責培養這群已很活躍的用戶。他也從《赫芬頓郵報》聘進麗茲·裴里（Liz Perle）負責年輕族群，特別是很可能成為Instagram未來發展關鍵的青少年。這些員工就像在為公司買保險，他們的任務是維持社群正向發展，並辨識出能成為其他用戶典範的新銳帳號。

Instagram的媒體溝通總監大衛·史旺（David Swain），對於媒體策略有兩點想法。第一是「延伸蜜月期」：在與臉書聯手後，要讓用戶對Instagram的好印象盡可能保持越久越好。第二點是「別搞砸」：避免像臉書一樣，失去用戶的信任。他心想，為了要達成這些目標，Instagram必須讓媒體的報導集中在優異的用戶而非公司本身。且Instagram隱身在幕後的時間要盡可能延長，就好像Instagram一直在跟網紅合作曝光，於無形中宣傳自己。

　　史旺過去是臉書的資深員工，在2008年加入負責媒體溝通，並協助公司度過數場公關危機。在2013年加入Instagram之前，他在臉書負責處理外部遊戲開發者的公關，這些人藉著臉書的人脈網發展事業。（而這套公開與開發者分享資料的機制，也在2018年讓臉書被各國政府給盯上。）

　　而人們對Instagram比較沒有戒心，史旺希望利用這一點，加強宣傳發生在平台上的所有正面事件，不留痕跡地讓人感覺到Instagram的益處，並且沒發現Instagram有在後面推一把。

　　媒體溝通的團隊很努力地幫助記者減輕壓力。史旺會跟記者們開會，並解釋能如何理解Instagram上的趨勢跟事件。波奇自己為電視節目《E!News》設置了一台觸控螢幕，讓這個頻道能更容易討論值得關注的Instagram貼文，以取代過去用來報導推特的時段。同樣任職於媒體溝通團隊的麗茲‧布朱瓦（Liz Bourgeois），會向媒體提案有關Instagram趨勢的故事。多數的用戶認識Instagram上常見的主題標籤，像是#nofilter（無濾鏡）是指那些真實且未經修改的照片，或者是#tbt，懷舊星期四（Throw back Thursday）的縮寫，是張貼過去的照片。布朱瓦會試著讓媒體對新的主題標籤感興趣，譬如#catband（貓咪樂團）。在這個Instagram區塊裡的照片中，人們會把他們家的貓跟樂器放在一起，看起來就像是牠們在演奏音樂。

　　如果雜誌或部落格的記者詢問Instagram哪些是特定國家或產業最優秀的帳號，社群團隊的成員會給他們一份寫滿推薦帳號的投影片，或者是一份清單關於「倫敦最好的十個

Instagram帳號」，或者「在Instagram最值得追蹤的新時尚攝影師」。

　　這個做法很有技巧，因為任何在報導中被提到的帳號，都更容易在Google被搜尋到，因而就更有機會被品牌商選中進行業務合作。但Instagram的員工不希望大家認為他們是在挑選心頭好，讓某些帳號的發展比其他帳號還更好。

　　儘管Instagram很努力透過模範用戶做行銷，他們仍不願公開認可收錢推銷產品的行為。在2014年，各大品牌共計投入一億美元（試算值）在這新型態的工作上，但這個產業正準備爆發。在Instagram的使用者規範中，他們用著對小朋友說話的語氣說明：「當你在Instagram進行自我宣傳或類似的行為時，會讓透過貼文與你共享當下的人心裡很難過……我們希望你在Instagram上維持著有意義且真實的互動。」

　　「有意義且真實，」在這個案例裡，指的是任何品牌宣傳必須看起來無違和，彷彿這是那些貼文的人自發性的選擇。名人也被建議要表現出自己最能取得共鳴與最真實的一面，就像是廣告商也被提醒，廣告必須要美觀，不能露出標價。

　　Instagram的員工確實希望自家的產品能取得商業上的重要地位，在規模與成功上能與推特相提並論，並為臉書貢獻一定的價值，這麼一來才不會被這間更大的公司給吞噬並毀滅。要是能看起來毫不費力，就更好了。沒有記者會被要求調查查爾斯・波奇，或者社群團隊的成員；反而是他們藉由雜誌報導Instagram的照片或用戶而獲益。

　　Instagram最風光的一刻是當時最重要的時尚雜誌《Vogue》，在2014年9月號製作了與Instagram相關的封面

專題。雜誌介紹了喬安·史莫斯（Joan Smalls）、卡拉·迪勒芬妮（Cara Devingne）、卡莉·克洛絲（Karlie Kloss）、阿莉松娜·穆斯（Arizona Muse）、艾迪·坎貝爾（Edie Campbell）、伊曼·哈曼（Iman Hammam）、孫菲菲、凡妮莎·艾辛特（Vanessa Axente）和安德莉雅·迪雅康努（Andreea Diaconu），封面標題為「IG女伶！一時之選的名模身著當季服飾」。

這個專題討論到Instagram的熱度如何讓這些女性能現身在最重要的時裝伸展台、與大型的時尚品牌合作，並提供她們發聲的權利。為了讓報導完整，Instagram也拜訪了雜誌社，並指導他們如何撰寫關於Instagram如何取得空前的成功。

憑藉著這份報導，Instagram終於被時尚產業最具影響力的人關注：《Vogue》的總編輯安娜·溫圖。這個合作是互惠互利的，她解釋。「這些女孩把Instagram做為介紹自己給觀眾的一種途徑，而像這樣透過視覺媒介與觀眾對話的方式，是前所未見的。而對於像我們一樣以視覺導向的雜誌 —— 當然也包含公司本身 —— 這做法非常即時，能即時地連結彼此。」

· · · · · · · · · · · · · ·

同一時刻，臉書仍想找出解方讓更多名人使用這個社群網站。在2014年，他們開發了一款名為Mentions的應用程式，名人能透過此更輕鬆地追蹤並與粉絲聯繫。他們也開發一款名為Paper的應用程式，全面重新設計臉書的介面，提供更接近雜誌的體驗，這跟Flipboard這款專門提供來自出版商的高品質內容的服務很像。這兩款產品都失敗了。除了做為獨立的應

用程式，必須另外下載的不便利之外，它們其實是想透過科技來解決一項Instagram想藉由人類的溝通與策展去解決的問題。

推特很擅長處理與名人和公眾人物的關係，與Instagram不同的是，他們並不會由員工進行策展，或者有一套對於推特內容該有樣貌的理念。推特就跟臉書一樣，認定自己是中立的平台，是藉由大眾對貼文的轉推或評論來決定大眾所看到的內容。推特高層會說他們是「言論自由者的一雙言論自由的翅膀。」他們不該介入平台。他們錯失過的最大機會是Vine，因為這群原生的明星跟YouTuber其實能並駕齊驅。

當Vine內容的製作開始變慢時，推特新增分享Vine影片（re-Vine）的按鈕，人們能藉此把別人的Vine影片分享到自己的動態消息上。這個做法帶來了沒預期到的副作用，這也可能會發生在如果新增分享（re-gram）按鈕的Instagram身上：因為人們能把其他人的內容分享到自己的動態消息上，他們再也沒有動力去創作費時的創意短片。

數年過後，除了專業的影片之外，Vine上面沒剩多少原生內容，而這些明星也意識到自己握有了籌碼。二十名最紅的Vine用戶聯合起來與推特談判，表示若推特付給每個人約百萬美元，他們會在接下來六個月每天發影片。如果推特拒絕這項交易，他們反而會在Vine上面發文，並告訴粉絲改去Instagram、YouTube或Snapchat上面找他們。推特回絕這項交易，這些明星也捨棄了平台，到最後，Vine宣告停止服務。

· · · · · · · · ·

回到2014年，在《Vogue》雜誌報導Instagram的三個月

後，Instagram宣布其用戶人數已來到三億人，並一舉超過推特。推特的共同創辦人伊凡・威廉斯，終於公開談論在過去這段時間裡，他私底下對於錯過收購Instagram的看法：「如果你把推特對世界的影響與Instagram做比較的話，推特明顯重要許多，」他向《財富》雜誌（*Fortune*）表示。「重要的事情在推特上發生，世界領袖在推特上對話。如果這就是現實，坦白講，我完全不在乎Instagram上是否有更多人在看漂亮的照片。」

但波奇所理解到的，以及其他人最終也會理解的是，Instagram的力量不僅限於貼在平台上的內容，而是這些貼文帶給人們的感受。因為Instagram沒有再分享的功能，也就跟新聞和資訊無關 —— 而是關於個人，以及他們想要向世界呈現的事物，還有其他人認為他們是否有趣、有創意、美麗或者有價值。在Instagram上，漂亮的照片只是人們用來尋求被其他人理解與認可的工具，無論是透過讚、回應甚至金錢，都提供用戶一些掌控自我命運的權力。

這個洞見幫助波奇在2015年奧斯卡金像獎大獲全勝。他以心理學的思考角度：在經歷數個禮拜的健身訓練以塞進禮服，經歷了數個小時的妝髮與試裝，難得有機會獨家穿上設計師的服飾，並慶祝個人的重大成就的時候，大家心底想要的是什麼？所有人 —— 即便世界上最上相的人 —— 都想要一張完美的照片。

Instagram聘請到曾幫《滾石》雜誌（*Rolling Stone*）拍人像攝影的馬克・瑟林傑（Mark Seliger），並在《浮華世界》（*Vanity Fair*）的派對現場設立一個攝影棚，裡頭放著維多利

亞時期的傢俱以供擺姿勢。超過五十位明星，包含歐普拉、女神卡卡（Lady Gaga）以及《鳥人》（*Birdman*）的導演阿利安卓・崗札雷・伊納利圖（Alejandro González Iñarrítu），接受瑟林傑的拍攝。

　　拍出來的人像照，想當然地，都會在 Instagram 分享——但並未透露出任何 Instagram 的痕跡。

第八章
追尋 Instagram 的價值

「臉書買下 Instagram 就像是把食物放到微波爐一樣。在
微波爐裡,食物能更快變熱,但你也很容易會毀了這道
菜。」

—— 前 Instagram 主管

Instagram身處在一個很奢華的位置。在臉書的庇護下,他們不用煩惱太多其他社群網站公司要煩惱的事情。有天份的員工很容易覺得,也有一部分的員工之前在臉書工作,並轉任於此。產品的新功能也可以迅速推出,因為任何臉書功能所使用的程式碼,都能變成範本讓他們參考並修改為自己的版本。臉書的成長團隊知道能幫助Instagram成長至十億用戶的所有訣竅。如果Instagram想要跟臉書一樣壯大,他們能直接複製策略。

但是凱文‧斯特羅姆認為太依靠臉書會太過危險。雖然他希望讓Instagram壯大,但他不想讓Instagram成為臉書。他想要招募最優秀的人才,但不希望他們抱持臉書的「用盡一切成長」的價值觀。Instagram,雖然相比之下還很渺小,卻已被臉書的文化包圍。儘管他們擁有比推特還多的用戶,以及近乎臉書三分之一的用戶數,Instagram只有兩百名不到的員工,相較之下,推特有超過三千名的員工,而臉書有破萬名員工。

斯特羅姆很擔心失去讓Instagram獨特的特質。他希望這款應用程式能以其精心設計的介面、產品的簡潔以及高品質的貼文著稱。他把團隊的努力集中導向保存品牌的精神、避免大幅的變動,以及訓練平台最知名的用戶與廣告商,讓他們能成為其他人的典範。

與尋求科技的解方來觸及更多用戶的臉書不同,Instagram解決問題的手段是很親密、富創意以及關係導向的,有時候如果是需要特別關照的重要用戶,甚至會安排專人負責。Instagram的員工有很明確的編輯策略,並且總是在尋找適合推廣的用戶,對他們而言,任何問題似乎都能藉由促進好的

一面，而非關注壞的一面來解決。他們的首要任務之一就是要「激發創意」，所以他們也透過社群團隊與用戶間建立的連結，確保關鍵用戶能夠鼓舞人心。

在2015年初，擁有兩千兩百萬位粉絲的歌手暨藝人麥莉·希拉，就是其中一名關鍵用戶。當年，她威脅說要離開平台，因為她很在意在Instagram上看到許多對LGBT族群青少年的仇恨與惡意言論，特別是在照片的留言區中。針對她的不滿，Instagram找到了一種方式將之變成傳達正向言論的契機。

Instagram的夥伴關係總監查爾斯·波奇，以及公共關係總監妮琪·傑克森·科拉可（Nicky Jackson Colaço）就飛往南方在希拉位於馬里布（Malibu）的豪宅與她碰面。他們圍著餐桌坐著，身旁圍繞著希拉說是購自於Instagram的藝術品，要向希拉提出一項企畫。她可以使用@instagram的帳號做為管道，推廣她新成立的快樂嬉皮基金會（Happy Hippie Foundation），這組織致力於保護因性傾向或性別認同而無家可歸或受到欺負的年輕人。希拉跟@instagram這帳號將共同分享幾位精挑細選後的人物肖像，譬如變性人里奧·沈（Leo Sheng，@ileosheng），以提升希拉所支持的族群的能見度。

希拉很欣賞這個點子，並決定要繼續使用Instagram，儘管Instagram尚沒辦法提供解決網路霸凌的問題。

大約在同一時間，十七歲的實境秀明星凱莉·詹娜因為一場網路爆紅的挑戰陷入爭議。她在Instagram自拍照中所展現出的豐唇，促使許多的年輕女孩嘗試很危險的身體試驗：她們把嘴唇放入小酒杯（shot glass）中後用力吸吮，希望能製造出夠大的壓力讓嘴唇腫得跟詹娜的一樣豐滿。這使得詹娜必須揭

露自己其實有使用了暫時性的美容填充物才能達到這個效果，也引發更多新聞的討論。

這一刻，她想到Instagram曾告訴她的家族，如果他們需要任何建議或規畫，公司這邊都可以幫忙。所以她找上他們看看是否有方法能幫她改變輿論的風向。負責青年族群的麗茲·裴里，想出一個方法讓Instagram能利用爭議性的事件做為引子，進而鼓勵正面的言論。她寄給詹娜一份Instagram用戶的名單，這些人都曾為各種身體平權的議題發聲，並提議詹娜能組織一系列活動，訪問這些人物並在她的帳號上分享他們的故事，並加上主題標籤#iammorethan（我不只有⋯⋯），讓大家藉此拼成一個句子，譬如「我不只有我的嘴唇」。

詹娜也願意這麼做，所以她親自打電話訪問名單上的所有人。她最先介紹的是瑞內·都珊（Renee DuShane），她罹患菲佛氏症（Pfeiffer syndrome），這個遺傳性疾病會影響她的顱骨。在詹娜跟她的兩千一百萬名粉絲分享了都珊的Instagram帳號@alittlepieceofinsane之後，她們倆都立刻得到媒體的正面報導。

· · · · · · · · · · · · · ·

Instagram一直嘗試要引導人們在平台上談論以及看到的主題，這麼一來Instagram才能對自己的命運有更大的掌控權。臉書已經證明，擁有越大的人際網絡，他們的決定就會帶來更意想不到的結果。Instagram也希望借鏡其中有效的做法，以避免重蹈覆徹。現在擁有超過十四億用戶的臉書，已經為人們與企業形塑出了目標，也就是所有人都量身打造自己的

內容，以取得社群網路的最高獎勵：在網路上爆紅。

　　被告知分享就是「連結世界」這任務的中心思想的臉書員工，採用了一些策略讓這行為成為用戶的習慣。臉書的演算法是高度個人化的，所以一旦有人在網站上點擊或分享任何東西，系統就會記錄下喜好，並提供用戶更多相似的內容。但會爆紅的東西有個缺點，就是會讓臉書用戶對低品質的內容沉迷。Instagram 的員工好奇，點擊真的就能傳達用戶的喜好嗎？還是他們被內容本身給操控了？因為爆紅網頁的標題往往是：「這個人在酒吧與人搏鬥，但你絕對猜不到接下來發生什麼事」或者「我們看到這個童星長大後的照片，『哇』！」

　　臉書員工曾見識到他們的股票選擇權的價值因快速成長而飆升，這一部分來自於對用戶的選擇不加以判斷。他們對於Instagram 員工享有做出不同抉擇的待遇有所抱怨，認為他們的態度高傲，並將臉書提供的資源視為理所當然。但某一部分也是因為覺得 Instagram 閃躲過了爆紅會帶來的傷害。

　　所有的編輯作業都是為了幫助 Instagram 員工，他們已成功在網路上打造出一個遺世而獨立的創意天堂，充滿各種人們過去不曾發現，直到 Instagram 為他們展示後，才知道自己想看到的事物。就像是臉書的員工被灌輸「連結世界」的信念一樣，Instagram 的員工也對自己的品牌形象買單。

　　但在 Instagram 細心規畫且以關係導向的計畫裡，也開始顯露出裂痕。隨著越來越多的用戶加入 Instagram，這個小團隊與一般人的體驗間也變得更脫節。在希莉跟詹納之外，有數百萬名的用戶永遠不會知道，有 Instagram 員工聆聽他們的煩惱是什麼樣的感覺。Instagram 的用戶與員工比例大概是每位

員工要服務一百五十萬名用戶。而希莉與詹娜的例子也點出了真實存在的問題，像是匿名的霸凌以及追求完美的年輕人，而這些系統性的問題都是因為Instagram的產品決策而生，例如提供匿名發文的功能，或者對於粉絲數的競爭。

斯特羅姆想要獲得臉書等級的成功，但他也想避免讓產品變得廉價，摧毀產品代表的一切。但Instagram的成長飛快，他難以兩全其美。馬克‧祖克柏對他也說得很明白 —— 先從廣告業務開始。

• • • • • • • • • • • • • •

2014年的夏天，在Instagram上線第一檔廣告的約六個月後，祖克柏開始檢查相關成效。斯特羅姆仍會親自審核每一檔廣告，要求把素材印出放到他的辦公桌上。所有的大型廣告商都被訓練到懂得如何使用流行的主題標籤如#fromwhereirun（由此而跑）和 #nofilter，並向Instagram學習拍出美感照片的技巧，像是讓照片有適當的焦點與平衡。但對臉書而言，這樣的做法實在太慢了。

曾在去年勸阻Instagram建立自己的商業模式的祖克柏，現在認為是時候該讓Instagram為臉書貢獻營收，以此賺回收購公司的錢，畢竟Instagram也已成氣候。祖克柏後來會意識到，臉書動態消息的廣告版位終究會枯竭。從未有人發展出跟臉書一樣規模龐大的網絡，但就算他們能持續增加用戶，全世界的網路用戶仍是有限的。所以他希望當臉書成長趨緩之時，Instagram的廣告業務已足夠成熟到能接下棒子並確保營收持續攀升。

他會催促斯特羅姆增加Instagram廣告的出現頻率，或者廣告商的數量，但他最主要希望斯特羅姆別再那麼在乎廣告品質細節的管控。臉書自有的廣告機制，已經讓世界上任何有信用卡的人都能購買廣告。就跟動態消息一樣，最重要的就是個人化；廣告商能表明他們想要觸及到的客戶，臉書會自動幫他們觸及到該類型的讀者，並儘可能減少人類的介入。Instagram只需要引進這系統，然後「碰」的一聲，他們就坐享數十億美元的生意機會。祖克柏預測到了2015年，他們能賺進十億美元的營收。

斯特羅姆認為這做法，如果執行不當，可能會毀掉Instagram建立起的品牌形象。的確，他們能從臉書帶來的大量廣告獲利，但這些看起來就是為了臉書設計的廣告，很多都有著拙劣的文字以及釣魚的用語，這跟Instagram的美學有嚴重的衝突，也跟用戶所預期的體驗大相逕庭。臉書不會拒絕多數的廣告商，只會拒絕他們所使用的信用卡。

也有人幫斯特羅姆背書。臉書的廣告副總安德魯·博斯沃斯回想起幾年前，他曾經必須說服祖克柏要加大臉書廣告的力道。他認為與當年祖克柏對廣告的不情願相比，這次他對斯特羅姆有點不通人情。他跟祖克柏說，只要Instagram的賣點跟臉書截然不同，就能鼓勵廣告商前來討論並藉此賺進更高額的廣告費用。此外，在每一年最能帶動購物風氣的聖誕節前夕，調整Instagram的廣告系統豈不是太不明智？

祖克柏同意等到1月。在新年伊始，他向財務團隊簡報他認為每個部門的業務範圍，以便他們為華爾街準備公司2015年的預測。儘管Instagram沒有大變動，但他向財務團隊說，

他預期在下個會計年度，Instagram的廣告會帶入十億元的營收。

「給他們多六個月。」博斯沃斯爭論。

「六個月不會改變他們的處境，」祖克柏說，「他們需要即刻轉變策略跑道。」

· · · · · · · · · · · · · ·

斯特羅姆某天被臉書的領導高層找去開會，他們給他看了一張圖表：目前Instagram廣告營收的趨勢線，與之並列的是一條更陡峭的線——祖克柏希望達到的十億元目標。他被告知如果Instagram不認為自己能達成這地步，沒關係，臉書能幫忙。

斯特羅姆回到位於十四號建築物的Instagram辦公室，並向他的團隊報告這件事，包含行銷總監艾瑞克・安東奧（Eric Antonow），他接手多數艾蜜莉・懷特所負責的事務。安東奧從2010年就待在這間社群網站公司，很熟悉臉書的文化。

「凱文，你確實知道他們的意思，對吧？他們基本上就是告訴你，你要達成這個數字，」他強調。安東奧從中解讀出公司政治的未來走向。事實上，從臉書轉任到Instagram的新任營收總監詹姆士・奎爾斯（James Quarles），在與臉書的戰爭中已落顯頹勢。奎爾斯想要更謹慎地進行擴張，並發展自家的業務團隊與廣告商另外培養關係。但他沒能這麼做。他反而只能招募到「商務發展領導人」，這些人只能為臉書的業務人員撰寫訓練手冊，但對於對話如何進行沒有掌控權。如果Instagram沒能加緊腳步，臉書可能會控制更多。

祖克柏到最後會強迫Instagram打開水門，讓隨便一家企業在臉書上買的廣告進到平台上。但在這件事發生之前，也就是那場會議接下來的幾個月裡，Instagram的工程師與時間賽跑，希望開發出一套系統，把Instagram從被數位化廣告看板洗版的絕境中拯救回來。

· · · · · · · · · · · · · · · ·

但Instagram上早就充滿不受管制的廣告 —— 由企業付錢給用戶來發布，並向他們的觀眾兜售產品。Instagram的員工也討論如何從這個市場分一杯羹。在2015年2月，推特以五千萬美元的現金加股票，收購了Niche這家經紀公司，他們協助為廣告商與Vine、Instagram與YouTube上的網紅牽線。

但Instagram最終決定不要參一腳。再一次，又是因為品質的緣故。他們不可能親自認識所有的網紅，如果Instagram參與實際的交易過程，他們沒辦法保證網紅或廣告商都能獲得良好的體驗。此外，由於他們正在打造自己的廣告業務，他們不想要直接鼓勵另一種付費的宣傳行為，並讓整個社群太商業化。

他們轉而嘗試聚焦在改善與用戶的關係，畢竟他們是讓更多人加入跟喜歡Instagram的最大因素。

漢娜·芮（Hannah Ray），之前在《衛報》負責經營社群，是Instagram首名在美國以外的員工。在倫敦的辦公室裡，就跟位於加州的團隊一樣，她嘗試體現出Instagram的文化，凸顯與臉書的不同之處。他找到一張灰白色的老沙發，擺在辦公室的一側。她也把斯特羅姆和波奇在2013年拜訪國家

肖像館的幾面橫幅看板重新拿來裝飾空間。Instagram的員工從世界各地寄明信片給她，她也把它們釘在牆上。她認識一位藝術家，能把抱枕做成英國餅乾與糖果形狀，她也訂了幾個放在沙發上。

芮隸屬於社群團隊，所以她在一排又一排風格一致的臉書辦公室中，努力去維持著她的Instagram神壇。「這辦公室裡至少要有一塊空間是適合拍照上傳到Instagram的。」她心想。

這項裝飾計畫，讓臉書的業務主管們對她留下深刻的印象，也會帶來不少尷尬的對話。偶爾，當她在統整藝術家名單，或者手寫感謝信給重要的攝影師時，她會被突然打斷：**某某品牌想要為新產品做促銷活動。他們上線時應該跟誰合作？妳能幫我整理一份有著姓名與電子郵件信箱的清單嗎？**

不行，芮會說，**我們不這麼做。**

但我們應該幫助這個重要的客戶，業務團隊會與她爭論。

我們不想當中間人，她會這般回覆。

芮往往會從她幫媒體整理好的「○○領域的頂尖Instagram用戶」名單中，選一份寄給他們以安撫對方，儘管這些內容早在網路上公開。而行銷人員會與這些用戶接觸並達成交易。

但就算是這樣簡單的動作，也會讓芮更難做人。這個市場不大，所以那些跟臉書客戶達成交易的幸運用戶，多數都認識芮，也都認為是她的引薦因而向她致謝。其他人則因為沒能得到合作機會，也希望她下一次能給他們機會，因為他們真的需要這筆收入。

所以有時Instagram到最後仍扮演中間人的角色，雖然不是蓄意的。即便是造訪最無傷大雅、適合拍照上傳Instagram

的 Instagram 辦公室，也會帶來意想不到的經濟效益。

愛德華・巴尼（Edward Barnieh）這名攝影師，在香港負責統籌多場 InstaMeets 而對 Instagram 很有貢獻。他和妻子在倫敦旅遊時順道去找芮。芮在辦公室的沙發上拿著餅乾造型的抱枕跟他們合照，接著他們就跟其他攝影師去酒吧。當他們在喝酒時，巴尼才發現到，芮把這張照片放到 @instagram 的官方帳號上。他在不到一小時內，就多了超過一萬名的粉絲。

在經歷了粉絲數暴漲與接受臉書官方公開背書之後，這對夫妻很快地就收到來自品牌方的邀約，時尚品牌 Barhour 問他們是否想獲得免費包包並與之合影。他們同意了。當巴尼與一個品牌完成交易，更大牌的品牌就隨之而來。網紅的概念還很新穎，公司們只願意付給其他廣告商已經信任的對象。所以巴尼這位在卡通頻道（Cartoon Network）的員工，開始利用他的休假期間，接受廠商的全額招待旅遊，以耐吉、蘋果與索尼的名義拍攝某部分的亞洲。他完全被自己的好運給嚇到了。

這次經驗也加深芮對於自己能改變他人命運的能力的恐懼。「我絕不會再在主要帳號上張貼於沙發上拍的照。」她跟巴尼說。

· · · · · · · · · · · · · ·

隨著有越來越多人在用 Instagram，以及臉書對成長與廣告所施加的壓力，Instagram 的員工開始變得更堅持於 Instagram 是個關於美與藝術的應用程式。他們剛推出的五個新濾鏡，都是將員工派到摩洛哥尋找靈感後製作出來的。

這個做法非常奢華，也跟平台上的種種有所脫節。用戶對

濾鏡已經沒那麼在意了。手機上的相機在Instagram上線後的幾年內已有驚人的進步。而且儘管Instagram在選擇推薦誰這部分仍很有影響力，但其實已經比不上產品的設計本身，以及其所提供的各種誘因：譬如擁有更多的粉絲、獲得更多的認同，以及越來越多人在乎的：賺到更多的金錢。

當巴尼遇見芮的時候，他已經注意到Instagram社群的轉變。在香港，他在InstaMeet的活動上交了許多好朋友，最後甚至親自組織InstaMeet，帶領業餘人士四處走走，傳授一些訣竅以及怎麼找到更好的角度與光源。在2013年左右，「我帶領住在香港的人去他們不曾造訪過的區域，」他回憶。「那是段非常美好的體驗。大家的目的不是賺錢，或者得到免費的商品。」

但到了2015年，某些同好也開始展開小型的攝影事業，並有一定的收入能辭掉正職工作。因此InstaMeets也變成與商業有關，因為有機會與他人拍照。「有些很外向的人會試圖成為所有活動照片的焦點。」巴尼解釋。這些人的目標是在接觸到新觀眾的照片中被標註，這麼一來就有可能提升粉絲人數。而更好的獎項則是出現在Instagram的推薦用戶名單。「他們知道Instagram有在觀察所有的InstaMeets活動與攝影出遊，他們也知道有些推薦用戶是透過這方式被發現。」

不只有Instagram同好變得更有策略，巴尼見識到全世界的新咖啡廳，也運用會在Instagram上流行的美學。他們會掛上線路裸露的愛迪生燈泡、購買多肉盆栽、讓空間變得更明亮、在牆上掛上綠色植物或鏡子，並以更吸睛的產品做為宣傳，譬如五彩繽紛的果汁或酪梨吐司。巴尼認為，所有追求現

代感的咖啡廳到最後都長得一模一樣，就像機場跟辦公室都長得大同小異。對於哪種設計適合拍照上傳到Instagram，大眾也取得了共識。巴尼變得更加欣賞他在2013年拍的照片，現在覺得這些照片捕捉了Instagram在成為主流之前 —— 以及引領特定風格之前 —— 的歷史畫面。

他聽到「為『IG』而做」的說法開始流行，想藉由上傳照片到Instagram發展事業的人們為了脫穎而出，會冒險前往風景如畫的景點和沙灘，為這些地方帶來人流。一方面，為了拍照而探索讓人們更願意走向戶外，並認識新的地方；但另一方面，這舉動也為照片中美麗的環境造成破壞，帶來垃圾與過多的人潮。《國家地理雜誌》有一篇關於Instagram如何改變旅遊的報導：前往巨人之舌（Trolltunga）這個位於挪威的懸崖拍照勝地的人數，從2009年的每年五百人增加到2014年的每年四萬人。「這些拍攝下知名風景的照片沒有顯露的是，每天早上在這片山區會有一條蜿蜒的人龍，都是等待機會要親自拍攝這處Instagram名勝的登山者。」這本雜誌寫道。

在2015年的某一天，有幾位跟巴尼一樣在香港使用Instagram的用戶，將這項競賽提升到更高的境界：他們習慣去懸掛在建築物外牆與橋梁頂端。在路西恩·郁·林（Lucian Yock Lin，@yock7）的一張照片裡，有個人在抓著另一個人的手臂的同時，懸掛在夜裡的摩天大樓的一側，下方是車水馬龍的街道。內文只有簡單的主題標籤：#followmebro（老兄跟我走）。這張照片獲得2,550個讚，為他冒著生命危險拍出的照片，提供倏忽即逝的獎勵。

． ． ． ． ． ． ． ． ． ． ． ． ． ． ．

　　Instagram不再是很小眾的「社群」；Instagram已成為主流社會的習慣。儘管如此，Instagram的員工仍覺得他們的編輯策略能夠為用戶的注意力帶來改變。社群團隊的人決定要更有意識地選擇推薦的人選，無論是與名人的宣傳活動、新聞媒體以及@instagram的帳號上。

　　他們會推廣自認為Instagram最傳統的內容，譬如刺繡藝術家與很有趣的寵物。他們也會避免張貼任何會助長在平台上造成不健康風氣的內容。他們絕不會張貼任何在懸崖邊拍攝的照片，不管再怎麼美麗，因為他們知道，許多人為了嚮往更高的Instagram粉絲數，會不惜冒生命危險拍出完美的照片。他們會避免推廣瑜伽或健身的帳號，這樣他們才不會被視為推崇特定的體態，並讓用戶感到自己不夠上進 —— 甚至更糟的是，會因此被激怒。他們也會避免推廣炫富的帳號，譬如旅遊部落客的帳號。

　　但有時他們會糾結於到底什麼內容該獎勵，什麼內容又該被忽略。舉例來說，他們應該公開談論#promposal（舞會邀請）這個風潮嗎？青少年發展出一大堆適合放上Instagram的花招，來邀請對方參加學校舞會。這對Instagram真的有益嗎？或只是助長給人有壓力的文化？而他們又對哏圖（meme）的帳號作何感想？這些非常受歡迎的帳號跟攝影毫無關聯，多數都是來自Tumblr跟推特的螢幕截圖。有些Instagram員工不喜歡哏圖，但他們也不喜歡自拍照、比基尼照等已經成為Instagram主流的攝影主題，覺得這些都不符合他們的美感。

　　但至少，他們嘗試要去處理Instagram變成人們競逐名聲的平台的現況。他們拿掉了他們認為助長這風氣的功能：以演算法產生的「熱門」頁面。取而代之的是，Instagram推出比較難被人操弄的「探索」頁面。起初，頁面上的所有類別，從食物到滑板，都經過策畫，由社群團隊的成員親手挑選，而非透過電腦的選擇。在這個頁面上，他們選擇擁抱某些Instagram上新穎但古怪的內容。他們有一個類別叫做「莫名療癒」（Oddly Satisfying），多數都是看起來讓人平靜與愉悅的影片，譬如人們壓扁或拉長自製的史萊姆（slime）、雕塑肥皂或者切動力沙。

　　但這種做法也為用戶提供了再明確不過的誘因。有了觀眾就意味著獲得商機。沒過多久，在Instagram也會出現小有名氣的史萊姆網紅，人們會參加史萊姆的聚會，並且建立關係以相互推廣彼此充滿黏液的影片。

　　• • • • • • • • • • • • • • • •

　　負責青少年的麗茲・裴里，認為Instagram應該擁抱網紅的風潮而非假裝那不存在。她之前在《赫芬頓郵報》工作的時候，她一直聚焦在如何將青少年帶到他們不會去的地方。臉書嘗試利用其他實驗性的應用程式吸引他們，但成效不彰。但Instagram卻坐享良機，因為平台上已有很多年輕人。

　　她很集中去瞭解年輕人特別偏好的Instagram社群，譬如滑板或者《當個創世神》（*Minecraft*）的同好，以及圍繞著#bookstagram，這個與書籍討論相關的主題標籤的社群。她會訪問社群中最知名的成員，並持續用試算表追蹤他們，記下他

們發文的頻率、選擇發文的內容，以及他們做了什麼特別的事情。如果她認為自己發現某個趨勢，她會請Instagram或臉書的同事幫忙取得數據並驗證是否為真。

當Instagram推出新功能時，她會確保有找到身為數位原住民的青少年網紅來做展示。數據顯示，這類在Vine、YouTube或Instagram成名的明星，他們的知名度超乎辦公室中所有人的預期。她從中列出了一份五百人的名單，並請臉書的資料科學家協助理解他們的影響力。他們發現到大約三分之一的Instagram用戶，至少都有追蹤一個名單中的人物。

裴里和波奇一樣，認為Instagram應該要投注心力在培育未來主流的名人上——而且與那些尚未成名，但觀眾很感興趣的人物建立關係也很重要。雖無法提供金援，她能夠在幕後助他們一臂之力，讓他們樂意繼續發文，並維持Instagram與青少年的關聯。

她建議做青少年生活風格的網紅艾丹·亞歷山大（Aidan Alexander，@aidanalexader），成為亞利安娜·赫芬頓（Arianna Huffington）在白宮記者晚宴（White House Correspondents）的座上賓，並坐在Snapchat明星DJ Khaled的隔壁。她讓跟亞歷山大同一經紀公司的喬登·道（Jordan Doww，@jordandoww），在@instagram的帳號上出櫃；這個公開舉動也為他帶進三萬名粉絲，讓他得以辭去正職工作，專注在品牌的工作上。當暱稱是@strawburry17的遊戲玩家梅根·卡瑪蕾娜（Meghan Camarena），想要扮演漫威漫畫（Marvel Comics）的角色舉行謀殺解謎派對，裴里承諾她會在@instagram的帳號中介紹，並幫她吸引到媒體的報導。

　　做為回報，這些裴里聯繫的青少年，會在正式上線之前，先行試用Instagram的新功能並提供回饋，或者會通知Instagram他們接下來要創作的內容。而在新產品的內部會議上，裴里也會運用她的洞察力提修改建議給工程師，以讓產品更能吸引年輕用戶。

　　這個策略非常成功，年輕人非常沉迷Instagram。在2015年，有一半的美國青少年在這平台上，Instagram變成他們社交生活重要的一環 —— 但也為他們帶來龐大的壓力。

　　Instagram設法讓自己成為人人嚮往的平台，也造成人們會追求粉絲數與影響力的現象。藉由一直提供視覺誘人的生活與嗜好的照片，也讓社群轉而想把個人的生活變得更值得拍照上傳。

　　在決定要去哪間餐廳吃晚餐前，旅客們會先上Instagram查看食物拍出來好不好看，餐廳也因而開始花心思規畫擺盤跟照明。在跟新的約會對象見面前，用戶也會檢查對方的個人檔案，尋找對方有沒有有趣的嗜好與經歷，或者前一段關係的蛛絲馬跡。在為電影或電視劇選角時，導演們會檢查演員的個人檔案，評估找他們出演能否從Instagram帶來觀眾。演員們必須變成網紅，就像艾希頓・庫奇曾預測的一樣。

　　在矽谷的安可心理診所（Anchor Psychology）執業的治療師珍妮兒・布爾（Janelle Bull）解釋，隨著Instagram越來越融入日常生活，她的病人們也更焦慮於自己的帳號是否有趣。家長會擔心怎麼幫小孩舉辦足以拍照上傳到Instagram的生日派對與旅遊（早在他們的小孩擁有自己的社群帳號之前），並去搜尋Pinterest或者瀏覽網紅的帳號，尋找讓派對拍起來很好

看的靈感，譬如切開來之後糖果會灑出來的特殊蛋糕。當地的某名家長想要在她小孩十二歲生日時租一台派對巴士，把所有小孩都載到迪士尼樂園，大家就會有很多能上傳到Instagram的內容。布爾質疑孩童是否真的有要求他們的家長策畫如此精緻的活動。

「到底是家長還是小孩希望獲得注意？」她很好奇。這文化已形成一場競賽。她建議家長應該要不定期實施「社群媒體排毒」（social media detox）並重新思考事情的優先順序，她解釋：「人們越為了討人喜歡而放棄自我，這項舉動是讓靈魂逐漸削弱的經典元素。你成為別人想要的產品，而不是你應該成為的那種人。」

她開始在斯特羅姆的母校史丹佛大學為幾名學生治療。在那裡，他所打造的產品正改變校園生活。現在學生們會苦惱如何拍出夠吸睛的照片，以取得加入校園的姐妹會和兄弟會的資格。他們認為，在這些團體的人際關係，會對他們的未來成功與否影響深遠。「他們擔心若自己的Instagram個人檔案不有趣，他們會無法獲得實習機會，或者被教授們注意到。」布爾解釋。Instagram不僅跟社交生活有關 —— 更是深植到職業生涯之中。在世界各地，類似的故事都持續上演。

· · · · · · · · · · · · · · · · · ·

Instagram用戶也發明出自己的方法來緩解因要提升按讚數與粉絲而生的壓力。有些人選擇不從現實生活中尋求能上傳到Instagram的內容，而是自己發明出來。他們會用修圖軟體讓肌膚變得滑順，讓牙齒變白並讓身型變得更纖細。他們進一

步將照片上濾鏡的概念延伸，要把現實也加上濾鏡。

而且在 Instagram 上，這很容易辦到。人們會用真實的身分登入臉書，但是 Instagram 允許匿名。任何人都能用電子郵件信箱或手機號碼建立帳號，所以非常容易能創造出許多看似真實的帳號，並販售它們的注意力。如果在谷歌搜尋「Instagram 漲粉」，就會找到數十家默默無名的小公司有提供付費服務，幫助用戶更有機會獲得名氣與財富。只要數百美元，你就可以買到數千名粉絲，甚至能完全掌握這些帳號的留言內容。機器人的行為有時候看起來會很可疑，譬如假的留言者可能會在食物照片的下方留言：「你好正！！」

買來的粉絲通常不是真人，但這行徑有時能讓用戶看起來有足夠的名氣，以獲得與品牌合作的資格或者吸引到更多真人的關注。假粉絲之於 Instagram 帳號，就像是肉毒桿菌之於皺紋一樣，能在幾個月內暫時改善外在，直到 Instagram 刪除掉這些假帳號後又回到現實。從臉書偵測垃圾貼文的技術裡，Instagram 學到如何找出用戶行為的異常之處，因為有些電腦的行徑人類無法做到，像是在數分鐘內貼出上百則留言。

人們很少會承認自己使用漲粉服務，而有時他們的否認是真的，因為沒有人弄得清楚是誰花錢購買假的關注。若不是網紅的話，會不會是他們的經紀公司？或者行銷活動的某名員工？品牌端的行銷長？所有人都有誘因想讓人覺得他們嶄新的 Instagram 策略是有效的。

因為 Instagram 偵測假帳號的演算法才剛起步，只要機器人帳號有頭像和個人簡介，並有追隨真人的帳號和做互動的話，就看起來就很真實，也很難辨別真偽。而人類，尤其是青

少年，有時候因為傳訊息太過迅速，反而會被誤會為機器人。

這類事件的暴增，對於努力拓展事業的Instagram可說來得不是時候，因為他們在說服許多企業廣告商首度在平台上花錢宣傳。如果行銷人員知道有一大部分的Instagram用戶其實是機器人，他們就不會如此有興趣去花錢接觸他們。在2014年的12月，Instagram第一次針對這問題採取大規模動作，在等到他們認為這套技術已成熟之時，他們一次把所有認定不是真人的帳號給刪除了。

上百萬個Instagram的帳號消失無蹤。小賈斯汀失去了三百五十萬名粉絲，肯朵·詹娜和凱莉·詹娜則失去數千名粉絲。1990年代的饒舌歌手Mase的粉絲則從一百六十萬驟降至十萬人，他後來也因為太過尷尬而刪除了個人帳號。

一般用戶也有受到影響，因為機器人帳號會隨機成為真人用戶的粉絲。全世界的用戶都在推特發文指責Instagram，並乞求讓他們的粉絲數回復，他們表示他們所做的事罪不至此。媒體後來戲稱這事件為「被升天」（the Rapture）。

在面對完這些抱怨之後，Instagram決定在未來會不斷調整清理帳號的規範。當然，垃圾帳號不會消失；只是變得更狡猾、更努力讓機器人的行為更像人類，在某些例子中，甚至會付費請真人來為客戶的貼文按讚跟留言。

到了2015年，包含Instagress和Instazood在內的公司，都提供很吸引人的服務：客戶只要專注產出完美的貼文，他們會負責其他的社群工作。客戶會把帳號的密碼權限交給他們，他們接著就會把這帳號變成一台追求人氣的機器，跟隨上千個帳號並在其作品留言以引起注意。

在《彭博商業週刊》記者麥克斯・查芬金（Max Chafkin）的一篇報導中，他就測試自己能否用Instagress的服務快速變成網紅。在一個月之內，他共花費十元美金在自動化的技術上，而他的帳號共對28,503則貼文按讚，並留下7,171則評論，都是一些事先寫好的通用內容，譬如「哇！」、「非常精采」以及「這就對了」。那些他所互動的用戶也會做出相對應的行為，幫助他提昇粉絲數提高到上千人。在首次獲得贊助貼文的機會之後（試穿一件五十九美元的T恤），他也終止這項計畫。但沒有人知道那些回過頭來追蹤他的帳號，是否也是機器人。

· · · · · · · · · · · · · · ·

Instagram不鼓勵他們的頂級用戶「弄假直到成真」，因為這樣的成長無法永續。這就像是為了要讓用戶回來使用應用程式，寄給他們一堆通知。久而久之，就會降低用戶的信任。

Instagram的員工花了很多時間在將自家的產品與臉書比較，思考如何維護他們對Instagram所抱持的藝術與策展想法，但也把用戶的壓力問題擱置在一旁。他們同時要面對更急迫的需求：十億美元的營收目標。

要打開水門，引進臉書海量的廣告需要很細緻的政治操作。Instagram決定走一條不輕鬆的路。負責在臉書的基礎上打造Instagram廣告系統的產品經理艾許莉・玉琪（Ashley Yuki），她之前是臉書的員工，所以知道如何跟雙方溝通。她把團隊帶去跟位於另一棟大樓的臉書廣告小組坐在一起，以展現她們對相互合作的重視。當雙方對彼此有初步理解後，一名

Instagram團隊的成員杭特・赫斯利（Hunter Horsley）就向臉書的產品經理菲姬・席夢（Fidji Simo）解釋，Instagram需要保持廣告圖素的寬度至少有六百像素。這是他們的最低要求。

「絕對不行。」這位產品經理說。臉書的下限是寬兩百像素，如果要人們用同一套系統購買臉書的廣告，Instagram不能設出比這還高的要求。自動化系統最重要的功能就是要**降低阻力**，除掉所有阻礙人們在臉書花更多錢的原因。

「如果我們也同步提升臉書廣告尺寸的下限呢？」赫斯利問道。

「這樣我們會失去很大一部分的廣告商，」這位產品經理說。

也許是如此，幸好所有跟臉書員工爭論失敗的人，還有最後上訴的餘地：進行測試並從數據找出成果。當赫斯利測試提高對圖素品質的要求，是否會讓臉書少賺錢時，他卻很神奇地發現結果其實是相反的。廣告商反而會更認真看待廣告，因此花更多錢在上面。這項變動也因而獲得許可。

· · · · · · · · · · · · · · ·

雖然Instagram看似在這場爭論中勝出，證明業績成長與廣告品質不一定無法共存，但他們仍需要在其他面向上有所妥協。Instagram過去只允許上傳方形的照片，但廣告商通常會用橫的長方形規格拍攝，這樣一來才能在網路的各個地方使用，也包含臉書在內。

Instagram的方形照片非常具代表性，以至於蘋果設計出一套方式讓iPhone能拍出這規格的照片。有些社群團隊的

成員會認為，改變上傳照片的規格就等同改變 Instagram 的本質，也會降低產品的辨識度。儘管斯特羅姆和克里格希望 Instagram 能賺錢，他們也一致認為如果為了迎合廣告世界的需求，而太過偏離產品的初衷，對 Instagram 是個風險，也可能會失去讓 Instagram 與眾不同的一切。

廣告產品經理玉琪認為她曉得要怎麼跟他們溝通。若廣告商的這個重大問題，也是 Instagram 用戶的問題呢？她在自己的 Instagram 動態消息上，會看到朋友在橫的照片的上方與下方，或者直的照片的左邊與右邊加上白色色塊，因為這樣才能用他們想要的形狀在 Instagram 上傳照片。她懇求克里格至少先檢查一下這是不是常見的問題。那天晚上，在舊金山的通勤巴士上，克里格隨機找了兩千張 Instagram 的照片，看有多少比例的照片會這麼做。隔天他告訴玉琪，她是對的：有20%的用戶會在照片的四周使用白色或黑色的色塊。

因為有部分的 Instagram 資深員工出聲表達對採用長方形照片規格的恐懼，玉琪原本做好準備可能得向斯特羅姆提案許多次，但她沒想到他對這想法很歡迎。「我想像到會有塞滿一整座體育場的人，他們都會不約而同地說：『為什麼要他們做個決定那麼難？』」斯特羅姆對她說。「而這也告訴我，我們正以錯誤的理由堅持己見。」

當他們決定讓人們能張貼長方形的照片之後，許多長期用戶寫信給他們，好奇為什麼公司要花那麼久才滿足這個顯而易見的用戶需求。

· · · · · · · · · · · · ·

這問題的答案也逐漸清晰，不僅因為 Instagram 要分神與臉書在廣告機制上做政治角力，以及優先採行吸引頂級用戶的策略，讓他們產生了一個很大的盲點：普通用戶的體驗。Instagram 沒有考量到那些與 Instagram 精心策畫的品牌故事格格不入的用戶。

就像之前對廣告機制的改變，臉書也持續推著 Instagram 前進。成長團隊寄給斯特羅姆一份名單，上面列了二十幾件臉書希望 Instagram 能改變或追蹤的事項，為的是更快地增加用戶；這些要求包含更實用的 Instagram 網站以及更頻繁的通知。而且他們想讓臉書成長團隊的資深員工喬治・李（George Lee）轉到 Instagram 負責成長團隊，但過去幾名負責人都鎩羽而歸。幾年前，有幾名嘗試在 Instagram 嵌入成長思維的員工曾憤而離去，因為斯特羅姆對所有他認為騷擾用戶的做法都非常抗拒。李理解他的工作將橫跨在兩個截然不同的文化之間。

他告訴他在臉書成長團隊的同事：「如果我接下這職位後，某一天回來跟你說我們只會做其中的十二件事項，你必須相信我那是最重要的十二件事項，而且是我自己的想法，而不是凱文的主意。」

接著他也回頭對斯特羅姆說：「我知道你收到這份列著二十件事項的清單，並不是全部都讓你感到非常自在。但如果我跟你說，其中有十二件事項是我們真正該執行的，我需要你信任我。」

斯特羅姆提到，Instagram 之所以能獲得那麼大的迴響，是因為它十分簡潔。他認為如果他們要改變任何東西，那必須是因為那能讓 Instagram 變得更好，而不是因為那能幫助臉書

達成成長的指標。即便如此,他還是同意聘用李。

很快的,Instagram 對數據分析投入的資源,幫助他們看清一些重要的事情。譬如事實證明,為了在 Instagram 展現出完美生活的高度壓力,對他們產品的成長是很不利的。但這個現象卻非常有利於已成氣候的對手:Snapchat。

第九章

Snapchat 危機

「人們在 Instagram 感受到的是，他們對自己的不滿足。這
讓人感覺很糟。他們得相互競逐人氣。」

—— 伊凡・史皮格，Snapchat 執行長

臉書的總部為了工程師的生產力做了最佳化。他們提供免費、精緻且豐富的食物，從任何人的辦公室無需五分鐘的路程，就能找到有各式主題的自助餐廳。員工專用的應用程式，讓人們能提前詳閱菜單；然後可以選擇外帶的餐具，員工就可以把餐點帶回工作桌享用。若休息時間較短，在各個工作區域也有「迷你廚房」，提供各種健康與不健康的包裝零食，包含穀片、芥末豆與芒果乾。一旁放著椰子汁跟抹茶飲品，以及各式品牌與口味的礦泉水與氣泡水。當員工帶著零食回到鍵盤前且吃完零食後，臉書不敢打擾他們接下來要做的事，因此每位員工的腳邊都有小型的垃圾桶。

Instagram的員工也享有相同的福利以及相同的倒垃圾特權，直到2015年秋天的某一天，他們的小垃圾桶突然消失了。他們的個人紙箱，裡頭裝著因為辦公室擴大，在打包後沒有拿出來的雜物，也從視線中消失並被搬到儲藏室。而幾顆聚酯纖維的銀色大型氣球 —— 有著數字形狀，用來展現員工的「臉書週年慶」，也就是加入臉書的週年紀念日 —— 則被剪破且棄置。

斯特羅姆告訴他的員工，Instagram是一間與工藝、美麗與簡潔相關的公司，所以他們的辦公室也得反映出這精神。他解釋說，這些臉書週年慶的慶祝氣球因為懸在桌上太久都洩氣了。這些氣球最多只該掛上幾天。而那些儲物箱讓整個空間看起來很雜亂且未完工。垃圾桶是其中最糟的，因為裡面塞滿了各種垃圾，是時候讓這空間呈現出他們的個性了。

在收購後的三年間，斯特羅姆一直苦惱於Instagram的總部很沒有自己的風格這件事。臉書在他們辦公室的牆上貼滿

現場印出來的激勵人心的海報，上頭寫著：「完成比完美更重要」、「快速移動，打破成規」等標語，這些都跟Instagram崇尚工藝的精神處在對立面。前一年，在2014年，斯特羅姆從Instagram的迷你廚房撤下部分海報，且很罕見地面露情緒。接著他花費數百萬美元裝飾辦公室空間，尤其是以公司早期的辦公室所在地命名的個人會議室「南方公園」。會議室裡擺設幾張具現代感的綠色椅子，牆上壁紙的圖案是以員工們的指紋放大所構成，以及一張壓克力的桌子，展示著他的第一張Instagram照片，主題是他的未婚妻穿著涼鞋的腳加上一隻狗，是在墨西哥的一個塔可攤前拍攝的。

不過，他還是對這個空間感到很羞愧。斯特羅姆剛從辦在皮克斯的管理者培訓活動歸來，他看到皮克斯雖然隸屬於迪士尼，但他們的辦公室很明顯地呈現並彰顯出幾個從他們的知名作品所選出的橋段，其中包含《玩具總動員》（*Toy Story*）和《超人特攻隊》（*The Incredibles*）。克莉絲·詹娜最近打電話給斯特羅姆的營運部總監瑪恩·李維（Marne Levine），想要找金·卡戴珊一起參觀Instagram的辦公室。但有什麼好參觀的呢？整體看起來仍像是臉書的空間，除了顛倒屋（Gravity Room）之外 —— 這個裝飾得像模型屋的空間是專門設計用來拍照的，裡頭的桌椅被裝在牆壁上，無論誰站在裡面，看起來都像在牆壁上行走。這個空間在社群網站上看起來很美好，但若親自走進去會發現到，這個空間因為有許多臉書總部的訪客爭相造訪，壁紙都已龜裂剝落。

Instagram的員工，很多人是從臉書轉職過來的，不大欣賞斯特羅姆新的垃圾桶規範。這很不切實際，而且似乎會讓他

們分神，無法投入在應該專注的事情上：他們的競爭力。對他們而言，這完全體現出斯特羅姆對這個產品本身的看法，也就是希望展現出最具價值的一面。但認為 Instagram 的應用程式能展現世間之美的原貌，這個想法正面點說是過時了，最糟的情況下這個定位是危險的，限制了自己的機會，把這市場拱手讓給 Snapchat。每天約有一億人會登入 Snapchat——這數據是臉書透過 Onavo 的工具所精準推估的。員工們已經失去信心，認為斯特羅姆不知道哪些才是對 Instagram 未來最關鍵的考量。

員工們做了二十幾歲的年輕人在感到不自在時會做的事：他們把它化作哏圖。他們把斯特羅姆的宣告變成滑稽的偽醜聞，將之命名為 #trashcangate（垃圾桶門）或是 #binghazi，後者的主題標籤是向當時熱議的時事致敬：媒體在探討希拉蕊・柯林頓在班加西（Benghazi）所犯下的政治錯誤。他們連續幾週在週五與斯特羅姆與克里格的問答會議中提出相關議題，有時候只是為了博君一笑，因為很明顯斯特羅姆不打算作出讓步。當斯特羅姆出國與名人會面並寄包裹回辦公室時，他們會把包裹堆在他的「南方公園」會議室外，員工們會拍下照片，並竊笑這諷刺的畫面。甚至有員工在萬聖節變裝成垃圾桶。

這現象很難用道理去說明，因為在 #垃圾桶門笑話的最深處，其實是員工的不滿。斯特羅姆太專注在他希望用 Instagram 呈現的面向，為品質設下了很高的標準。但斯特羅姆的高標準正是阻礙員工推出新功能的原因。這也為 Instagram 的員工造成壓力，他們會懼怕發布消息，因為他們認為 Instagram 必須保證完美。

但最後給了 Instagram 一記當頭棒喝的人不是皮克斯，也

不是卡戴珊家族。而是青少年。

「第三個星期四的青年聚會」（Third Thursday Teens）是由負責調查的員工琵雅‧娜雅克（Priya Nayak）每月舉辦的夜間系列活動。這活動讓Instagram的管理階層能對青少年自然的使用習慣進行觀察：他們會拿著手機坐在沙發上彼此閒聊。娜雅克會坐在房間裡，面對沙發上的年輕人。在她身後是一面鏡子，但只會反射她這面影像。這面鏡子事實上是隔壁房間的窗戶，在那邊Instagram的產品設計師和工程師會觀察這些青少年，邊喝著酒邊記下他們的談話內容。

Instagram的管理階層已從麗茲‧裴里那邊獲得許多關於青少年的情報，是從她所整理的一份清單，當中列出在全世界引領潮流的青少年網紅的身上得來的。但因為這些年輕人是由第三方組織「watchLAB」所付錢找來的，也不知道這次訪談是為了哪一間公司而做的，他們會非常誠實地表達出自己的感受，甚至誠實到有點殘忍。

這些青少年表示，他們會細心維護自己的動態消息以讓人留下好印象，而且他們設下了各種潛規則。

譬如他們會記錄自己的粉絲人數與追蹤中人數的比例，且不希望追蹤中的人數大於有追蹤他們的人數。他們想要每張照片有超過十一個讚，這麼一來誰來按讚的顯示方式才會從一排姓名變成數字。他們會先把自拍照傳到朋友群組並取得反饋之後，再決定這張照片值不值得上傳到Instagram。他們也會很細心地策畫內容。年紀大的用戶通常會讓他們在Instagram上的照片永久保留下來，變成每一次參加旅行和婚禮的歷史紀錄，但有些年輕人會定期刪掉全部，或者大多數的貼文內容；

或者當他們邁入新的學年時，會創一個全新的帳號重新塑造個人形象；或者是當他們想要嘗試新的美學風格。如果他們想要表達自己時，他們會用「小帳」（finsta）。

許多年輕人都有另一個稱作「小帳」——也就是「假的 Instagram 帳號」（fake Instagram）——但其實是他們流露真性情的地方，他們會說出他們的想法，以及貼出未修圖的照片。但這通常是私人帳戶，只跟好朋友分享。在包含英國在內的某些國家，年輕人會稱之為「私帳」（priv accounts）；而在其他國家，則稱為「垃圾帳號」（spam accounts）。這些命名方式都顯示出，他們不希望被在這些帳號發表的內容來評斷。

但到了 2015 年下半年，青少年越來越不需要「小帳」了，因為他們可以在 Snapchat 上面展現更真實與愚蠢的自己，因為所有內容在發布沒多久後，都會消失。尤其是 Snapchat 的限時動態功能，成為他們記錄生活的新方式，從起床、走路上學、覺得無聊到跟朋友出去玩——像這些活動原本都沒達到能成為 Instagram 貼文的標準。

「Instagram，」某天晚上一名青少年解釋，「會成為下一個 MySpace。」

雖然 MySpace 最輝煌的時期，這些年輕人可能才在讀幼稚園，但他們知道這句話所蘊含的惡意。「成為下一個 MySpace」是所有科技公司的噩夢——你可能一度是市場上的霸主，但若一個不注意，就會讓下一個霸主追趕上並毀了你。在 MySpace 的例子中，這個破壞者就是臉書。對於擔心被淘汰的偏執，一直都在臉書的潛意識中醞釀著，這也是起初讓他們決定收購 Instagram 以及試圖收購 Snapchat 的原因。

　　這個在「第三個星期四的青年聚會」中所表達的個人觀點，也得到數據的證實。當娜雅克首次聽到「小帳」時，她請Instagram的資料科學家去調查，有多少人擁有多重帳號。經過幾個禮拜的糾結之後，她也取得到相關數據。有15～20%的用戶有多重帳號，而且在青少年中的比例更高。她寫了一份報告向Instagram的團隊解釋這個現象，因為她在Google搜尋中找不到相關討論。而他們原本的猜想是，擁有多重帳號的人是因為要跟家人或朋友共用手機。

　　讓他們更擔憂的是，由麥克·德維林（Mike Develin）所領軍的資料分析團隊，從用戶的行為中挖掘出「互相追蹤的問題」。Instagram太過強調名人跟網紅，導致新用戶的動態消息都來自於不會回過頭來追蹤用戶的知名人士。一般人使用這平台時，只是想要看看專家都在做什麼，越來越少發表自己的內容，並設下很高的標準，只願意發表那些夠重要或夠水準的照片。就算如此，某人的一則獲得十四個讚的貼文，與麗麗·龐斯有一百四十萬個讚的貼文相比就顯得微不足道。

　　德維林的團隊也發現用戶每天發表的照片不會超過一張。因為發太多貼文占滿粉絲的版面時，會被認為很沒禮貌，甚至被視為垃圾訊息，甚至讓這些人開始會加上充滿自省的主題標籤#doubleinsta（第二則Instagram貼文）。

　　Instagram的成長仍非常迅速。到了那年九月，他們的單月用戶已有四億名，已經遠遠超過推特。但因為人們為內容設下了高標準，導致用戶的平均發文率正在下降。發表的內容減少，也代表著Instagram對人們的生活越來越不重要。這現象也可能意味著，動態消息中所潛在的廣告版位將減少。而在美

國跟巴西青少年用戶的成長也減緩，這群人是Instagram非常關鍵的指標族群，因為他們往往會比其他市場更早有所反應。與成為下一個MySpace比起來，或許對Instagram而言更直接的危機是成為下一個臉書：無論臉書用什麼方式吸引，有些青少年仍不願意回來使用。

所有被視為阻礙分享的因素，都總結在某一名公司的研究員所提出的殘酷報告中。公司也展開名為「典範轉移」（Paradigm Shift）的計畫來解決這些問題。為了應對這波創立小帳的趨勢，Instagram開始讓用戶更方便切換帳號；而面對#doubleinsta的問題，Instagram會讓用戶能在單則貼文中分享多張照片，他們也一步一步地解決相關問題。斯特羅姆通常不喜歡用戰爭來比喻，但如果他們正在與Snapchat作戰的話，那「典範轉移」就等於是他們的灘頭堡。

然而，在一小部分的Instagram員工看來，「典範轉移」只算得上是演化，而非革命，無法改變最根本的潮流。雖然斯特羅姆終於願意做出改變，但這些員工認為還不夠大刀闊斧，Instagram應該要有更巨大、更勇敢的變化。他們絕對要引入某種會自動消失的貼文，就像是Snapchat的限時動態一樣，以降低人們在Instagram力求完美的壓力。

沒有人想聽到這種提議，尤其是斯特羅姆。

· · · · · · · · · · · · ·

以斯特羅姆的觀點看來，為Instagram設立高標準能使其茁壯，因為斯特羅姆非常在乎自我的精進。在過去這幾年裡，他除了建立出一個擁有四億用戶的社群網路之外，他也更擅長

煎牛排、提升慢跑的哩程，並對室內設計以及養狗有更多的理解。他也正與一名企業高階教練合作。此外，他準備好要迎接另一個新的挑戰，不僅能雕塑身型，也能欣賞舊金山灣區的自然風光。

在灣區有許多自行車手，他們會穿著有著贊助商Logo，由彈性纖維製成的加厚短褲以及螢光色的拉鍊外套，冒著生命危險在能俯瞰水面的山丘上的許多盲彎馳騁。但多數騎自行車的人沒那麼專業，（最主要）都只是很認真地看待嗜好的男人。騎自行車已蔚為流行，因為能讓人們擺脫科技業隨時待命的文化所帶來的壓力，而有時間去思考事情。在潛移默化中，斯特羅姆已經對這種主張已有足夠的理解，並在2015的下半年，他找到一個地方展開他的自行車之路：灣區單車界的麥加（mecca）「類別之外」（Above Category）。

這間位於舊金山市的北方，離薩索利托（Sausalito）碼頭只隔了幾個街區的自行車店，因為專門提供罕見的高端設備，包含價值數萬美元的自行車而舉世聞名。斯特羅姆買得起任何一輛自行車，但首先他想讓自己夠資格。他跟那天在店裡工作，身材高䠷、留著黑色捲髮的奈特・金（Nate King）說，他想要一輛外觀不太張揚的自行車，幫助他先起步。

金幫他挑選並訂購了一台Mosaic的公路車。斯特羅姆把這台車放到舊金山家中的自行車訓練台上。每天早上，斯特羅姆會踩著踏板，在腦中盤點需要被完成的事物。他跟妮可・舒塔茲於萬聖節結婚，並在納帕的葡萄酒窖裡舉辦正式的晚宴。知名的設計師暨好友肯・福克（Ken Fulk）將新人希望擁有維多利亞時期的風格布置付諸實現，更獲得《Vogue》雜誌的報

導。他們計畫要去法國渡蜜月。Instagram以破紀錄的速度，僅僅在廣告功能上線的十八個月內，就達成十億元的營收，這也要歸功於祖克柏的推動。他們經歷了許多改變，而且是很快速的改變。

隨著Instagram的規模變得更大，他也認同臉書的看法，覺得自己需要更常把數據資料加入思考，並且開始像他測量咖啡的萃取率或者滑雪的路徑一般測量Instagram的表現。利用這些資料，他們能夠不斷微調策略，直到數值有所改善。這就是「典範轉移」的意義所在，這個充滿臉書風格的做法，雖然乍看跟Instagram仰賴直覺的設計文化背道而馳，但是卻非常值得這麼做。

他在多人的線上單車遊戲Zwift中測試自己騎車的進展，變得很執著於打破個人的最佳紀錄。自行車店的奈特也成為他的導師，常常收到斯特羅姆寄來的電子郵件，詢問增進自我的策略：我需要使用功率計嗎？或者是離合器？到最後金會帶斯特羅姆跟著產業裡更認真的車友一起騎乘更具挑戰的路線。斯特羅姆一開始帶著自嘲的語氣抗議道：「我還不夠厲害。」

「老兄，你創造了一個動詞！」金回覆道，這句話足夠激勵斯特羅姆繼續努力。

這個動詞 ——「發Instagram」（to Instagram）是斯特羅姆在騎車時會思考的另一件事情。對他而言，這行為代表著捕捉生命重要的片刻，無論是很重要、很漂亮或者很有創意。但斯特羅姆的體驗是很獨特的。因為工作性質的緣故，他周圍經常有各式各樣美麗且有趣的事物。我們可以毫不誇張地說，在所有的Instagram用戶當中，他是其中一個擁有最漂亮、最有趣

的生活的人。

7月，他會在太浩湖划船，他在那裡有棟由福克設計的湖濱小屋。8月，他會去義大利海岸邊的 Il Riccio 渡假，並到波西塔諾（Positano）夜潛。9月，他在巴黎時裝週期間，會與肯朵·詹娜以及設計師奧立維·羅斯汀（Olivier Rousteing）共進晚餐。10月，他與法國總統法蘭索瓦·歐蘭德（François Hollande）碰面，並幫他加入 Instagram。幾天過後，他跟女演員莉娜·丹恩（Lena Dunham）與攝影師安妮·萊伯維茲（Annie Leibovitz）一起自拍。而這只不過是從他公開貼文裡選出的部分內容；舉例來說，他沒有透露過他有見到歐蘭德的狗，並在愛麗舍宮的酒窖裡品嚐高級的巧克力。

斯特羅姆跟青少年一樣，越來越不常在他的動態消息發文，只會放上最好的內容，精心策畫並刪除那些他不希望被永久記下來的事物。此外，他現在擁有一百萬名粉絲，而且必須要代表公司。這跟 Instagram 剛創立時不同，當時用戶會組織攝影散步，並在意想不到的地方尋找美。

「Instagram 不是為了吃一半的三明治而存在。」他會這麼跟員工說，要與 Snapchat 的野生感做出對比。若把照片依照品質從一到十排序，Instagram 是為了那些超過七分的照片存在的，斯特羅姆會這麼說。如果他們改變這一點，有可能會毀了這個平台。雖然這計畫一直被稱為「典範轉移」，但最核心的思想仍是「別搞砸了」。

· · · · · · · · · · · · · ·

員工們一直希望斯特羅姆冒點險。那年年初，團隊成員有

個新功能的想法,這個名為「回力鏢」(Boomerang)的新功能,讓人們能快速拍下數張照片,並結合成在倒退與播放不停循環的影片。這能讓簡單的動作產生娛樂效果:蛋糕會被切開然後回復原狀,水會被潑出去又收回來,不斷重複播放。Instagram 的員工約翰・巴納特(John Barnett)和艾力克斯・李(Alex Li)預期這個提案會被斯特羅姆否決,所以就沒有找他談論。他們反而在臉書贊助的黑客松開發「回力鏢」並且獲得勝利。斯特羅姆也因而對此有信心,並把這變成 Instagram 的功能之一,但他是在收到祖克柏的祝賀信後才這麼做的。

巴納特跟李耗費了幾個下午,在園區內的 Philz 咖啡 —— 也是臉書唯一需要付費買咖啡的地方 —— 沙盤推演要如何說服斯特羅姆 Instagram 需要提供會自動消失的發文功能。兩人都隸屬於「典範轉移」的小組,但每一次他們想認真討論類似限時動態的功能,都會激起大家的情緒。

李又特別地著急,因為他的老婆在幾個月內,約莫在感恩節前後將生下他們的第一個小孩,所以如果他沒能在放陪產假前幫忙解決 Instagram 的問題的話,他將在離開辦公室的時間裡感到非常沮喪。

到最後,他決定要跳過他的各級主管,直接向斯特羅姆提案。李跟克里格解釋他在想的事情。**讓我直接跟他對話,教練**,他乞求道。雖然克里格無法下決定,但他仍然是公司的共同創辦人,並且有一對理解同情的耳朵。他總是很善於聆聽並化解衝突。克里格同意像 Snapchat 限時動態的功能值得考慮,但表示他不打算幫李傳話。

某天下午,克里格厭倦了李的不斷遊說而作出讓步。「我

們應該現在打給斯特羅姆。」他說。「他或許在開車。」

斯特羅姆接起電話後，李終於等到這一刻，能直接向他展開溫情攻勢。他解釋除了他、威爾‧巴里（Will Bailey）和約翰‧巴納特之外，有很多立意良善的人也都很關心這功能何時能推出，他們甚至願意花費個人時間投入開發。

「我受夠了這些鬼話了。」斯特羅姆說。公司已有既有的計畫，他們需要尊重彼此有不同的意見。

結束這通激烈的通話之後，李感到非常焦慮，於是他整晚都在體育館內投籃。接著他寫了一封長信，希望斯特羅姆作出讓步。能不能定期有個小會議，讓斯特羅姆跟他、巴納特和巴里，能更徹底地討論一些新想法？但斯特羅姆告訴他再等等。

. . . .

到了2015年的秋天，伊拉‧葛拉斯（Ira Glass）在國家公共廣播（National Public Radio）的《這種美國人生活》（This American Life）中主持了一集名為「狀態更新」的節目。節目的一開始，有三名年約十三或十四歲的女孩，解釋Instagram如何為她們的社交生活帶來全面的壓力。這幾名青少年的名字是茱莉亞、珍和艾拉，她們解釋在她們的高中，如果在十分鐘內沒為朋友的自拍照留言評論，她們的朋友就會處處刁難這段剛萌芽的友誼。

在留言處，他們會使用各種溢美之詞：「我的天，你根本就是個**模特兒**！」或者「我討厭你，因為你實在太漂亮了！」有時會搭配像是眼冒愛心的表情符號。如果發自拍照的人在乎彼此友誼的話，她也會在十分鐘內回覆像是：「沒有啦，**妳才**

是模特兒！」（她們從不說「謝謝」，因為這就暗示她們同意自己長得漂亮，這會很嚇人。）女孩們預期透過自拍照能獲得一百三十到一百五十個讚，以及三十到五十則留言。

在 Instagram 的互動生態 —— 尤其是誰在誰的照片留言、誰能出現在誰的自拍照中 —— 也形塑了他們的友誼、他們在高中的社會地位以及他們的個人品牌，且都很敏銳地意識到這幾件事。她們在廣播節目中向葛拉斯解釋：

> 茉莉亞：要保持在圈圈內，你必須要 ——
>
> 珍：你必須要很認真。
>
> 艾拉：「有在圈圈內」現在是很重要的詞。
>
> 埃拉：你們現在都在圈圈內嗎？
>
> 艾拉：嗯，我跟圈圈緊密連結。
>
> 珍：國中的話是。在國中，我們絕對都在圈圈內。
>
> 艾拉：我們都跟圈圈緊密連結。
>
> 珍：因為在國中，任何關係都已塵埃落定。但現在，在高中之初，你很難說誰有在圈圈內。
>
> 埃拉：好的。但在圈圈內的意思是？
>
> 珍：在圈圈內指的是人們在乎你在 Instagram 張貼的內容。

葛拉斯在口白中解釋，就是因為這樣的壓力，讓人們貼文時都戰戰兢兢。他們限制自己只能上傳最好看的自拍照，而且要先傳到女生朋友的群組中經過仔細審核。在相同的聊天群組裡，他們也會把學校裡的其他孩子拍醜的自拍照與不良的留言截圖並分析。

「他們每個人每週只會上傳幾張照片，」葛拉斯解釋。「他們只有一小段花在Instagram的時間，會收到別人來稱讚她們的照片很美。多數的時候，他們都花在剖析跟測量社交關係裡的枝微末節。」

‧ ‧ ‧ ‧ ‧ ‧ ‧ ‧ ‧ ‧ ‧ ‧ ‧ ‧ ‧ ‧

這集節目在Instagram的總部被傳得沸沸揚揚。這種行為也正是李跟巴納特所顧慮的。

巴納特是位溫柔且留著鬍子的產品經理，在最近一次的績效考核中，主管認為他人太好了，鼓勵他可以在傳達自己的意見時，表現得更狠一點。他雖然照做了，但卻仍在「典範轉移」的會議裡舉手提案其中一版的限時動態時，吃了閉門羹。主管跟他說，不要推動這個計畫，也不要跟有興趣開發這功能的同事談論，因為斯特羅姆已經下定決心了。

到了1月，保持戰鬥狀態的壓力讓他筋疲力竭。在跟斯特羅姆的一次開會裡，雖然已經滿頭大汗，巴納特還是盡可能使出狠勁，跟執行長表示目前的「典範轉移」計畫，不夠有效率，也不夠有創意能足以打倒Snapchat。

斯特羅姆仍無動於衷。「我們絕不會推出限時動態，」他說。「我們不該 —— 我們也不能 —— 而且這不符合人們在Instagram上思考跟分享的方式。」

Snapchat是截然不同的產品，而Instagram能提出自己的方法。

感到挫敗的巴納特，計畫要調轉到臉書的其他部門，但在這之前，他說服了一些員工，在斯特羅姆不知不覺中，祕密地

在十六號樓裡，投入產品示意圖的製作。曾協助設計「回力鏢」功能的克莉絲汀・蔡（Christine Choi），跟他一起打造展示用的概念圖，這個二十四小時後會消失的內容，被安排在應用程式的上方，並以橙色的小圓圈排列。她把概念圖上傳到內部的設計分享系統 Pixel Cloud 中。人們建議巴納特不要把這拿給斯特羅姆看。

・・・・・・・・・・・・・・・

斯特羅姆有充分的理由不開發類似限時動態的工具，因為所有臉書嘗試模仿的產品都失敗了，先是 Poke 這個明目張膽複製 Snapchat 的產品，其徹底失敗到祖克柏確信他必須在 2013 年提出三十億美元的收購金額。接下來，臉書在內部的創意實驗室「臭鼬工廠」（Skunk Works）所製作出想吸引年輕人的產品，都是曇花一現，有 Slingshot 這個限時分享的照片應用程式，還有 Riff 這個嘗試參考 Snapchat 限時動態的產品，因為太不重要而不曾被媒體提及。這些產品都沒有獲得超過千名的用戶。

馬克・祖克柏本人曾在那年冬天給主管的內部備忘錄中解釋過，跟手機相機有關的工具，會是臉書未來的核心。他建議某種有限時的分享形式將會出現在臉書的產品路線圖上，而或許 Instagram 也應該要考慮。但科技產業所謂快速跟風（fast-follwing）的策略，很少真的奏效。

「為了取得上風，會讓我們過度看重舊有的機會，且拙劣地抄襲過往的成功案例。」創投家、臉書的董事彼得・提爾（Peter Thiel）在他 2014 年出版的《從 0 到 1》中寫道，斯特羅

姆也要求他的主管們閱讀這本書。「競爭會使人們幻想出不存在的機會。」

斯特羅姆也開始細讀另一本書，是前寶鹼（Procter & Gamble）的執行長萊夫利（A.G.Lafley）的著作《玩成大贏家》（Playing to Win）。萊夫利這本書的主旨也呼應了Instagram創辦人們對簡潔的關注。「沒有一間公司能對所有客戶都面面俱到，並且還成為贏家的。首先，公司必須先決定戰場；接著他們必須決定如何在這市場中獲勝，且不用在乎其他面向。」

巧合的是，萊夫利才剛成為Snapchat的執行長伊凡・史皮格的業師。而史皮格也決定出他想要投入的戰場：Instagram的地盤。

. . . .

在矽谷中高階主管中，斯特羅姆可能是唯一有合理的藉口參與奧斯卡金像獎的人。他想要跟Instagram上的知名用戶相互認識，並理解他們使用平台分享內容的狀況。在2016年，他穿上燕尾服，找他的妹妹凱特當女伴，並在前往紅毯之前，在他的Instagram貼出一張在鏡子前拍下的兩人合影自拍照。

當斯特羅姆跟眾人交流時，明星們在Instagram上也貼出比以往更多的內容。但當他讀著這些貼文的內容時，他注意到一個趨勢。他們都在透過貼文引導粉絲去觀看獨家的幕後花架影片 —— 但是在Snapchat上。

克里格在那年不久前出席金球獎時，也注意到相同的現象。Instagram傳授給這些人避開公關或狗仔，直接跟觀眾互

動的價值所在。但 Instagram 卻因為過去打造產品的方式,而不允許他們盡情地分享。原來,這些明星也有著和青少年相同的困擾:他們不想要洗版粉絲,或者貼出會永久留存的內容。

媒體也發覺到這個趨勢。「我們透過 Instagram 和推特欣賞到許多張在這個隆重的夜晚所拍下的照片,但同時有幾位 A 咖名人也使用新的社群網站管道傳遞他們在奧斯卡盛會裡的種種。」《E!News》寫道。凱特・哈德森(Kate Hudson)使用 Snapchat 中讓人看起來很傻的濾鏡跟希拉蕊・史旺(Hilary Swank)自拍。尼克・強納斯(Nick Jonas)用 Snapchat 拍下他跟黛咪・洛瓦托(Demi Lovato)在《浮華世界》的派對上一同玩耍的影片。而在眾多明星中,女神卡卡顯得最親民,她帶著 Snapchat 的觀眾看見她在表演前梳化的過程。接著她也透露自己的緊張心情,因為她準備要在台上跟一群性虐待的倖存者表演〈Til It Happens to You〉。

Snapchat 也首度開放讓限時動態能直接用電腦,無需透過手機瀏覽,這讓像《E!News》類型的網站更容易撰寫相關報導。看起來 Snapchat 裡並不存在斯特羅姆所否定的那種「吃一半的三明治」的內容;它也成為人人專屬的實境秀。

克里格跟斯特羅姆意識到,這正是李、巴納特等人一直想要向他們傳達的:Instagram 的用戶現在有個地方能擺放所有他們原本不會上傳的內容。如果他們沒辦法讓這些內容被放到 Instagram 上,就可能把這些用戶永遠地拱手讓給了 Snapchat。

你正站在岔路口,斯特羅姆對自己說。**你可以因為保有對 Instagram 的看法而保持不變,或者你該賭一把。**

他決定賭一把。斯特羅姆非常清楚如果他失敗了,他可能

會被開除，或者毀了這一切。但在那個當下，毫無做為可能才是保證會失敗的決定。

有個例外狀況是提爾在《從0到1》所寫道的：「有時候你必須要出戰。如果真的遇到這情況，你應該出戰並獲勝，沒有模糊地帶：你要麼不出拳，要麼就出手猛烈並迅速收尾。」

快速行動的需求不僅僅是為了Snapchat。如果在臉書的藍圖裡將出現限時分享的產品，Instagram必須搶先開發出來。否則，Instagram會失去產品的酷炫元素。

· · · · · · · · · · · · · ·

沒過多久，斯特羅姆安排了一場緊急會議，並找來所有產品的高階主管參加。在「南方公園」會議室前方的白板上，他畫出一個Instagram應用程式的示意圖，在螢幕的上方有著小的圓圈，並發給大家一份文件，上面有著蔡跟巴納特的設計概念 —— 這個行為讓他們感到受寵若驚。他解釋，每位用戶都可以將二十四小時後自動消失的影片，加到個人影片庫中，並且他希望團隊能在夏天結束前推出這個新功能。在場的大多數人都感到十分驚訝與新奇，這一刻，終於敢於承擔重大風險的領導人，讓他們的精神為之鼓舞。「這就像是待在約翰·甘迺迪（John F. Kennedy）宣布說我們要登陸月球的那個房間裡。」一名主管後來回想道。很少人知道這個決策背後的緊繃氣氛。

斯特羅姆跟克里格感到特別自信的是，他們可以確保新計畫不會只是依樣畫葫蘆，而會經歷謹慎的產品開發歷程，因為他們已聘用能信任的一群人來完成任務。

　　舉例來說，很久以前在谷歌跟斯特羅姆共事的羅比・史坦（Robby Stein），也是Instagram初上線時第一個寄信祝賀的人。現在，因為受到斯特羅姆願意做出重大變革的決心給吸引，他將加入團隊，專心協助探討在Instagram中朋友間是如何交談的。

　　此外還有凱文・威爾（Kevin Weil），他是斯特羅姆的朋友兼狂熱運動的同夥，他曾是推特的產品總監，在傑克・多西就任執行長期間任職。推特現在認為他們的頭號公敵是Instagram而非臉書，尤其是在Instagram使用各種手段讓公眾人物使用產品之後。然而，這間公司正從一連串的裁員以及高階主管的離去中逐漸恢復，其中也包含多西接替迪克・科斯特洛擔任執行長。此外，多西難以下定決心做出重大的產品決策，以扭轉推特成長趨緩的狀況。威爾必須離開這裡。他面試了好幾個不同類型的工作，其中包含Snapchat，史皮格對延攬他加入很有信心，甚至將威爾介紹給他最信任的員工們，他們都隸屬一個神秘的設計團隊。

　　威爾要離開推特並成為Instagram的產品總監的消息，於辦在一月下旬的一場移地主管會議期間傳了出來，當時推特正在規畫年度目標。對此多西感到非常吃驚，也看得出他很沮喪。雖然他知道威爾要離職，但一直以為他只是要休息一下，沒想到是要投奔主要對手的陣營。威爾被護送出場後，多西寫了一封充滿怒氣的信給所有員工，批評他的不忠誠。

　　當威爾抵達臉書的總部，他收到推特營運總監亞當・貝恩（Adam Bain）傳來的簡訊跟推特的私訊，表示他們的友誼到此為止。威爾很驚訝，好奇他是否真的做出不道德的事。雪柔・

桑德伯格找他進辦公室並安撫他。

「我們都是媒體公司，並在相同的產業工作，」桑德伯格解釋。「想像你為ABC電視網或CBS電視網工作，後來NBC電視網來找你加入。你會認為加入NBC是不道德的行為嗎？」

威爾認為應該不是。

多西最後也向威爾致歉，畢竟這股怒氣的源頭是許多年前Instagram賣給臉書一事，讓他覺得被背叛的感覺。總是很偏執的史皮格，也認為威爾或許是在代表他的新老闆窺探他們，並下達長達約六個月的禁令，不能雇用任何來自Instagram的人。接下來威爾唯一要做的就是，證明他做出的職涯選擇是正確的。

· · · · · · · · · · · · · ·

藉由查爾斯·波奇的策略，Instagram越來越有機會取代推特，成為流行文化在網路上匯集的首要據點。但推特仍有一名Instagram尚未邀請到的用戶：教宗。

在決定要提供貼文自動消失的選項以降低用戶壓力的一個月後，波奇和斯特羅姆仍卯足全力要讓更多名人註冊Instagram帳號。《Vogue》的總編輯安娜·溫圖同意在米蘭時裝週期間，為斯特羅姆跟數名大牌設計師舉辦晚宴，就像她之前在倫敦跟巴黎為他做的那樣。與會嘉賓包含穆希雅·普拉達（Miuccia Prada）、希薇雅·凡圖里妮·芬迪（Silvia Venturini Fendi）和她的女兒德菲娜·德勒特莉茲-芬迪（Delfina Delettrez-Fendi）以及Gucci的創意總監亞歷山德羅·米可萊（Alessandro Michele）。

　　既然他們要前往義大利，波奇心想，不如把眼光放遠一點。他們已安排要與總理見面，接著他就想，**為何不試試看找教宗呢？**

　　臉書聯繫過梵蒂岡，波奇也利用這關係請求教宗接見斯特羅姆。他這麼做是有戰略因素的。天主教會擁有十二億名教徒組成的網絡，雖然比臉書規模小，但仍需要維繫好關係。天主教會可以透過Instagram接觸到年輕群眾。奇蹟的是，剛就職兩年的教宗方濟各（Pope Francis）願意見他們。

　　依照慣例，拜訪教皇時要餽贈禮物，於是Instagram的社群團隊就把平台上的照片統整成一本藍色封面的精裝書，這些照片都與教宗方濟各所在乎的議題相關，例如難民危機和環境保護。當波奇和斯特羅姆抵達梵蒂岡，並與義大利的神父開完會前會之後，由瑞士籍的守衛護送斯特羅姆與教宗私下會面。在那裡，他只有幾分鐘能直接說服教宗。教宗方濟各在認真聆聽後，表示他會跟團隊商量加入Instagram這個提議，但仍不是由他們做出最終決定。「就連我也有老闆。」他說，並將手指向天空。

　　幾個禮拜之後，波奇接到一通電話。教宗方濟各會創一個Instagram帳號，並希望斯特羅姆能出席約三十六小時後，辦在梵蒂岡的記者會。他們立刻坐飛機過去。

　　所有駐梵蒂岡的記者都現身攝影並報導這場活動，一切也都準備就緒：包含帳號名稱：@franciscus；以及首張照片，在這張肖像照中，穿著象牙白色的肩衣（mozzetta）與小瓜帽（zucchetto）的教宗，以跪姿將手放在由紅色天鵝絨與深色木頭製成的跪凳上，閉著雙眼，頭部微傾，陷入肅穆的深思裡。

教宗的首則貼文則是呼籲大家：「為我禱告。」他寫道。接著在教宗的 iPad 點一下，這則內容就發布出去了。

　　教宗創立新帳號也登上國際媒體新聞，且他在 2016 年 3 月所發布的第一則貼文，就獲得超過三十萬個讚。不斷邀請世界名流加入 Instagram 的這套策略，也在這一刻達成最高成就。這套策略是由波奇的一份名人願望清單所發起，搭配斯特羅姆的支持，包含頻繁地飛往世界各地，並有技巧地在美酒與米其林的晚宴中與人閒聊。

　　當晚，斯特羅姆陶醉在他最愛的義式料理：披薩，但當然是在他經過一番研究後找到的餐廳。但當時他沒讓任何人知道的是，他不會再增加這類旅程的次數。

　　Instagram 一直太過專注在大型用戶身上，是時候為其他人著想了。

· · · · · · · · · · · · · · ·

　　若少了一定數量的普通人每天回到平台上查看朋友的動態，由重量級帳號所精心發布的內容，將變得越來越不重要。秉持著相同的理由，創辦人們做出幾個重大抉擇。但這些抉擇一開始在公司內部，並沒有像在外界一樣引起很大的爭議。

　　在這之前，Instagram 會優先顯示最新的貼文。但像 Instagram 這樣依照時間排序的動態消息，若從讓一般人持續參與的角度來看，其實是很有問題且難以永續的。相對專業的 Instagram 用戶會傾向至少發一則貼文、在策略上最佳的時間點發文、使用他們預期會獲得最多讚的內容；與此同時，比較不熱衷的用戶可能一週發不到一則貼文。這意味著，若有人同

時追蹤網紅、商業人士與朋友,他登入Instagram時,在動態消息的頂端最有可能看到專家而非朋友的貼文。這對用戶的朋友很不利,因為他們無法得到讚和留言以激勵他們發表更多內容;這對Instagram也很不利,因為若人們沒看到足夠業餘水準的貼文,他們很有可能相比之下就覺得自己的照片不值得發表。

Instagram最好的解決方案就是透過演算法改變動態消息的順序。這個演算法不再將最新的內容放到頂端,而會優先呈現來自朋友和家人,而非公眾人物的內容。

他們也決定這個演算法的規則將不會跟臉書的動態消息一樣,目標是要讓人們花更多時間在臉書上頭。Instagram的創辦人們的理論是:「花費的時間」事實上是錯誤的指標,因為他們清楚臉書為了追求這指標而落入哪般田地。臉書已演變成為一灘泥淖,裡面有著由專業人士產製的釣魚影音內容,而這些人的存在也加劇了讓普通人覺得自己無需發文的問題。

因此,Instagram是基於「發文數量」的最佳化來訓練這套程式。新的Instagram演算法會顯示那些能激勵人們更踴躍發文的貼文。

Instagram沒有公開解釋過這件事。他們基本上只告訴大眾,你們的動態消息會變得更好,相信我們。「平均來說,人們會錯過大約70%的動態消息,」斯特羅姆在公司的發表會上說道。「這套演算法就是要確保用戶所看到的30%,盡可能是最值得看到的30%。」

但人們不信任演算法,部分是因為臉書的關係。對Instagram的用戶來說,這個改變會讓人覺得是在對每個人所

苦心規畫與控制而成的體驗形成侮辱。演算法一上線就立刻引起反彈。當 Instagram 進行盲測時，用戶更喜歡演算法所產生的版本；但若他們被告知這是演算法產生的結果時，他們會說自己偏好依照時間順序排列的版本。

雖然一般用戶獲得更多的讚跟留言，那些多產的用戶卻發現到自己的成長面臨急遽趨緩甚至停滯。網紅跟品牌商已將在 Instagram 的成長列為商業計畫的一部分，但在演算法出現之後，這些成長也消失無蹤。Instagram 也提供一個令人不滿的解決方案：他們可以買廣告。

斯特羅姆告訴他的團隊，他們需要對演算法的版本有信心，因為事實上這對多數人都更好。當時，Instagram 擁有三億名月活躍用戶，是 Snachat 用戶數的三倍。抱持著 Instagram 將可能跟臉書相同規模的想法，斯特羅姆進而利用這個脈絡來解釋。「如果我們能突破十億的門檻，就意味著有七億名用戶將加入 Instagram，而他們不曾體驗過有排名的動態消息。」他的口氣聽起來比過去的他更像祖克柏。「你必須關心你的社群，但你也需要考量那些尚未體驗過產品、沒有先入為主想法的人。」

不過，大眾對於演算法的負面評論也解釋了為何當 Instagram 的工程師在開發會自動消失的限時動態功能時，他們並不清楚是否會受到歡迎。

· · · · · · · · · · · · · ·

大眾對動態消息的抗議也導致 Instagram 團隊內部對於限時動態有更激烈的爭辯，更注意每個小細節。人們只會使用那

些他們覺得順手的產品,但要如何達到這境界呢?Instagram 應該開放用戶直接從照片庫上傳內容到限時動態中,或者要讓他們用應用程式內建的相機?Instagram 應該要讓人們為限時動態打造獨立的朋友網絡,或者讓他們自動把限時動態的內容分享給所有朋友?在最頂端的泡泡應該顯示用戶的大頭照,還是他們上傳內容的縮圖?最後,當要把廣告加入這項體驗之時(因為 Instagram 屬於臉書,所以會有廣告),應該讓品牌商也擁有自己的泡泡嗎?

「膠卷」(Reels)是這個產品在 Instagram 的代號,但所有人都習慣隨意地稱之為「限時動態」(Stories)。在「工作中的鯊魚」(Sharks at Work)這間塞滿電腦、有著玻璃車庫門的會議室裡,斯特羅姆與其他人會在白板上畫出各種可行的方案。他們主要是希望找出什麼是最簡潔的解決方案。舉例來說,Instagram 不需要一上線就提供 Snapchat 內建的工具,譬如臉部濾鏡這個利用影像技術,能讓人們虛擬戴上卡通畫風的小狗耳朵或者吐出彩虹的功能。他們推論他們可以晚點再加入類似的功能。

威爾・巴里和奈森・夏普(Nathan Sharp)是負責主導限時動態的工程師跟產品經理,他們在衝刺上線的這段期間很常待在辦公室,甚至有時候他們團隊會直接在辦公室過夜,而非忍受從舊金山往返公司的一小時車程。有一次,巴納特看到其中一名工程師在半夜貼文到測試版的限時動態上,在自拍照上畫著眼淚跟眼袋,他於是通知 Instagram 的前同事 —— 有誰能幫幫他們嗎?一開始他們的主管只提供有著 Instagram 商標的枕頭跟棉被,到後來他們被允許以公費入住當地的舒適飯店。

同一時間，研究團隊的主任安迪‧瓦爾（Andy Warr），透過watchLAB找到外部的匿名實驗者來測試產品。當他訪問受試者時，斯特羅姆和其他人會透過單向鏡觀察人們怎麼使用應用程式。

「你認為這是哪家公司做出來的？」瓦爾會問受試者。

「或許是Snapchat。」他們回答道。

‧ ‧ ‧ ‧ ‧ ‧ ‧ ‧ ‧ ‧ ‧ ‧ ‧ ‧ ‧ ‧

　　臉書從其模仿Snapchat開發出的產品裡，一次又一次地學到教訓，也就是儘管他們曾打造改變世界的產品，並不意味著他們也能在其他產品上創造佳績，即便這產品是某個熱門產品的複製品。Snapchat與此同時也知道，他們可以忽略臉書不斷的攻勢。事實上在這段期間，臉書很明顯無法對他們造成威脅，以至於Snapchat的高階主管提議嘗試瘋狂的事情：跟臉書交朋友。

　　Snapchat最大的資產與問題都是伊凡‧史皮格本人。勝利讓他沖昏了頭，使得他現在主要仰賴個人的品味，而非某些系統化的決策過程來經營公司。他的員工認為他很固執、自戀、被寵壞與性格衝動。史皮格厭惡產品測試、產品經理，以及為數據最佳化 —— 基本上就是所有讓臉書成功的元素。這現象導致公司都是唯命是從、乖乖聽話的男性（以及少部分的女性），他們預設若自己不同意他的方向就會被開除。他的高階主管的任期總是短暫；曾在前期幫助斯特羅姆發展商務，後來跑去擔任史皮格營運總監的艾蜜莉‧懷特，只在那邊待了一年多。

史皮格需要一位業師幫助他成長。他的策略長伊姆拉·汗（Imran Khan）判斷世界上只有兩個人有能力成功說服這名輟學並快速致富的人：馬克·祖克柏跟比爾·蓋茲（Bill Gates），他們倆都有著相同的人生經歷。

在戰略上，要討好祖克柏是非常困難的，因為他還對史皮格在2013年把希望以三十億美元收購 Snapchat 的電子信件洩漏給《富比世》雜誌這件事懷恨在心。更糟的是，史皮格仍深深地覺得，臉書在本質上就是間邪惡且毫無創意的公司。汗於是決定先找上在臉書與他相同職位的雪柔·桑德伯格。他找上她並詢問是否有可能修復雙方的關係，她也同意跟他在臉書總部見面。

在2016年的夏天，汗從洛杉磯出發前往門羅公園。桑德伯格事先做了安排，讓這趟拜訪行程能夠保密。他從祕密的入口進出，避開例行的安全檢查，這麼一來員工們就不會認出他，也不會產生誤會。這或許是第一個徵兆顯示出臉書對於這次會面，跟他有著不同的想法。

桑德伯格也邀請了臉書的夥伴關係總監丹·羅斯出席這場對話。她一開口就帶著些許友善的高傲，向他解釋經營以廣告為主的企業有多困難。她真的很願意以任何方式提供 Snapchat 資源，她說。汗一直都迎合著她，直到開到一半她告辭離席，並留下汗跟羅斯在現場。

「其實我們有個方法能幫忙你們，」羅斯說。「我們能買下 Snapchat。」他解釋他們最終會像 Instagram 一樣——完全獨立經營，但能利用臉書習得的一切，幫助他們更快速地開拓事業。

史皮格不可能這麼做，汪心想，但他們確實需要資金。在花費鉅款將資料存放在Google之後，他們嚴重虧損。「有可能採取策略投資嗎？」他問。

「我們不這麼做，」羅斯說。「我們要不買下這公司，要不就與其競爭。」

· · · · · · · · · · · · · · · ·

同一時刻，對這次對話毫不知情的Instagram，打算要迎頭重擊Snapchat，並快速終結對手。

臉書習慣先對一小部分，大約整體用戶的1或2%的用戶推出新產品，以測試他們的反應。接著將新產品推廣給5%的用戶、或者幾個特定國家，到最後才在剩餘地區全面上線。祖克柏認為，針對產品會如何影響公司主要的使用數據並蒐集資料是很重要的。臉書也傾向在半成品階段就推出產品，並透過用戶回饋即時調整。

Instagram的團隊將反其道而行：他們會同時向五億名用戶推出限時動態，至少是相對單純版本的限時動態。他們稱這做法為「YOLO上線」，也就是「你只活一次」（you only live once）的縮寫。以臉書的標準看來，這是極度冒險的策略，但沒人能說服斯特羅姆採用其他方法。他認為這個如此重大的變動，人們應該都要能使用這功能，否則這項功能將會缺乏足夠存活下去的養分。

負責限時動態的產品總監羅比·史坦，後來將因這次功能上線而焦慮，與其他人生的重大事件，像是結婚或生小孩相比，你已說服自己這將是一件好事，並期待了好幾個月，但你

也知道做下去之後，一切都會永遠改變。

對祖克柏而言，這也是他給Instagram的最後機會。在汪與桑德伯格會面的幾個月後、Instagram推出限時動態的幾天前，臉書的執行長打手機給史皮格。「我聽說你們一直在跟谷歌交涉，」祖克柏說。「臉書絕對更適合你們。」若有必要，祖克柏說，臉書可以提出更豐厚的收購金額，讓谷歌得出更高的價。

史皮格表現得很冷靜。「我們其實沒在跟谷歌交涉，」他說。「但如果我們這麼做的話，我會讓你知道。」

收購的大門正式地重啟。而做為臉書收購公司的代表性成功人物，並在WhatsApp的收購案起到重要作用的斯特羅姆，此時完全被矇在鼓裡，不知道祖克柏正跟他的最大敵手進行對話。Snapchat的董事會也面臨相同處境。史皮格從未告訴他們有這通電話的存在，因為，就像臉書一樣，史皮格和他的創辦人掌握大多數的投票權，讓其他人的意見變得無關緊要。

· · · · · · · · · · ·

2016年8月，限時動態上線的當天，整個團隊在大約早上五點就抵達臉書總部，平常這時間都是空蕩蕩的。他們隨意站在「鯊魚在工作」會議室裡，手中拿著特別準備的早餐捲餅，因為時間太早，沒有一間公司餐廳有營業。支持者陸續現身，到最後只能圍繞著奈森‧夏普的電腦站著。

「五，四，三，二，一。」團隊成員在倒數計時，接著夏普在早上六點按下按鈕，將限時動態功能在全世界推出。大家看著數字不斷攀升。一些員工趁著斯特羅姆不注意，悄悄在咖

啡裡倒入用來慶祝的波本威士忌。現在在辦公室裡，有一個玻璃櫃放滿昂貴的酒瓶。

當時已任職於臉書青少年團隊的巴納特，也到現場親眼見證他所提倡的功能終於實現了。斯特羅姆走向他並向他道賀。「抱歉我退追蹤你的Instagram。」他說。巴納特實在發太多貼文了。「我現在會再重新追蹤你。」

· · · · · · · · · · · · · · ·

斯特羅姆已告訴他的公關團隊，他會向媒體承認限時動態這形式是由Snapchat所發明，而Instagram是模仿他們的，這也是為何他們會沿用相同的命名。（「**你打算做什麼!?**」臉書的公關主任卡琳・瑪倫內〔Caryn Marroney〕驚呼。通常臉書會把任何複製而來的產品，說成是因應用戶需求的「自然演進」。）

但斯特羅姆的直覺是正確的，因為無論如何媒體都會如此評論這個舉動。主流媒體的頭條裡都用上與「複製」同義的詞彙。藉由不否認這件事，斯特羅姆反而能從批評之中獲得力量。他解釋說，限時動態只是一種新的溝通形式，就像電子郵件跟簡訊一樣，雖然Snapchat發明了這功能，並不代表其他公司就不該利用相同的機會。

他也舉辦了一場Instagram員工大會，向大家解釋Instagram的限時動態是如何從競爭者身上獲得靈感卻依然保持創新。此外，為了解決問題而營造的緊張氣氛，也幫助大家推出更精緻的結果。大會結束後，員工紛紛走向他，感謝他這席激勵人心的演說。

　　雖然不少用戶在社群媒體上抱怨限時動態，但數據顯示他們確實有在使用這功能，且每一天都在增加。他們花了一點時間，在原本 Snapchat 所宰制的市場迎頭趕上，並且在巴西和印度獲得急遽的成長，因為 Snapchat 的產品在連線品質不佳的安卓手機上會一直出問題。Instagram 推出這功能的時機非常好，恰好在青少年準備返校的前夕。

　　社群團隊的安德魯・歐文（Andrew Owen），在過去的幾個月嘗試讓重要的用戶開始在 Instagram 發表影片，並特別關注類似世界極限運動會（X Games）這類緊張刺激的活動。但他一直吃閉門羹；大家反而都想使用 Snapchat。Instagram 的限時動態上線的時候，他與準備於夏季奧運會中演出的賈斯汀一起在里約熱內盧。正式演出前幾個小時，在後台的賈斯汀覺得很無聊，於是歐文打開 @instagram 帳號的限時動態功能。賈斯汀接過手機，拍下他跟共同演出的艾莉西亞・凱斯（Alicia Keys）聊天的過程，為 @instagram 帳號總共數百萬名粉絲創作內容。隔天，歐文找上美國女子體操隊，再次在 @instagram 帳號上傳限時動態。

　　社群團隊每天要負責用有趣的內容塞滿官方帳號的限時動態。藉由這個做法，有追蹤帳號的人才能總是有內容可以看，也幫助他們理解怎麼使用這個新功能。社群團隊的成員潘蜜拉・陳就飛往紐約教導正在宣傳新專輯的女神卡卡如何使用限時動態。在離開里約熱內盧之後，歐文先是前往洛杉磯為「公羊」足球隊上課，接著前往摩納哥的一級方程式賽車（F1）賽事。隔年他也拜訪皇家馬德里（Real Madrid）與巴塞隆納（FC Barcelona）這兩支足球隊，並出席了 NBA 季後賽。

要讓名人使用限時動態並不難。就像斯特羅姆在奧斯卡金像獎所看到的那樣，很多人已經習慣在Snapchat分享幕後花絮。而且這些名人非常在乎觀眾的成長以及與觀眾的連結，就像天主教會一樣。一級方程式賽車的擁有者，正嘗試讓年輕人愛上賽車，若少了Instagram，很少人會知道路易斯‧漢米爾頓（Lewis Hamilton）拿下頭盔後長什麼樣子。家喻戶曉且擁有五千萬名粉絲的賈斯汀，也只有透過有超過一億名粉絲的@instagram帳號的曝光，才能真正提昇粉絲數。

事實上，當有明星被選在@instagram帳號中強力曝光時，其他名人也會自願幫Instagram展示新功能，以交換能接觸到上億名觀眾的機會。當泰勒絲的團隊看到其他超級巨星在@instagram曝光時，他們主動聯繫Instagram，希望能獲得相同待遇。而陳也飛往泰勒絲的住所，拍攝泰勒絲跟她的貓，希望藉此巧妙地告訴Instagram的用戶，限時動態是關於較不修邊幅的時刻。

‧‧‧‧‧‧‧‧‧‧‧‧‧‧

在限時動態上線沒多久之後，Instagram踏出象徵性的一步，從母公司的陰影中走出。Instagram的員工離開了臉書園區，從駭客廣場附近搬到離臉書的「讚」地標約五分鐘接駁車程的一棟玻璃帷幕大樓。

營運總監馬恩‧萊文（Marne Levine）首次看到這空間時，她認為很不符合Instagram充滿藝術氣息的願景，尤其跟斯特羅姆的願景格格不入，特別是在經歷了#垃圾門的事件之後。空間裡擺滿了單調的辦公室隔板。但斯特羅姆跟克里格看

出了重新裝潢的機會，也因此，所有的內部裝潢都被拆除，重新改造成有著極簡主義的地面、漆著白色的牆、全新的淺色木板以及盆栽。牆上掛著的不是臉書那些激勵人心的海報，而是裱框過的Instagram用戶的照片。在一樓有藍瓶咖啡入駐並提供高品質的咖啡。在辦公室的正前方，設置了以Instagram圖標為造型的大型白色雕塑，這也是Instagram首次很鮮明地把自己的地盤標示出來。

取代了「顛倒屋」，在新的辦公室設立了一整排的立體場景供遊客拍照。其中一個能讓人們漂浮在晚霞之中，由粉色、紫色與橘色組成的漸層背景會讓人聯想到，他們背後新版Instagram的多彩圖標；在他們前方有幾朵巨大成球莖狀的塑膠雲朵。其他的立體背景則讓人們能在發亮的行星軌道上或星空之中拍照。

當員工付出越多，他們也會有更高的期待。當萊文跟員工表示她開放大家提供意見時，大家就把公司餐廳中最不適合上傳Instagram的食物照片寄給她 —— 其中最誇張的是，一大桶的馬鈴薯沙拉。有人甚至在Instagram的領袖會議中開玩笑說這個充滿澱粉與美乃滋的東西很礙眼。

斯特羅姆深表同情。「我們得嚴肅以待，這正是這件事為何重要的原因，」他跟萊文說。「我們要求員工要考量簡潔、質感與社群，並要他們將重要的事物內化。人們因此會希望，沙拉吧也能呈現為讓人感到興奮的、有質感的體驗。」

瞭解，萊文心想。這與馬鈴薯無關。而是有關價值。

Instagram加入臉書已滿四年。現在他們與臉書談判，希望能在紐約設立新的辦公室，最終也希望能回到一切的原點，

在舊金山設立辦公室。

• • • • • • • • • • • • • •

　　斯特羅姆覺得自己所向無敵。在限時動態上線兩週之後，他放了個假以放鬆累積已久的焦慮。他仍持續踩著踏板，騎著從金那邊買來的各式腳踏車，不斷挑戰更難騎的路線。這次旅行，他要挑戰自我登上旺度山（Mont Ventoux），這是環法自行車賽中，最難挑戰的山峰之一。「我從未像這次爬坡一樣使盡全力，但我活下來了！」他發文在Instagram上，照片中他擺著勝利姿勢，與他的腳踏車和一瓶Dom Pérignon香檳一起入鏡。他的說明文字也告訴全世界，他的成績是1:59:21，只比賽事總體紀錄的一小時多出一倍。

　　就這樣，他也終於獲得資格能購買他夢寐以求的腳踏車。一輛Baum。

　　這個來自澳洲的腳踏車品牌，每一輛車都需要數個月以上的時間量身打造，特別訂製的鋁合金讓車體盡可能地輕盈，並會為斯特羅姆的騎乘習慣進行調整。車體也特別加上紅藍條紋向馬丁尼車隊（Martini car racing）致敬，並需要花費三十個小時來上色。奈特・金對此感到開心，因為在他的店舖購買Baum的人，大多都只是為了炫耀；但他知道斯特羅姆真的會騎它。

　　Instagram達到數十億的營收、成為改變世界的應用程式、擁有自己的產品願景與策略，還有屬於自己的辦公室。他們的領袖藉由認清自己的盲點並且擺脫對發文的高水準執著，也學會了如何做出困難的決定。員工們也給自己機會，在贏得

勝利的幾個月裡，沉浸在也許某天他們會跟臉書一樣重要的氛圍中。這個2.0版的臉書，會做出更審慎的決定，這也會讓用戶更開心；願意借鏡某些人的經驗，但也能拒絕其他非必要的經驗；並且形塑出未來的社群網站。

　　如果繼續朝著這方向前進，他們也許能夠獲得十億名用戶。

　　但很快地，臉書將陷入危機，而祖克柏接下來也不會讓Instagram忘記，誰才是他們的老闆。

第十章

自相殘殺

「臉書就像是希望妳盛裝出席派對的姊姊,但不希望妳打
扮得比她還漂亮。」

—— 前 Instagram 高階主管

在 2016年10月的某天，凱文・斯特羅姆發給他的公共政策總監妮琪・傑克森・科拉可一則訊息，表示他需要一份簡報文件。當天晚上，他會在希拉蕊・柯林頓的總統大選募款活動上遇到她本人。

傑克森・科拉可對斯特羅姆的要求感到很困擾。她自己雖然是希拉蕊的支持者，但斯特羅姆是執行長，會在大眾面前代表 Instagram 這間公司。她希望自己能更早得到通知，因為這件事需要很謹慎地處理。他也會跟共和黨的候選人唐納・川普（Donald Trump）碰面嗎？全世界都在關注 —— 與評估臉書在接下來選舉期間的公正性。

今年稍早，當 Instagram 正在打造限時動態時，線上科技媒體網站《Gizmodo》寫了篇報導，介紹臉書的一個約聘團隊，如何負責將新聞策展並呈現在動態消息右方「熱門新聞」（Trending Topics）的版位裡。這是整個社群網站上，唯一由人類主導的內容元素。這個部落格引述了數位匿名的臉書約聘人員，他們表示自己會定期提供來自《紐約時報》或《華盛頓郵報》等媒體的內容，但會避開右翼的福斯新聞（Fox News）和《布萊巴特》新聞網（Breitbart）。《Gizmodo》同時也報導道，臉書員工也公開詢問過管理階層，他們是否有責任要避免川普當選。記者是在暗示，臉書員工意識到自己的公司如果想的話，**完全**可以做到這件事，而這一點是很恐怖的。

為了回應這則爆料引起的風波，臉書邀請十六名常上電視的保守派政治評論員，其中包含塔克・卡爾森（Tucker Carlson）、戴納・佩黎諾（Dana Perino）和葛倫・貝克（Gleen Beck）到臉書總部理解動態消息的運作方式，他們也

向自己的觀眾保證臉書絕不會干涉內容。接著,臉書不再讓人類挑選「熱門新聞」的主題,這麼一來,在臉書很熱門的議題就完全交由演算法決定。

儘管做出這麼多的努力,這家公司仍擔心某件當時看來很可能發生的事情——一旦希拉蕊當選,所有人會責備是臉書讓形勢對她有利。臉書高層不希望疏遠美國偏保守派的用戶,所以他們在選前的策略,是盡可能看起來公平,讓動態消息的演算法對用戶顯示任何他們想看到的新聞。為了顯示絕對的公正,他們向雙方陣營都提供廣告策略的協助,但只有川普陣營接受。希拉蕊的團隊對於選總統有豐富的經驗。

與此同時,斯特羅姆覺得Instagram的地位夠超然,因此他個人不必在這場選舉假裝保持中立。他跟傑克森·科拉可說,他有權以個人公民身分表達自己的觀點。當晚,他上傳一張他與希拉蕊的自拍照,並在文字描述中強調是他個人對她印象深刻:「我希望Instagram能成為大家聲援候選人的地方,無論你選擇支持誰。而我,則非常期待國務卿柯林頓能成為下一任的🇺🇸總統 #imwithher(我與她同在)。」

這個事件彰顯出這個快速崛起的應用程式與他們日漸引起爭議的母公司之間正浮現出的鴻溝。因為雖然傑克森·科拉可有所擔憂,但斯特羅姆的貼文並未引起波瀾。事實上,大眾並不會將Instagram視為臉書爭議的一環,或者是臉書的一部分。兩個品牌的區隔大到讓美國用戶把Instagram當作遠離大型社群網站上的政治爭論與瘋傳腦殘新聞的桃花源,多數的Instagram用戶不清楚臉書擁有這個平台。斯特羅姆跟克里格一直很小心在維護自己的名聲。

而對於臉書能讓哪些新聞出現的爭論，最重要的其實不是關於偏見而是權力。在公開言論的控制上，臉書已經積攢了前所未有的控制力，並讓十七·九億名用戶都矇在鼓裡。這間公司竭盡所能提升他們網絡的範圍，以及人們在網站上花費的時間，但也帶來意想不到的後果。

臉書曾想要打敗推特，因此也曾鼓勵更多媒體單位在社群媒體張貼內容。這個計畫很成功，他們的用戶會在網站上討論最熱門的新聞，在當時的美國也就是總統大選。但現在，由於用戶所閱讀到的內容，以及此網絡的極端個人化導致每個用戶看到的現實都有些微不同，臉書因而飽受抨擊。

臉書曾想要幫助用戶發展社交網絡，因為越大的網絡對用戶就越有價值，也會讓他們越頻繁上站。這一招也很有效。但現在每個人的網絡裡也包含關係淡薄的人，譬如前同事或朋友們的前男友 —— 若不是臉書，人們不會跟這些泛泛之交打交道。人們不再像過去幾年一樣，會時常更新個人的近況。他們反而會回答一些小測驗，像是他們最愛的《哈利波特》（*Harry Potter*）角色是誰，或者禮貌上向這些不太熟的聯絡人說「生日快樂！」因為臉書提醒他們這樣做。他們對話的主題是任何人都能輕易加入的 —— 談政治。

隨著朋友們不再頻繁發布有關個人生活的內容，臉書也新找到能塞入動態消息中的近況更新：朋友在公開貼文的留言，即便是留在用戶網絡之外的地方也行。這做法讓臉書上瘋傳的內容變多，因為人們不需要主動選擇分享內容，就能被更廣大的群眾看到。在公司內部，他們稱之為「邊緣故事」（edge story），因為這些內容都發生在用戶的朋友圈邊緣。同樣地，

這舉動也讓在臉書上的政治爭論更為擴散。

　　Instagram與臉書不同，他們其實經常決定交由人類來主導選題，但沒人會批評他們有偏見。若社群團隊希望在@instagram帳號上推廣狗跟滑板，而非有著結實腹肌的人，那就這樣吧。Instagram創造出一個讓人感覺更友善的臉書替代品，人們能在當中吸收並創造跟他們興趣相關的內容，無論是陶藝品、球鞋或是指甲藝術——在Instagram藉由各種策展的策略向他們展示之前，他們可能不知道自己對此感興趣。

　　正是這些Instagram所迴避的事物——超連結、新聞、瘋傳內容、邊緣故事——讓臉書與用戶之間的關係變得廉價。臉書當然有偏見，但不是針對保守派，而是偏愛顯示任何能鼓勵用戶在社群網絡上花更多時間的內容。這間公司也偏愛避免醜聞、保持中立並提供大眾想要的內容。但隨著臉書成為政治對話的集散地時，由人類策展的「熱門新聞」並非真正的問題。真正的問題是人性如何被臉書的演算法給操弄，以及臉書如何忽視這問題而導致公司陷入麻煩。

・・・・・・・・・・・・・・・

　　臉書裡很少有人想得到川普會贏得2016年的總統大選。選舉隔天，門羅公園的園區裡氣氛低迷，員工們在角落竊竊私語並查看手機。有些員工待在家裡，難以接受這位陰晴不定的人是美國新任領導者的現實。

　　媒體針對這個選舉結果，提出了幾種簡單的說法。最有名的理論是，由工程師所設計的動態消息演算法，能提供人們想看到的內容，但也會助長某些文章與影片，都會在暗中讓選民

們相信一些荒誕的陰謀論與假新聞，且多數都讓希拉蕊落居很不利的地位。

有些宣稱教宗支持川普，或者希拉蕊賣武器給伊斯蘭國的假訊息，由臉書的演算法所提取之後，推廣給了上百萬名的臉書用戶。在選舉前的三個月裡，最知名的幾則假消息在臉書上觸及到的人數，比正派新聞機構的知名報導還多。有些假消息來自臨時架成的網站，且為了看起來很真實，還會取名像是《政治內幕》（*The Political Insider*）或《丹佛衛報》（*Denver Guardian*）。這些計謀在臉書上很成功，在動態消息裡，所有的連結都會以相同的字體呈現，讓拙劣的陰謀論者的內容，獲得跟《ABC新聞》的事實查核報告相當的可信度。這類網站甚至會取用ABCnews.com.co的網址，儘管其與此新聞網毫無關聯。

在臉書上最容易被分享的，就是能引起人們情緒的內容，尤其是引發人們恐懼、震驚與開心。在社群網站成為新聞組織傳播內容的關鍵渠道之後，他們一直想設計出獲得更多點擊的標題。但這些新聞組織，卻被這些新玩家給打敗了，因為他們想出一套更輕鬆、更具商機的爆紅方式——利用美國人心中的希望與恐懼來捏造故事，進而透過臉書的演算法得勝。

在平台上的假新聞中，有時會夾雜一些不全然虛假的故事，但會藉由極度偏激的觀點與非客觀的詞彙，以加深讀者既有的妄想與政治忠誠度。人們分享這些故事是為了向朋友與家人證明，他們對所有事情的看法，一直以來都是對的。與此同時，這些偏激的網站也藉由從臉書導來的流量從廣告獲利。

有些臉書的高層，像是動態消息的總監亞當・莫索里

（Adam Mosseri），曾在內部針對假消息敲響警鈴，想把假消息視為違反此社群網站內容規範的行為。但臉書的公關部副總裁喬爾‧卡普蘭（Joel Kaplan）是一名政治保守派人士，他認為這種行為，會讓臉書跟共和黨之間已然脆弱的關係變得更危險。許多煽動人心的故事對川普有利，若把這些故事從站上移除，可能加深人們擔心臉書是不是真的有偏見。

在選舉隔天，當員工仍深陷驚慌時，公共政策與溝通總監艾略特‧施拉傑（Elliot Schrage）與祖克柏以及雪柔‧桑德伯格召開會議，並認為臉書在選舉中扮演的角色，被媒體不公平地過度渲染，他們需要對這些批評作出回應。臉書很簡單地創造一塊數位的聊天空間——在這個與城鎮廣場一樣中性的區域裡，任何人都能表達他們的想法，朋友們也能在他說錯時提出指正。他們三個人想出一套防禦性的說法，希望大家認為是思想自由的美國人做出自己的決定。在選舉後兩天後的一場會議中，祖克柏說：「臉書上的假新聞只不過是所有內容的一小部分。我覺得會認為這些新聞能以任何方式影響選舉的想法，是非常瘋狂的。」

這則評論立即引起眾怒，因為大眾現在理解到動態消息演算法的威力之大，足以形塑人民對候選人的理解。如果臉書的用戶就像是聚在一個數位的城鎮廣場的話，那每個人都在聽著臉書認為他們最感興趣或最關心的演講者說話，同時體驗著臉書認為能取悅他們的各路夥伴與娛樂。接下來，用戶在不清楚其他人的城鎮廣場的模樣之下，就試圖集體決定出誰能擔任市長。

但在隔天的員工問答會議上，祖克柏的回答仍對此不以為

然。他向員工提出另一種更正面的看待方式：人們將選舉結果歸咎給臉書，正顯示出這個社群網站對他們的日常生活有多重要。

在祖克柏發表這番言論後沒多久，一名資料科學家在內部發布了一份研究報告，關於川普與希拉蕊的競選廣告的差異之處。此時，臉書員工們才知道，他們公司還有另一種幫助川普確保選舉結果的手段，而且可能還更具影響力：當他們試圖保持公平，臉書卻向川普提供更多廣告策略上的協助。

這名員工在內部文件中解釋，在六月到十一月之間，川普在臉書的花費共有四千四百萬美元，遠遠超過希拉蕊的兩千八百萬美元。而且，在臉書的指導之下，他的陣營如科技公司般運作，使用臉書的軟體快速地測試廣告效果，直到找出最適合不同群眾的文案。

這名員工表示，川普陣營共有五百九十萬種不同版本的廣告，相較之下，希拉蕊只有六萬六千種，而川普陣營這麼做也「更有效地利用了臉書最佳化結果的能力」。多數川普的廣告會要求人們做出行動，譬如捐款或者加入支持者名單，這麼做讓電腦更容易衡量成功與否。這些廣告也幫助他蒐集電子郵件信箱。這些電子郵件非常的關鍵，因為臉書有一個名為「類似廣告受眾」（Lookalike Audience）的工具。當川普陣營或任何廣告商上傳一組電子郵件信箱之後，臉書的軟體可以根據人們的行為與興趣，找出更多跟這組人想法類似的用戶。

另一方面，希拉蕊陣營的廣告，就不會蒐集電子郵件信箱。他們傾向宣傳她的個人品牌與哲學。這些廣告的成效對臉書系統而言，就比較難透過軟體衡量並且改進。她的陣營也幾

乎沒用過「類似廣告受眾」的工具。

這份報告直到2018年，才被洩漏給《彭博新聞社》報導，並證明了臉書的廣告工具若使用得宜，將會非常有效。川普的勝利，部分要歸因於他的團隊充分利用臉書的力量向接受訊息的群眾提供個人化與精準的資訊，而這也是對所有頂尖的廣告商來說，最完美的結果。但川普陣營並不是在宣傳鍋具或者往冰島的機票 —— 他是在為總統大位做宣傳，所以這名客戶的成功，無法讓多數自由派的員工感覺良好。祖克柏總是告訴他們，他們將改變世界，讓世界更開放與緊密連結。但當臉書規模日漸擴大，這間公司也越有能力形塑國際政壇。

幾天過後，在秘魯利馬（Lima）舉辦的一場世界領袖會議上，美國總統歐巴馬也嘗試向祖克柏傳達一樣的訊息。他警告這位執行長，他必須對在臉書上流言蜚語的傳播有所掌控，否則假訊息活動會在2020年的總統大選更為猖獗。歐巴馬從美國情治單位得知，但當時沒向祖克柏表明：有些煽動人心的新聞並非來自於暗中作祟的媒體創業家，這個國家的最大敵手之一，也投入了支持川普的陣營當中。

祖克柏向這位即將卸任的總統保證，這個問題並不常見。

• • • • • • • • • • • • • • •

這段時間對持續茁壯的Instagram來說，總感到坐立難安。當臉書的高階主管還在苦惱於如何避免因選舉結果而生的責備時，斯特羅姆提出了一項計畫，想要增加開發Instagram限時動態的團隊人數。限時動態雖只是個簡單的產品，但已經非常受歡迎。斯特羅姆從中看到機會，想為此增加更多功能，

譬如類似Snapchat所提供的臉部濾鏡或者貼紙功能。

但他的主管、臉書的技術長麥可・斯洛普夫拒絕這項請求。「你應該把你現有的團隊轉去開發限時動態就好，」斯洛普夫說。「在提升人員配額之前，我們希望看到你先做出一些艱難的取捨。」臉書當時也在開發一版會在二十四小時後消失的貼文，不只是為臉書，也為WhatsApp跟旗下的Messenger開發 —— 這些版本都跟Instagram的版本有些許不同。

公司其他部門的主管，對於斯洛普夫表示反對感到意外。為什麼對Instagram的成功不給點獎勵？為什麼臉書要另外開發不同版本的限時動態，而非直接向Instagram的版本提供支援？臉書的其他團隊，包含負責虛擬實境（virtual reality）、影音以及人工智慧，在增添人手時很少遇到麻煩。於臉書負責開發限時動態的團隊規模，已經是Instagram的四倍。

而克里格跟斯特羅姆將這歸因到歷史上。一直以來，Instagram都是以比競爭者更小的團隊規模來完成產品，或許臉書因此認為，這樣的工作方式會比較好。在接下來的幾週，斯特羅姆持續爭取要更多人手，最終也得到一些協助，但這段經歷也成為未來將面臨的問題的前兆。

・・・・・・・・・・・・・

祖克柏正沉浸在與美國總統大選無關的幾個議題上 —— 且事實上，他更擔心這些事情。雖然臉書仍在持續成長，但人們使用臉書的方式中，看不到對公司的未來有利的趨勢，而且Instagram的限時動態沒辦法解決這個問題。

第一個問題是臉書如何融入用戶的生活。雖然人們每天平

均花費約四十五分鐘在內部稱之為「大又藍的應用程式」（big blue app）的臉書上，但他們每次使用的時間都很短——每次平均不到九十秒。他們不常在沙發上休息時看臉書，比較常在巴士站、排隊買咖啡跟馬桶上查看臉書。若他們希望在最有價值的廣告市場——電視——上獲得更大占比的話，這現象對他們很不利。

臉書一直在動態消息的演算法中提高影片的優先順序，但是最常出現的，都是能在用戶瀏覽動態消息時吸引目光的那些爆紅短片。他們會停下來看可愛小狗或是有趣特技的影片，但因為用戶並非主動地挑選影片，很難讓他們觀賞的時間夠長到會看到插入的廣告。且受到最多關注的，往往都是由內容農場所粗製濫造或轉發的影片，他們藉由臉書粉絲專頁組成的網絡，會推廣自己發出的任何內容，希望能在網路上爆紅。在臉書上很少有像在YouTube或Instagram上累積名氣並走紅的「創作者」（creators）。

為了讓用戶願意觀賞長影片，以及穿插在其中的影音廣告，臉書臨時想出來的解決方案是，在自己的社群網站上創造出新的專屬版位，且只提供這類型的內容。臉書會付錢給電視節目的製作單位，提供用戶無法拍攝出的高品質內容。這個影音網站後來被稱為「Facebook Watch」，不僅能成為跟電視台與YouTube對抗的一項可靠計畫，也解決了祖克柏的第一個問題。

但第二個問題是，人們不像過去一樣那麼頻繁在臉書上更新近況。他們會分享連結以及建立新活動，但他們不那麼常分享自己的感受與想法。那年不久前，臉書為了讓發文變得更有

趣，提供用戶能選用彩色的背景與字體，進而讓內容變得更為醒目。這個社群網站甚至會在用戶動態消息的上方顯示過去上傳的照片，用戶或許會因此重新分享過往回憶。臉書也會提醒用戶一些鮮為人知的節日，譬如兄弟姊妹日（National Siblings Day），希望人們能發一些相關內容。

在臉書旗下的各項產品中加入自動消失的貼文，是解決這問題的一種方法。就像 Instagram 所做的一樣，試圖降低人們對於貼文會永遠留存的焦慮。但一向偏執的祖克柏，不確定這麼做是否就夠了。

他看向 Instagram 的成長速度，當臉書、推特跟 Snapchat 的會員新增速度變慢時，Instagram 卻逆勢成長。而這項發現，對他所收購的這家價值連城的公司，是個不祥之兆。

祖克柏推論，臉書用戶每天都只有一定數量的時間，而他的工作就是要盡可能讓他們的閒暇時間花在臉書上。也許問題不只是用戶被吸引到 Snapchat 或 YouTube 了，也許問題是在於，他的用戶還會去上另一個社群網站 —— 就是臉書在自己網站上推廣好幾年的那個。

· · · · · · · · · · · · · · · ·

當臉書旗下的服務開始推出複製 Snapchat 限時動態的新功能，沒有一個像 Instagram 引起那麼大的轟動。聊天應用程式 Messenger 在 9 月開始測試這功能，稱之為「Messenger Day」。接著臉書在隔年 1 月於主要應用程式上做測試，也沿用「限時動態」的名稱。就連 WhatsApp 也在 2 月份加入了類似的功能，並取名為「動態」（Status），而祖克柏也因為強烈

要求加入此功能，與應用程式的創辦人們有過激辯。現在市面上共有四個皆隸屬於臉書，但由不同品牌經營的地方，可以像在Snapchat一樣，上傳會自動消失的影片給朋友看。

祖克柏願意一次使用多種手段來擊潰對手。但對大眾來說，擁有那麼多選擇不僅不會感到興奮，反而覺得很困擾。人們不明白為什麼他們需要這個新功能，也不知道哪些朋友會看到，而哪些人不會。而且也沒有名人所拍攝的內容，向他們示範可以怎麼做，就像Instagram的員工在@instagram帳號做的那樣。

當時《The Verge》報導道：「向Snapchat參考而來的概念，在Instagram上的表現還算不錯，但不知為何，由臉書自己試圖開發的版本，卻總是讓人感覺不對勁 —— 以及絕望。」

但祖克柏看待這件事的態度，並非從「感覺」來看。他認為是Instagram搶走了臉書的機會。

在好幾次會議中，他告訴斯特羅姆，他認為Instagram在限時動態的成功，並非因為設計優良，而是因為他們剛好是第一個推出的。如果臉書能率先推出，就會成為想要這種稍縱即逝體驗的用戶的歸宿。這麼一來，很可能會為整間公司帶來更好的結果。畢竟，臉書擁有更多的用戶，以及更蓬勃的廣告生態。

斯特羅姆沒有想到會得到這樣的回饋。率先推出也許能幫助Instagram給人酷炫的感覺，但如果第一個推出如此重要的話，那就沒有理由要複製Snapchat了。臉書買下Instagram可能是基於防衛公司的考量，但如果他的團隊持續出手並得分的話，這難道是件壞事嗎？這麼看起來就好像在優先順位上，能

讓臉書這個社群網站獲勝，比讓臉書這整間公司獲勝還重要。

但斯特羅姆不想與他爭論，他曾見識祖克柏和更剛愎自用的其他臉書領導人拚搏，尤其是跟收購來的 WhatsApp 以及虛擬實境領域的 Oculus，也清楚他們的下場如何。舉例來說，當祖克柏於 2014 年買下 Oculus 之後，他想要把他們的虛擬實境頭戴顯示器 Oculus Rift 改名為 Facebook Rift。Oculus 的創辦人，也是當時的執行長布倫丹・艾瑞比（Brendan Iribe）認為這是個壞主意，因為臉書已經失去遊戲開發者的信任。經過一連串令人不悅的會議之後，他們決定命名為「Oculus Rift from Facebook」（臉書出產的 Oculus Rift）。在 2016 年的 12 月，在多次一言不合之後，祖克柏拔除艾瑞比的執行長地位。

當人們做出情緒性的反應，你不必再去挑動他，斯特羅姆心想。更何況，斯特羅姆在泰勒絲的協助之下，已經投入在 Instagram 的下一個大膽計畫中。

· · · · · · · · · · · ·

斯特羅姆想要善用人們把 Instagram 視為網路世界桃花源的這個想法，在這裡，萬事萬物都更美麗，人們也對生命保持樂觀。而公司品牌的最大威脅，就是亞莉安娜・格蘭德跟麥莉・希拉在過去幾年所提到的：在這個匿名的網絡裡，人們很容易對其他人發表仇恨言論。斯特羅姆終於決定，是時候來解決霸凌的問題了。

但是根據 Instagram 的行事風格，這計畫仍是從名人遭遇的問題所展開，這一次是在站上深陷危機的泰勒絲。（Instagram 在產品開發階段，像是貼文顯示的演算法調整，或

許會優先考量一般使用者;但他們仍很用心聆聽名人的需求,理由是這麼做對品牌形象有利,畢竟名人的問題也會對他們的上百萬名粉絲造成影響。)這位流行歌手,經由好友、投資人約書亞‧庫許納以及他的超模女友卡莉‧克勞斯(Karlie Kloss)認識了斯特羅姆,並在總統大選前的那個夏天遇上了大麻煩。在她照片底下的評論,被各種蛇的表情符號以及#泰勒絲是隻蛇(taylorswiftisasnake)給轟炸了。

當時她身陷兩起與名人的公開爭執之中。在她與前男友、製作人與DJ凱文‧哈里斯(Kevin Harris)分手之後,泰勒絲透露她協助他創作出與蕾哈娜合作的金曲〈This Is What You Came For〉。這則爆料也占領了這首歌相關報導的版面。哈里斯很不欣賞泰勒絲在分手後竟讓他難堪,並表示在創作名單中使用化名裡是她的主意。蕾哈娜跟哈里斯的粉絲,開始稱她為蛇——卑鄙的人。

在大約同一時間有另一起事件,是她批評肯伊‧威斯特(Kanye West)在他2016年首發的〈Famous〉的歌詞裡談論她的片段:「我感覺我跟泰勒或許會繼續做愛/是我讓那婊子出了名。」金‧卡戴珊‧威斯特也在七月播出的《與卡戴珊一家同行》進行報復,她在Snapchat分享了一段泰勒絲跟她先生對話的影片。在影片中她對歌詞中「或許會做愛」的部分表示認同(雖然「讓那婊子出了名」的部分仍有爭議)。

在某一個明顯是全國蛇日(National Snake Day)的日子,卡戴珊‧威斯特發了一則推特:「這年頭任何人、噢我是說任何東西都有自己的節日了。」並在文末連續使用三十七個蛇的表情符號,暗指泰勒絲。這隻爬蟲類急遽地占領了泰勒絲的

Instagram版面。

泰勒絲的團隊跟Instagram的關係密切。有一回，Instagram夥伴關係的總監查爾斯·波奇，曾在他們意識到之前，就提醒她的帳號被駭客入侵了。所以他們找上Instagram，想知道有沒有辦法解決蛇的問題。斯特羅姆想要用系統把用爬蟲類惡意洗版的留言全部刪除，但人們會注意到這行為。傑克森·科拉可指出，他們不能只為一位名人打造工具，且不把這工具開放給其他人。

泰勒絲並不是唯一一個覺得自己的Instagram留言區被匿名酸民給霸占的人。大約在那年夏天的同一時間，斯特羅姆跟克里格首次出席VidCon，在這場論壇裡，網路名人會與合作夥伴與製作單位打交道。許多青少年也會請家長帶著他們參加，希望能親眼看到他們喜愛的網路明星。這個論壇辦在加州的安納罕市（Anaheim），就在迪士尼樂園的隔壁。斯特羅姆跟克里格在主題樂園裡的邀請制寓所「迪士尼夢想套房」（Disneyland Dream Suite）中舉辦活動後派對（after-party），這是華特·迪士尼曾居住的地方。

許多被稱為「創作者」的明星表示，他們的Instagram頁面經常會有網路酸民（trolls）來搗亂。他們在Instagram上做的一切都經過精心策畫：他們的貼文不只是要提醒粉絲有新的YouTube影片上線，也應該要向品牌方展現出與他們合作業配會帶來多正面的效益。而如今，品牌方會藉由瀏覽留言來評估成效。

當斯特羅姆對這個新產品所具備的機會覺得有信心之後，團隊開發出一款工具能藉由篩選掉特定的表情符號或文字來隱

藏留言，而且是人人都能使用，不只提供給泰勒絲。這工具非常有幫助，尤其是對有成千上萬名粉絲的人來說，他們無法承擔要逐一刪除留言的負荷。當Instagram在幾個月後分享到這工具的起源時，他們把泰勒絲形塑為幫助公司開發的「測試用戶」，不讓她困擾於洗版攻擊的真相被外界知道。

斯特羅姆決定Instagram應該要更仰賴他們讓人感覺良好的形象，甚至提供更多工具阻擋人們不想看到的東西。到了2016年12月，如果用戶想要的話，Instagram已提供完全關閉留言的功能。斯特羅姆對此事的積極態度，跟臉書和推特的做法形成強烈的對比：臉書和推特相當謹慎地讓內容原封不動，試圖彰顯出他們所謂中性與開放的環境，但事實上只是缺乏管制。

讓用戶能手動關閉或者依照關鍵字阻擋留言的類似想法，在過去幾年中不斷地在臉書被提出，但從未付諸實踐。因為如果留言變少，就會讓推播通知減少，人們也就更沒理由回到網站。即便在Instagram的團隊裡，前臉書的員工也向斯特羅姆承諾，他們會找出方式把這項工具藏在程式深處，不容易被找到，而且每次都只能用在一則貼文中。這麼一來，這工具才不會被頻繁使用。

感謝你的用心，但我不想這麼做，斯特羅姆說。他說自己不擔心觸及率下滑，且團隊的想法太過短淺了。從長遠看來，如果這工具能被輕易找到且廣為宣傳，人們與Instagram會變得更親近，而這項產品也就更能承受像臉書逐漸面臨到的公關風暴。

斯特羅姆甚至想把這功能延伸到留言之外。他開始跟傑克

森・科拉可討論發起「良善」（kindness）運動。Instagram能如何透過更積極的編輯行為，賦予用戶更大的權力，並成為網路上的烏托邦？

· · · · · · · · · · · · · · ·

與此同時，祖克柏對人們會怎麼看待臉書，有著很高的期待。的確，臉書很強大，但這場選舉也證明他們飽受詬病。他希望大眾能跟他一樣，把臉書看作是為世界帶來同理心，而非製造分裂的工具。他眼下的任務是把這個龐大網絡重新定位成替人類提升福祉的計畫。

持續有人批評川普勝選以及英國脫歐，是臉書助長社會兩極化的結果。其中祖克柏最討厭的批評之一，是認為臉書創造出意識形態的同溫層（echo chamber），讓人們只會接觸到他們想要聽到的想法。

2015年，臉書曾資助的一項研究指出，從數學的角度看來，同溫層效應並非臉書的過錯。在社交網絡裡，每個人都有可能接觸到任何他們想要瞭解的想法，而且通常多少會與政治意見不同的人在臉書上有些聯繫。但如果人們選擇不與意見相左的人互動，真的能說是臉書的錯嗎？他們的演算法只不過是透過分析用戶的行為，針對他們的意志來顯示他們想看的內容，並強化他們既有的喜好。

祖克柏覺得他有必要向大眾解釋，臉書可以成為一股正向的力量。2017年2月，他在個人臉書帳號上發表了一篇六千字的宣言。「在這樣的時代裡，我們在臉書能達成的重大任務，就是為這社會奠定基礎，進而賦予群眾能力搭建出一個對人人

都有用的全球社群。」他寫道。他在文中用了Instagram最喜歡的字眼「社群」一百三十次，但沒有明說臉書實際上想要打造什麼。無論如何，祖克柏似乎想表示，無論人們指責臉書創造出什麼問題，臉書都將開發出解方。

為了展現他的誠意，他承諾會對用戶有更多的瞭解。十多年來，他一直都是臉書的執行長，想的都是如何讓產品活下去並蓬勃發展，並與員工、其他執行長與世界領袖碰面。他不常會遇到一般人。

因此他決定要立下新年新希望，這其實是他每一年的傳統：2011年，他收購Instagram的前一年，他宣布只吃他親手宰殺動物的肉。2016年，他決心要開發自己的人工智慧家庭助理。在2017年，他想要造訪全美國的五十個州，試圖對他的用戶群有更全面的理解。

祖克柏通常會帶著他的太太、一同經營家族慈善投資的普莉希拉・陳（Priscilla Chen）一起造訪農場、工廠並與一般人共進晚餐以完成這項挑戰。他雖然努力想和平凡人打成一片，但往往因為行程都是刻意安排，而沒有好的結果。跟斯特羅姆與Instagram用戶的聚會相比，祖克柏的行程規畫太過詳細，有時看起來更像巡迴中的總統候選人。

不只有工作人員會事先跟各州選定的屋主通知有重要人物 —— 一個矽谷的慈善家 —— 要來拜訪，接著，由前美國特勤局探員所組成的祖克柏隨扈團隊，會先至現場檢查。祖克柏抵達時會帶著隨行人員，其中包含專業攝影師，這麼一來他稍晚就能在臉書上貼出相關照片。有一組公關團隊會幫忙撰寫並修改他的發言以及臉書貼文，內容通常會包含暖心的小事、對

人性的觀察以及冷笑話（dad jokes）。

　　這次的全國巡迴無論是對這位領袖的名聲或者是這個社群網站平台都沒帶來正面效應。從2015年起，臉書的溝通團隊會定期做民調，調查臉書用戶是否認為公司有所創新以及能為世界帶來好處。而且考量到祖克柏個人與公司的名聲密不可分，他們也會用相同的問題來調查對祖克柏本人的看法。因為祖克柏的全國巡迴無法提升相關數據，2017年的春天，在臉書溝通團隊齊聚的一場移地會議上，公關總監卡琳・瑪露內（Caryn Marooney）拿出一份報告指出臉書的品牌評價，比當時身陷醜聞的共乘服務新創Uber還要更差。

　　斯特羅姆的營業主管艾蜜莉・艾克特（Emily Eckert），對Instagram溝通部門的總監克莉絲汀娜・席珂（Kristina Schake）使了個眼色。「我是否該問問看他們有為Instagram做民調嗎？」她低聲說道，覺得若指出這個矛盾，並讓整個辦公室瞬間陷入尷尬會很有趣。克莉絲汀娜搖了搖頭，微笑著。「妳敢！」

． ． ． ． ． ． ． ． ． ． ． ． ．

　　當祖克柏細心規畫著他的宣傳活動時，臉書領導團隊正在與Instagram的高階主管進行例行性的產品審查。在這些會議裡，Instagram的創辦人們通常設下的目標就是來到現場後，讓臉書公司的高層知道他們的計畫，並得到最基本的許可與回饋，以利繼續進行。祖克柏通常只會說幾句話，有時候會希望Instagram達到更佳的成長而給予評論。但獲得他的許可不過就像是在方框裡打勾，接下來斯特羅姆跟克里格就能繼續照自

己的方式經營公司。

　　創辦人們還是將Instagram看作是自己的公司，儘管有來自臉書的各種資源以及相互整合。讓他們這麼認為的部分原因，就是這個沒什麼壓力的審查流程。斯特羅姆接受媒體訪問時也曾提及此，並表示他認為祖克柏對Instagram更像董事會成員而非老闆。

　　而這一回，克里格跟斯特羅姆覺得自己做到了臉書希望他們做的。在開會的當下，他們共擁有六億名用戶：若事情發展的趨勢如預期的話，他們正朝向令人稱羨的十億用戶邁進。他們也在臉書廣告技術的協助下，貢獻了數十億美元的營收。

　　然而，Instagram卻遇到比他們預期還激烈的審查。祖克柏表示自己有幾個重大的煩惱，並用了「自相殘殺」這個會讓人聯想到暴力畫面與危機感的詞彙。這名執行長想要知道，如果Instagram繼續成長，是否會開始吞噬臉書的成功？若能事先得知Instagram最終會奪走原先分給臉書的注意力的話，豈不是很有意義？

　　這些問題讓人們能一探祖克柏怎麼看待他的用戶的選擇。這些討論的重點不是人們是否比起臉書更喜歡用Instagram，畢竟人類的行為具可塑性。臉書很清楚他們把多少流量經由他們的應用程式導向Instagram。他們也完全曉得母公司正利用哪些方式幫助這間收購的公司成長，譬如透過在臉書上的連結與推廣。而如果他們發現Instagram的成長會成為主程式的麻煩的話，他們能找到**解決**的方法。

　　首先，他們需要先分析問題。隸屬臉書成長團隊的艾力克斯・舒茲（Alex Schultz）被要求在臉書與Instagram共約十五

名資料科學家的協助之下，調查是否發生自相殘殺的問題。

· · · · · · · · · · · · · ·

到了2017年4月，祖克柏關於全球社群的那則聲明，開始讓人覺得更像是想要在公關戰役中先聲奪人。同一個月，臉書發表了一份很隱晦的研究報告，並解釋他們發現到有「惡意的行為人」在他們的社群網絡上進行「資訊戰」（information operations）的案例。基本上，有一些單位（他們未明說是誰）在臉書上創造假的帳號，與真人交朋友並散播假訊息以扭曲輿論。就像歐巴馬曾警告的那樣，假新聞的問題不只和少數暗中作祟的媒體創業家有關——而是有外國勢力把社群網絡的演算法變成武器。

這則消息也加深了人們的政治猜疑，包含俄羅斯是否幫助川普勝選，或者所有假的故事——像是教宗支持川普、或者是希拉蕊與伊斯蘭國合作的消息——之所以在社群媒體上如此盛行，是否也是精心規畫後的宣傳活動的一部分。臉書是俄羅斯計畫的一部分嗎？俄羅斯真的有幫忙川普嗎？

臉書不願說明，並認為這麼做是很不負責任的。他們確實臆測是俄羅斯，但直接斥責擁有百萬名臉書用戶的國家的領導階層，是件很嚴重的事，何況若他們不小心搞錯了怎麼辦？過了幾個月之後，臉書很有信心地堅稱俄羅斯的資金沒有涉入。「我們查無證據能指出曾有俄羅斯的人士在臉書上投放與選舉相關的廣告。」他們在七月底告訴《CNN新聞網》。

自然地，民主黨人士為此感到失望，因為他們一直嘗試理解俄羅斯如何幫助川普勝選。他們先是私底下對臉書施壓，接

著公開對臉書喊話，直到9月，臉書才推翻先前的說詞，首次揭露說明，俄羅斯不僅是他們在4月提到的宣傳活動的幕後黑手，也曾買廣告推廣自己的推文。臉書從代表外國勢力的假用戶手上，得到至少十萬美元的廣告收入，因為臉書容易上手的廣告系統，讓有信用卡的人都能買廣告。

在接下來的這段時間，臉書不斷接受公審——無論是參與國會的聽證會、做出承諾以及道歉，甚至要揭露更多祕密並接受媒體轟炸。推特跟YouTube也坦承遭遇到同樣來自俄羅斯的選舉宣傳攻勢。同時，Instagram卻因為被臉書給收購，而獲得意外的副作用。他們能享有這個社群網絡所提供的強大支援以及龐大規模，但當人們對臉書有諸多不滿時，卻很晚才會聯想到Instagram。

2017年11月1日，當臉書的首席律師柯林‧史崔奇（Colin Stretch）在美國參議院情報特別委員會上，跟著谷歌和推特的律師出席作證時，他對於俄羅斯如何影響選情，揭露了迄今最令人不安的數據。共有超過八萬則的臉書貼文由俄羅斯的帳號發出，有些更被付費加強推廣，挑起美國內部有關移民、槍枝管制、同性戀權利以及種族關係的爭議。俄羅斯的目標一直都是想滲透到美國的各個利益團體中，並讓他們覺得憤怒。在這過程中，史崔奇表示，這些貼文都被瘋狂轉傳，並觸及到一‧二六億名美國人。

後來在聽證會上，一名參議員特別問到Instagram。「在Instagram上的數據並不完整。」史崔奇說。但他預估俄羅斯在Instagram的貼文也觸及到約一千六百萬人；臉書後來將這數字修改為兩千萬人。所以實際上，俄羅斯的宣傳活動在臉書

所屬的平台上，共觸及到超過一‧五億人。但想必在這次談話裡，Instagram也很晚才被想到。到了最後，隨著越來越多的醜聞爆發，祖克柏、雪柔伯格以及其他的臉書高階主管，包含臉書應用程式的總監克里斯‧考克斯、技術長斯洛普夫，以及公共政策總監莫妮卡‧畢克特（Monika Bickert），都將代表公司在世界各國政府面前公開作證。而推特的執行長傑克‧多西與谷歌的執行長桑德爾‧皮查伊（Sundar Pichai）也是如此。

但斯特羅姆從未被要求出庭作證。而且記者也持續撰寫有關他的網路烏托邦計畫的相關報導，把他形塑成很有想法的社群媒體管理者。

因為Instagram最會遇到問題的部分是由臉書掌握，所以他能享有不被責備的待遇。在Instagram上的廣告，包含所有來自俄羅斯的廣告，都是經由臉書的自助廣告系統而來。臉書的營運團隊要負責檢查所有違反規則的內容，其中也包含在Instagram站上的。傑克森‧科拉可與部分員工，會在臉書要求協助時幫忙進行檢查。但多數時候，對Instagram的員工來說，無知就是福。

‧ ‧ ‧ ‧ ‧ ‧ ‧ ‧ ‧ ‧ ‧ ‧ ‧ ‧ ‧ ‧

當臉書正煩惱於選舉的後果時，斯特羅姆的心則繫著數據分析。數據雖是臉書的信仰，但若以使用者行為的角度看來，卻無法提供完美的圖像。數據雖然能告訴你人們在做什麼，但不必然能解釋背後原因。

舉例來說，在Instagram的限時動態產品上線之後，於西

班牙特別受到歡迎。負責分析的員工只有在詢問過歐洲社群團隊的同事之後，才找出真正原因。事實上，年輕人會利用這工具玩一種讓人著迷的遊戲，遊戲的最一開始會有人用私訊傳給朋友一個數字。然後這位朋友會在稍縱即逝的限時動態中，利用這個數字公開分享他對寄件者的秘密看法（#12很可愛〔es muy lindo.〕）。

在印尼，Instagram從數據分析中找到一項他們認為是大型垃圾訊息集團的行為：人們在上傳照片沒多久之後，就把照片刪掉。但當Instagram進一步研究時，他們發現這個行為並無不妥；這現象只顯示出在該國的人民開始使用Instagram來線上購物。他們貼出要出售的商品照片，並在賣出之後把照片刪除。

而另一個垃圾訊息的過濾器，會把每分鐘留言超過一定數量的用戶自動停權，但反而阻擋到與朋友聊天的青少年，他們在平台上的活動太過頻繁，比Instagram原先設計來防堵垃圾訊息的自動停權機制的額度還要更高。

因此斯特羅姆理解到純靠數字的侷限，這也是他如此在乎直接與用戶接觸與研究的原因之一。但是，既然臉書正在研究Instagram是否在統計學上，有可能吞噬掉臉書的成功，他希望能精進預測的能力。

斯特羅姆讀了一堆書，並與Instagram的數據分析總監麥克・德維林討論，以試圖理解哪些因素會與對產品作出合理的預測有關。有一天，在接近晚餐時間，他傳訊息給德維林說，他終於算出來2017年下半年的Instagram預測使用時間。他預期每位用戶每天會花二十八分鐘在這個應用程式上。

斯特羅姆算出這數字的方法並不瘋狂，德維林心想：**若是我在大學部教一門預測的課，這會是很合理的回家作業，而這個答案很可能會得高分。**他的團隊後來提出更科學的預測方式，但跟斯特羅姆的數字相去不遠。

斯特羅姆並非想幫德維林代勞，他只是想開始學數據分析，就像他開始學騎自行車一樣。他想要對這過程有更多的瞭解，他才能準備好對接下來發生的一切進行解析。

· · · · · · · · · · · · · · · ·

在臉書最具挑戰性的一年的尾聲，這個社群網絡與其照片分享的子公司也陷入衝突。到底 Instagram 從無比強大的母公司得到了什麼？這間公司曾幫助 Instagram 更為普及，但現在卻會擔心無法保住王位。

斯特羅姆覺得因為 Instagram 身為公司內的公司，得以利用臉書不斷取得勝利。這麼一來，就算臉書深陷麻煩，人們仍有另一個快速發展的社群網絡選擇能與家人與朋友保持聯絡。Instagram 可能有一天會對臉書的生存至關重要 —— 甚至會成為宰制社群的平台。那一年，他們幫忙臉書解決了主要的競爭者、於 3 月以「Snap Inc.」名義上市的 Snapchat 的威脅。Snap 的股價下跌，市值蒸發近一半，某部分原因是因為擔心這間公司無法抗衡也推出限時動態的 Instagram。

但祖克柏的想法是，若臉書本身無法蓬勃發展，就會對 Facebook Inc. 造成威脅。臉書深陷自己創造出來的難題，更要面對規模前所未見的公眾審查與質疑。他給了 Instagram 那麼多的自由跟支持，是時候該讓 Instagram 有所回報了。

　　當舒茲完成了Instagram是否會與臉書自相殘殺的研究後，領導者們對數據的解讀卻截然不同。

　　祖克柏認為這份研究指出Instagram很有可能會威脅臉書繼續稱霸的現況 —— 且自相殘殺會從接下來的六個月內開始。若細看預測未來的圖表，會發現如果Instagram繼續成長且繼續從臉書偷走用戶的時間，臉書的成長有可能會歸零，甚至更糟的是會失去用戶。他認為，因為臉書平均能從每位用戶獲得的營收較高，因此，所有花在Instagram而非臉書的時間，都會不利於公司的獲利。

　　斯特羅姆不同意他的看法。「這並非是Instagram奪走臉書的派，並加到Instagram的派上，」他在週一早上的領導會議中說道，「而是派的整體正在變大。」所以不該視為Instagram與臉書的對抗，而是所有臉書的服務要和世界上的所有選擇進行對抗，譬如看電視、用Snapchat以及睡覺。

　　其他在房間裡參與討論的人都覺得很疑惑。**馬克難道忘了他擁有Instagram嗎？**祖克柏一直鼓吹臉書應該要在競爭對手獲得機會之前重新發明自己，而且公司在決定怎麼做的時候，必須要奠基於數據。「如果我們無法創造出殺死臉書的東西，其他人也會創造出來。」在員工報到當天發放的小冊子中他這般寫道。

　　但臉書是由祖克柏發明的。而這一次，這名執行長是帶著情緒偏見在解讀數據。

　　在2017年底，他對此採取的第一個動作非常微小，用戶們幾乎不會發現。

　　他要求斯特羅姆在Instagram的應用程式中設置顯眼的連

結把他的用戶帶向臉書。而在臉書的動態消息裡原本有個區塊，會導向社群網站的各項服務（如社團與活動），祖克柏也移除了導向Instagram的連結。

第十一章
另一則假新聞

「過去是網路世界映照出人性，但現在是人性映照出網路世界。」

—— 艾希頓・庫奇，演員

當Instagram在2016年6月改變排序動態消息的演算法之後，把這個應用程式做為宣傳工具的人也逐漸理解到，他們會需要徹底改變策略，因為新的動態消息排序方式──優先顯示與用戶關係親密而非最新發表的貼文──意味著網紅跟企業沒辦法只靠頻繁發文來增加粉絲數。

這就好像讓所有剛開始以Instagram為經營重心的公司，突然都成為某位剛上任且神祕的老闆的員工，但卻無從得知他們的表現為何會一落千丈。某些運用與2015年相同策略的人失敗了，有些人對粉絲發送各種哏圖與懇求，並指責Instagram搶走本該屬於他們的成長。他們之所以感到絕望，是因為雖然這些帳號是數位的，但是卻支撐著他們真實生活的工作與事業。其中一間很早在Instagram誕生的知名企業Poler，這間戶外用品設計品牌最著名的產品就是能穿著四處走的睡袋（#露營風〔campvibes〕#露營車生活〔vanlife〕#覺得幸福〔blessed〕），最終卻因未能達到預期的成長目標而宣布破產。

和其他數位圈的勁敵一樣，Instagram沒有提供客服電話給企業打來討論他們的不確定與抱怨。經營這些帳號的人，只是想要知道跟理解新的規則，並從粉絲活動的數據中遍尋線索。經過拼湊後他們得知，若想要獲得演算法的青睞，這篇貼文就得讓人們立刻加入討論，並且留言若有一定字數的話，會比只貼愛心和笑臉的表情符號更好。

在困惑當中，最具人氣的Instagram用戶很明顯比其他人更有優勢，因為許多名人跟知名網紅，尤其是位於美國的，早就跟查爾斯‧波奇的夥伴關係團隊有聯繫。這團隊特別關

注卡戴珊–詹娜家族，因為 Instagram 粉絲最多的前二十五個帳號裡，有五個是由他們所掌控。大約在演算法調整後的一年，2017 年 5 月，金・卡戴珊・威斯特會成為世界上第五個 Instagram 粉絲超過一億的人，前四位達成的是亞莉安娜・格蘭德、席琳娜（Selena Gomez）、碧昂絲（Beyoncé Knowles-Carter）以及足球員克里斯蒂亞諾・羅納度（Cristiano Ronaldo）。卡戴珊家族的影響力沒有大到讓 Instagram 願意撤回演算法的變動，但他們的另一個需求卻被滿足了。

每一天，家族成員會跟著時間表貼文，不管是產品發表的資訊還是生活裡的事件，都是他們排定好的重要新聞。當他們在彼此的照片留言以公開表示支持時，也能為他們帶來好處，因為這行為會向演算法傳遞很強烈的訊號：這則貼文很重要，需要被排到更前面。但這會產生問題，因為就像他們跟波奇團隊所表示的，大眾永遠看不到他們的努力。Instagram 名人們的留言區會不斷有新留言湧入，導致重要的資訊被埋沒。如果你是在發布一則口紅貼文後的幾分鐘內就會收到上百則留言的凱莉・詹娜，你沒有辦法用粉絲期待的方式，看到並回應來自同母異父姊姊金的鼓勵留言。

波奇的團隊與 Instagram 的工程師合作並想出一個解方：也用演算法來排序留言。從 2017 年的春天起，在照片底下的留言，會把對用戶重要的人 —— 也許是親密好友，或者是在帳號旁有藍勾勾，獲得「認證」是公眾人物的人 —— 排到更上方的位置，並且顯示也更醒目。

· · · · · · · · · · · · ·

就像泰勒絲當初抱怨網路暴凌時一樣，Instagram再一次基於少數人的回饋，為所有用戶調整的產品設計，立場堅定地相信他們所做出的綜合評估，並認為演算法幫助到一般用戶看到他們最想看到的事物。他們雖然修復了一個問題，但現在已有上百萬名用戶跟公司仰賴著這個應用程式，而這個改變所帶來的漣漪效應，是Instagram不曾設想過的。

擁有藍勾勾的人們，在理解到他們的留言會變得醒目之後，就更有動力去不斷留言。留言的排序幫助品牌方、網紅以及好萊塢明星，對抗主要演算法降低他們的重要性的情形。在Instagram留言變成一種行銷，或者，用矽谷工程師的術語，變成一種「成長駭客」（growth hacking）。

但「駭客」的行徑不止於此，最懂策略思考的Instagram名人不只會在朋友的貼文留言，也會到那些讓他們比實際上看起來更有連結或更相關的帳號去留言。一名擁有認證帳號的網紅席雅・庫柏（Sia Cooper，@diaryofafitmommyofficial）就跟《Vogue》說她藉著在卡戴珊-詹納家族的貼文中發表很有愛的留言，就在幾週內新增加八萬名粉絲，儘管她實際上不認識她們家的人：「我選擇在最多人追蹤的帳號下留言，因為這代表著我的留言更有機會被更多用戶看到。」並被放在最上方。如今，她擁有超過一百萬名粉絲，並激勵了其他人使用相同的策略。

當演算法優先呈現認證過的留言之後，媒體也開始跟進。那些名人之間看似無意、坦誠的閒聊 —— 明星們為自己辯護、宣傳產品或單純與網友互動 —— 都成為娛樂新聞的素材。在留言演算法改變的幾個月後，歌手蕾哈娜在一個化妝

品公司的貼文下留言，批評他們的粉底沒有給黑人女性用的顏色。這則批評種族歧視的留言也躍上新聞版面，並讓她經營的化妝品品牌Fenty Beauty從中受益。而名人透過Instagram留言「反擊」（clapback）也成為很常見的招式，娛樂新聞網站也開始排名跟羅列讓人最印象深刻的內容。同樣來自雪城大學（Syracuse University）姊妹會的艾瑪‧戴蒙（Emma Diamond）跟茱莉‧克萊默（Julie Kramer），在某個談論卡戴珊家族的聊天群組中成為好友，他們在畢業之後開設了一個名為＠commentsbycelebs的帳號，會搶在其他人之前，以螢幕截圖的方式特別強調出A咖們的留言。這帳號現在擁有一百四十萬名粉絲，並透過與百威啤酒等客戶的業配內容攢得足夠的收入，無需其他工作支撐。而隨著演算法的演變，這類仰賴演算法生存的商業模式也要隨之變化。

而且不僅只合法的商業活動要如此。譬如，有著藍勾勾認證的帳號，因為在一些Instagram員工尚少的國家仍很難取得，就更有可能成為駭客爭奪的目標。駭客們會在找出方法破解並登入後，將這些帳號在黑市轉賣。在黑市中，這些帳號變得越來越值錢，某部分是因為有勾勾的話，會讓他們在Instagram的留言中更容易被看到。

．．．．．．．．．．．．．

2016年的總統大選是個轉捩點，不僅改變了大眾對於社群媒體的觀感，還有人們與政府如何透過社群媒體的力量為惡的做法。其中凌駕於所有問題之上的問題就是：科技公司要多大程度地與人性抗衡？當他們的用戶選擇閱讀超偏激的新聞、

選擇分享關於疫苗導致自閉症的陰謀論、選擇分享種族歧視的謾罵或者大屠殺槍手們的宣言，這些公司們該怎麼負責，或者真的要限制這些內容嗎？有關單位也會詢問臉書、YouTube 和推特，他們對用戶的政策，以及哪些內容應該要限制，或者更嚴密地管制。每間公司的代表也解釋，他們希望站在支持言論自由、減少下架內容，並且傾向採取剛好是最便宜、需要最少人力監控的解決方案。

Instagram 留言演算法的改變，只不過是微小的調整，就收到相對正面的效果。自我推銷幾乎不可能對民主或者醫療事實造成威脅，卻有可能讓 Instagram 變得更有趣，尤其是透過像是 @commentsbycelebs 這樣的帳號。但這次的改變，以及相對應在用戶行為上帶來的效果，也彰顯出一些在內容政策上，更根本但卻被遺忘的爭議。社群媒體不只會映照出人性，也透過在產品設計中所嵌入的獎勵機制，變成定義人性的一股力量。

Instagram 會衡量粉絲數、按讚數與留言數。當用戶知道他們的每一則貼文會被這些數值評斷，他們就會調整自己的行為以達到同儕的標準，就像是體操選手知道動作的難度以及執行的完美度會影響到評分。當 Instagram 的規模日漸壯大，用戶們也更努力爭取粉絲數、按讚數與留言數，因為達成目標後的獎勵 —— 無論是個人認可、社會地位以及經濟回報 —— 都非常龐大。

與其他的平台相比之下，Instagram 用戶要通往成功的道路是很清晰的。你只需要創造出正確的內容：在視覺上提供刺激，附上充滿反思但正面的文字，以激起人們某種程度的認

同。這些行為加總起來，也蔓延到現實生活裡，並影響到真正的商業決策。原先創辦人們所想要打造出的 Instagram，是培養人們的藝術與創意，並提供一扇能看見他人生活的圖像之窗，這個願景也漸漸地被 Instagram 所提倡的各式指標所扭曲，轉變成一款有人能從中獲勝的遊戲。

這種效應也在網路世界的其他部分，尤其是以用戶產生內容為主的平台起了作用。像是 YouTube 網站的演算法，就慢慢開始根據觀看時間提供創作者獎勵，認為人們在一支影片上花越多時間，就代表這影片越吸引人，也就會把它在搜尋結果與推薦內容的排序提高。因為如此，想要在網站上成名的人就不再拍攝短劇，轉而拍攝十五分鐘長的化妝教學影片，或者長達一小時的影片討論電玩遊戲的人物，藉此在排名中更加顯眼，並且插入更多廣告。YouTube 也會衡量影片觀看的平均百分比，以及平均觀看的長度，納入評量排名的依據。因此 YouTube 的創作者會針對這些指標調整他們的行為，在影片中顯得更憤怒或急躁，以留住觀眾的注意力。有些人甚至會推廣陰謀論，傳遞各種駭人聽聞的內容讓人們持續關注。那些誤信化學尾跡陰謀論（chemtrails）與地平說（flat earth）的人，也在網站上找到了新的支持者與社群。

這些公司也很直觀地試著找出哪些方式能有效衡量用戶開心與否，並依照這些指標打造他們的網站，一步步開始操縱用戶。在臉書內部，一旦公司開始獎勵給能提升用戶使用應用程式時間的員工，用戶們就會開始看到更多影片跟新聞內容出現在動態消息上。從總統大選的例子也能明顯看得出，獎勵能激發用戶情緒的內容，也讓假新聞網站的產業瞬間崛起。

這些應用程式都是從「娛樂活動可能發展成生意」這個看似單純的動機出發：臉書是為了連結朋友和家人、YouTube是為了觀賞影片、推特是為了分享現在發生的事情，而Instagram是為了分享影像裡的片刻。但隨著這些應用程式融入到日常生活中之後，產品內的獎勵系統，在公司想要衡量成功與否的企圖心的助長之下，其對人類行為方式的影響，已比起任何品牌宣傳與行銷活動還要來得深遠。至今，這些產品已經為世界上很大一部分的上網人口所使用，也讓描述這些產品變得更為容易，但不是看他們說自己是什麼，而是他們衡量什麼：臉書是為了獲得讚，YouTube是為了獲得觀看數，推特是為了獲得轉推，Instagram是為了獲得粉絲。

當某人使用谷歌、他們的收件匣或者他們的簡訊時，他們通常知道自己要做什麼。但在社群媒體上，一般用戶都在被動地瀏覽內容，等著被娛樂或者得到最新消息。因此，他們會更容易受到公司推薦的影響，而這些平台上的專業用戶，也會依照網站上得到的成效調整自己的做法。

到了2017年前後，大眾開始明白到他們所熱愛的社群媒體產品，其實不全然是開發給他們使用，也是要用來操縱他們的行為。人們受到大眾以及媒體的強烈呼籲所刺激，也開始評斷這些產品到底對人類社會造成了哪些影響 —— 除了Instagram之外，它幾乎躲過了各種批評。因為Instagram是其中最年輕的公司，比其他公司都晚四年到六年才成立，用戶都還在趕著享受因Instagram而生的效應，而且產品的使用者體驗不會像其他網站一樣，會立即讓人覺得反感或察覺到問題。而透過社群以及夥伴關係的團隊，針對站上那些最有趣的用戶

的作品所做的策展與推廣，很有效地幫助其產品取得用戶的好感。這做法「就像是經常存款到銀行，才能未雨綢繆。」一名高階主管表示。

但Instagram並非毫無問題。他們最多產的那些用戶不擇手段地在網站中建立起個人的品牌與生意 —— 並在這過程也扭曲了真實。

. . . .

其實在俄羅斯政府對美國大選帶來負面影響之前，聯邦貿易委員會就一直在調查另一種型態的暗中操縱，但是並非由政治因素，而是由經濟因素所驅使：網紅在Instagram上的廣告宣傳。

事情的開端是一條佩斯利花紋（paisley-patterned）的長裙。精品百貨公司Lord & Taylor找了五十位時尚網紅，並提供一千到五千美元的酬勞，請她們在2015年的某個週末，穿上同一條藍橘相間的長裙，且貼文內容也需經公司核可，並加上主題標籤#designlab（設計實驗室）並且標注@lordandtaylor。但最重要的是，他們不必表示自己有從中獲利。

聯邦貿易委員會表示，這種做法有問題，更在2016年將Lord & Taylor的事件當作例證並達成協定，認為像這樣不平等且欺騙觀眾的廣告手段必須停止。「消費者有權知道他們看到的是付費廣告。」聯邦貿易委員會的消費者保護局（Bureau of Consumer Protection）局長潔西卡・里奇（Jessica Rich）解釋道。

但這記警告，卻對蓬勃發展中的網紅新經濟影響不大。隨

著Instagram成長，也有越來越多人願意收錢發表有關服裝、旅行以及美容療程的貼文，選擇與自己「喜歡」的品牌合作，但也能從中獲得利益。

在2017年3月，有關單位向九十個品牌方、名人以及網紅寄出一則很禮貌的請求信。這信的目的是要警告他們，現在，當網紅拿錢發文時，需要讓大眾知道，並要在貼文內容的最上方揭露，而非藏在一堆主題標籤之中，或者放在長篇文字的最後，否則就會受罰。贊助活動必須明確且無誤地標明出來，而非使用#thankyouAdidas（謝謝你愛迪達），或者像某些網紅會用 #sp 的主題標籤，做為「贊助」（sponsored）的縮寫。

一旦當聯邦貿易委員會把規則訂清楚，Instagram也開發出工具讓品牌方能把網紅的貼文變成實際的廣告，並在最頂端放上明確的標籤，試圖鼓勵大家自我揭露。公司也規定若不遵守此格式發表贊助內容，會被視為違反平台的規則，似乎很認真看待聯邦貿易委員會的規範。

但後來Instagram並沒有嚴格執行這一政策，因為在開發出這套讓用戶遵守法規的工具之後，Instagram就把所有要承擔的責任，轉移到網紅以及廣告商的身上。很早就開始做網紅行銷的單位Mediakix就發現，在Instagram前五十名的網紅在他們提到品牌的貼文中，有93%都沒遵守聯邦貿易委員會的揭露需求。

幾個月之後，聯邦貿易委員會提高警告層級，並直接通知二十位明星與網紅，其中包含演員暨歌手凡妮莎‧哈德根斯（Vanessa Hudgens）、超級名模納歐米‧坎貝爾（Naomi Campbell）以及演員索菲亞‧維格拉（Sofia Vergara），指出

他們可能違反規範。坎貝爾曾在毫無明確理由之下，在貼文中展示來自行李箱製造商 Globe-Trotter 的幾款產品。歌手席亞拉（Ciara）也貼過內含嬰兒球鞋的照片並說道「謝謝你 @JonBuscemi」，並標註這位時裝設計師，但她沒提到自己是否是免費獲得的。

· · · · · · · · · · · · · · · · ·

　　很少人在乎聯邦貿易委員會的警告，而更少人在乎公司的規則，因為這款產品內建的誘因 —— 按讚、留言跟粉絲 —— 宰制了一切。無論有沒有贊助的交易行為，在 Instagram 的每個人都在以某種方式進行銷售。他們在銷售的是有抱負版的自己，將個人變成品牌，並透過某些指標與同儕比較。

　　也要多虧 Instagram，把生活變得值得做行銷宣傳 —— 雖然不是所有的 Instagram 用戶，但至少有上百萬名用戶這麼做。專業人士，為了要讓他們的行銷活動更有黏著度，就想要盡可能看起來 #authentic（真實）一點，就好像他們是祕密對粉絲揭露潮流趨勢的專家，而非人體活廣告。如果這招奏效的話，兜售產品得到的錢將不是唯一的獎勵，而是有機會成為自己的老闆、企業家或者被發掘成為藝人，進而不只銷售產品，更販賣整體的生活風格。網紅不把 Instagram 視為社群媒體，而是出版平台。

　　「內容是份正職工作，並且要無時無刻經營。」羅倫·伊瓦特斯·波斯提克（Lauryn Evarts Bosstick）表示，而她在經營 Instagram 帳號 @theskinnyconfidential 之外，同時也有部落格、播客（podcast），並出書分享勵志小語以及讓生活更美好

的祕訣。她帳號貼文的美學很一致：爆乳自拍、身著緊身衣、以及暖粉紅的視覺調性。而她的品牌合作案，通常是護髮產品和面霜，也很符合這主題。她的一半收入來自 Instagram，在那裡，她的生活看起來像是真人版的芭比娃娃。「我錯過許多生日派對、家庭聚會，而人們看著我的帳號時，會覺得我總是在度假。」她告訴我。

她在聖地牙哥（San Diego）當調酒師的時候，開始在 Instagram 上發文。三年來，她每天都會利用空擋，在酒吧的廁所裡策畫帳號的內容，直到獲得足夠的粉絲量後，才能靠著個人品牌「苗條機密」（Skinny Confidential）過活。現在她擁有將近一百萬名粉絲。「說到底，還是你有多麼想要成功。你就像是每天要獨立經營完全線上的刊物，並身兼創意總監、編輯、作家、行銷，然後在內容發表之後，希望人們會喜歡，接著就不斷重複這個循環。」

網紅們解釋，Instagram 所提供的即時回饋，讓他們從所有可被量化的反應中得出人們的喜好 —— 而這結果也不那麼意外。自拍比風景照更好；比較裸露的照片比有衣物遮蔽的照片更好；帳號有一致性比隨機的內容更好；流行的顏色也比單一色調更好；美的事物比不美的事物更好；在視覺上極端的行為也更好。用戶根據這些數據調整策略，直到他們能不斷獲得好的成果。而這些好的成果也會鼓勵某些表現形式，譬如修圖的自拍照、做瘋狂動作的影片以及衣不蔽體的網紅。

為了確保找到對的網紅，品牌商會查看他們的互動率 —— 計算方式為把每則貼文的按讚數與留言數加總後除以粉絲數，並透過像是 Captiv8 和 Dovetale 的服務 —— 試圖判

斷誰的觸及數是真的，而哪個人的觸及率太低，不值得付錢合作。但就像任何系統一樣，觸及率是可以被玩弄的。到後來Instagram也讓事態變得更為嚴重，不僅影響到廣告中的事實，也影響了生活中的事實。

· · · · · · · · · · · · · · ·

　　其中，最有名的Instagram詐騙事件，源自一場很大膽並動員網紅的宣傳活動，其結局是一名來自紐約的騙子最終被判刑坐牢六年。

　　這場活動名為「Fyre音樂祭」（Fyre Festival）。這場現在已眾所皆知，原訂在2017年春天舉辦的奢華音樂活動，其最一開始的宣傳只透過Instagram，並找上幾名世界頂級的超級名模發表一連串的貼文，其中包含貝拉·哈迪（Bella Hadid）、肯朵·詹娜與艾蜜莉·拉塔科斯基（Emily Ratajkowski）。在他們所推廣的影片中，刻畫著等著被拍照上傳Instagram的夢境般的體驗：她們聚在一起，前往巴哈馬群島（the Bahamas）玩樂、穿著比基尼在沙灘上嬉戲、在遊艇上跳舞，並在清澈湛藍的水域騎著水上摩托車。這場音樂祭宣稱會是場永生難忘的派對，照理會辦在由哥倫比亞毒梟巴布羅·艾斯科巴（Pablo Escobar）在加勒比海曾擁有的私人小島上，而且影片也承諾，在「這改變人生的兩個週末中」，會提供許多「挑戰不可能的邊界」的體驗。音樂祭所提供的食物也將由名廚烹飪。票價從一萬兩千美元起跳——如果你想要住在要價四十萬美元的「藝術家別墅」中，並與其中一名演出者狂歡的話，就得付更多錢。本來應該有三十三場音樂表演，其

中包含樂團 Blink-182、電音三人組 Major Lazer、歌手 Tyga 與 Pusha T。

這個音樂祭的幕後推手，是行銷專家暨詐欺高手比利·麥克法蘭（Billy McFarland），他很擅長炒作新聞，也找到饒舌歌手傑魯（Ja Rule）成為音樂祭跟負責推廣音樂祭的組織 FuckJerry 的共同創辦人。麥克法蘭很清楚網紅經濟的力量，並付給肯朵·詹娜二十五萬美元發一則鼓勵觀眾買票的 Instagram 貼文。他也直接訴諸 Instagram 網紅所重視的生活品味。他提供許多專屬的排場；人們將乘坐為 VIP 客製化的波音 737 客機抵達現場。來賓們會待在環境友善的豪華穹頂下。他們被要求事先儲值錢至手環上，以享有完全無現金的體驗。但問題在於，比起規畫活動，麥克法蘭更懂得怎麼炒新聞，而到最後他所承諾的事情沒有一個實現。

當來賓抵達時，發現活動並非辦在私人島嶼，而是位於桑道斯度假村（Sandals resort）附近的一片沙灘上。也沒有別墅，只有許多頂避難帳篷，而且內裝和床鋪，都被熱帶的暴雨給淋濕了。而用來付費的手環，到頭來只是麥克法蘭在計畫資金快見底時，用來獲得流動資金的應急手段。而這場活動中最經典的貼文，並非膚色曬得古銅的模特兒或者潔白沙灘的照片，而是一份裝在漢堡外帶盒中，讓人感到悲哀的三明治照片。裡頭擺著兩塊麵包、兩片起司以及一份加醬的沙拉。這張照片立刻被瘋傳 —— 但是是在推特上。

經過聯邦調查局的調查以及集體訴訟，麥克法蘭遭受逮捕，得入獄六年並支付兩千六百萬美元的賠償金。

　　不過在Instagram大多數的造假行為，都不會像麥克法蘭那樣接受緊鑼密鼓的刑事調查，事實上，幾乎沒有人會注意到。因為這些造假行為，只不過是人們會照著他人的期待行事，因為選擇這麼做會帶來商業利益。那些過著值得拍照上傳Instagram的生活的人，也成為那些沒有生活可言的人，獲得娛樂與逃避的來源。

　　每一天，卡蜜兒・迪茉提納爾（Camille Demyttenaere）和她的丈夫詹・霍克（Jean Hocke）會事先安排好所有生活橋段，只為了將這些經歷放上Instagram。有一次，他們坐著蜿蜒行駛在斯里蘭卡叢林中，車門敞開的藍綠色火車上，迪茉提納爾就突然在火車的外面跟霍克熱情擁吻。她傾身向前，手臂完全伸向背後，用雙手抓住火車外的把手，並置身在他的上方，而她的雙膝放在他的二頭肌附近，同時他向後方仰臥，左手臂懸空，只用一隻手撐著，就這樣懸在樹林之上。

　　「**我們最瘋狂的一次接吻。**」這兩位經營@backpackdiariez帳號的旅行網紅，在2019年5月的貼文中寫道。很多人也立刻在底下留言。「你們真的準備好為了一張照片而死？？？？？？？？」有人說。世界各國的媒體也報導這則故事，撰文討論旅遊的文化，以及人們願意為了Instagram承擔多大的危險。有些報導引述了一份研究提到，根據紀錄顯示，在2011年到2017年期間就有兩百五十九人在自拍途中因故死亡，多數都是二十出頭，無謂挑戰風險的年輕人。

　　但很諷刺的是，輿論的抨擊正是這對比利時籍的情侶最希

望得到的反應。現在,當他們的個人檔案出現在更多的新聞網站,就增加了他們的曝光度,並藉此獲得十萬名新粉絲,而且Instagram限時動態的瀏覽量也增加了三倍。他們的收件匣塞滿了來自各國觀光局與旅館的邀請,他們都是從國際媒體對這事件的報導中發現到他們的。

但他們解釋,其實一切都是精心策畫過的結果。在造訪一個國家之前,他們會先研究哪裡最適合拍照,查看當地攝影師的Instagram,並想出人們沒有擺過的姿勢(在這之前這對網紅情侶就試過在火車拍照,但沒有成功爆紅)。他們也會選擇能與風景搭配的服裝。並且在早上跟傍晚拍攝,因為當時光線最柔和,而且通常會使用三腳架;在這次火車的拍攝中,霍克的兄弟也從旁協助,拿著一台每秒拍攝五十張照片的相機。他們利用Adobe Lightroom這款軟體修圖,並從五百到一千張照片中挑出最好的幾張,並移除任何不好看的東西,譬如垃圾桶、衣服的皺褶以及閒雜人等,這些技巧都是從YouTube的教學影片學到的。在最後一步,則會套用他們預設的其中一個Lightroom濾鏡,自動將照片調整成符合某種情境,並讓色彩更為飽和。他們也在Instagram上,將這些濾鏡集結為二十五美元的套裝組合公開銷售,因此他們的觀眾想要的話,就可以模仿他們拍攝的內容。

數千人會以品牌商的名義,環遊世界並拍攝出吸引人的照片。迪茉提納爾跟霍克之前曾在倫敦擔任商業策略顧問,她在里特顧問公司(Arthur D. Little)任職,而他則是在麥肯錫工作。他們記錄下二度蜜月的內容,吸引到數千名粉絲追蹤,也讓他們理解到或許能利用自己的商業直覺,將這趟旅程無限期

地延長。

　　而且他們還真的有所斬獲。他們的衣服和防曬乳都是免費的，只要他們在貼文中提到提供產品的品牌。他們的旅館、交通以及餐飲也都是免費的 —— 通常由觀光局或旅行社贊助。他們說，品牌商付給旅行網紅每則貼文的價碼，大約是每十萬名粉絲一千美元。但他們從銷售Lightroom預設濾鏡中賺到最多錢。霍克說，在火車新聞爆發之前，他們每個月光透過Instagram個人檔案中的連結販售濾鏡套組，就能賺入超過三十萬美元。他也預期營收會隨著粉絲數而成長。

　　根據世界旅遊觀光協會（World Travel and Tourism Council）的統計，旅遊業的市場在2017年，從2006年的六兆美元躍升為八・二七兆美元，而有一部分是因為「隨著社群網絡的成長，年輕人對旅遊目的地的意識也有所提升」。像這樣的意識提升要歸功於像迪茉提納爾跟霍克這樣的人，他們雖不是家喻戶曉的名人，但在本質上就像是模特兒，有人付錢給他們拿著產品拍照，並鼓勵其他人踏上同樣的旅程。他們也根據粉絲的回饋來決定他們該怎麼做：他們會一起拍照，不會離彼此太遠並看起來在狂戀之中，並展露出古銅色的皮膚。但他們也感受到觀眾在流失，霍克解釋道，「你需要不斷餵養機器。你總是要產生內容。人們認為我們過著夢想中的生活，雖然確實是如此，但我們總是要思考，『要去哪裡找到好內容，好內容，好內容？』」他們為人們創造出娛樂與能夠逃避現實的內容，一如實境秀提供幸福而非戲劇性的訊息，進而讓觀眾持續喜歡他們並從中得到好處。

Instagram以前所未見的幅度,將個人生活與品牌行銷融合在一起。當 @instagram 的帳號形塑出這公司希望在應用程式上看到的行為模式,企業投入的廣告與網紅經濟,更增強了這效應。

這應用程式的用戶們,從看到他們追蹤的人做了有趣的事情中獲得啟發,往往也會想要做同一件事情,並把錢花在體驗而非產品上頭。「在追尋按讚數的旅途中,必須以故事或照片的形式不斷提供值得分享的新內容。」顧問公司麥肯錫在一份報告中寫道。「各式體驗在對內容的渴望中扮演重要角色,因為這些體驗比起購買的新產品,更有可能變成故事與照片的素材。就算是不盡如人意的體驗 —— 譬如長途旅行的班機延誤,或者雨中的足球賽 —— 最終還是能成為值得分享的故事。」

Instagram效應使得汽車和服飾等昂貴實體商品的銷售更困難。2017年在美國,有九間大型零售商宣告破產。分析師認為除了亞馬遜的崛起外,偏好體驗而非商品的趨勢也會影響零售商的利潤。

與休閒有關的照片也成為新的身分象徵。人們會排數個小時的隊,為了在東京的Totti Candy Factory買到巨大的彩虹棉花糖,或者到倫敦的酒吧 Purl 喝綁著氦氣氣球或在蜂蜜味煙霧中若隱若現的雞尾酒,又或者到冰島或峇里島等風景優美的地方度假。在2018年,搭機的人數已有四十五億人次,而全世界總計有約四千五百萬次的航班。

　　新的生意機會也隨著出現，讓人們不用出門旅行就能拍出吸睛的照片。在2016年於紐約開幕，後來也擴展至舊金山、邁阿密與洛杉磯的冰淇淋博物館（Museum of Ice Cream）裡，遊客們排隊等著拍下自己身陷在五彩繽紛糖珠中的照片——這些糖珠不可食用，是由抗菌塑膠所製成的。而多倫多的Eye Candy更是自拍照的聖地，人們只要付入場費，就能從數十個房間中選一間拍照，其中一間能讓人看起來正搭乘私人飛機放鬆，且為了顯得逼真，還提供道具香檳；而另一個房間則讓人彷彿在櫻花季置身日本。在新墨西哥州聖塔非（Santa Fe）的博物館Meow Wolf，則提供超現實的布景。Meow Wolf以集結各式讓人體驗的藝術品著稱，會帶領遊客走過一片霓虹燈的樹林，或者把他們塞入一台烘衣機中，就好像那是通往另一個宇宙的入口。而且他們的腳步並未停歇；他們在2019年向投資人募得一‧五八億美元，要在美國各地開展事業。

・・・・・・・・・・・・

　　當人們為了Instagram的動態消息策畫自己的生活時，他們也投資在加強照片的工具上，下載像是Facetune和Adobe Lightroom等應用程式，調整牙齒的顏色、下巴的輪廓以及腰線的樣貌。Facetune是2017年蘋果最流行的付費應用程式，其定價為四‧九九美元，並銷售超過一千萬套。

　　「我不知道真的肌膚長什麼樣了，」模特兒、活躍的網路評論家克莉絲‧泰根（Chrissy Teigen）在2018年在推特上說道。「社群媒體上的人們都知道：**這是Facetune修過的照片，妳很漂亮，但不要和別人比較，好嗎？**」

這些修圖工具讓所有對自己外貌有疑慮的人 —— 譬如有痘痘的年輕人 —— 都能更容易享受Instagram的樂趣。與此同時，這些工具也提高值得上傳到Instagram的照片標準。在田納西州阿帕拉契山山脈的郊區擔任高中圖書館員的達斯汀・亨斯利（Dustin Hensley）表示，他的學生只敢在小帳，而非他們的公開Instagram帳號貼出最原始、未修圖後的照片。「所有傳到主帳號的東西都要經過修圖，」他解釋。「基本上若少了這步驟，沒有東西會被貼出來。」但是，一旦人們從濾鏡邁入到在軟體中虛擬地修飾外貌，並且看到更完美的自己之後，就有人開始會想把這些效果付諸實現。根據估計，注射肉毒桿菌以消除皺紋的市場規模，將在短短五年內，從2017年的三十八億美元成長到2023年的七十八億美元。而用來讓長皺紋的區域變得緊緻、調整下巴線條或者讓唇形變豐滿的合成皮膚填充物的市場規模，也正經歷相同的擴張，甚至也在青少年族群裡引起風潮。

在比佛利山莊為高端客戶提供整形外科手術的凱文・布倫納（Kevin Brenner）醫師，在自己的私人診所已執業十五年，他的專長是胸部與鼻子的手術與調整。布倫納醫師報告說，在Instagram誕生之後，他的生意有很大的轉變。潛在的客戶會想要知道特定手術的術前與術後的照片與影片，因此他也在他的@kevinbrennermd的帳號中向一萬四千名粉絲提供這些資訊。因此，他們在就醫之前就清楚他們想要做什麼。他們通常也願意被拍下手術過程，這麼一來，他就可以繼續教育觀眾。

但問題是：Instagram所呈現出的樣貌不一定都能實現。他提到他的競爭者中最知名的幾位，他們都擁有數十萬甚至數

百萬名粉絲,也許都會把隆乳手術的疤痕用Photoshop消除,但事實上,這手術是不可能不用開刀的。他們的患者可能會貼出術前術後的照片,但這些照片都被加上濾鏡與修圖,讓患者的皮膚比以前看起來更古銅與光滑。

「很多時候我必須要控制客戶的期望,」布倫納說。「他們會給我看其他人做完某個手術的照片,但他們並不清楚這些照片都經過Instagram濾鏡的修飾。」事實上美國醫學會所出版的《美國醫學會雜誌:臉部整形外科手術醫學期刊》(*JAMA Facial Plastic Surgery medical journal*),在2017年刊登一篇文章〈自拍 —— 生活在濾鏡照片的時代〉,文中寫道:「照片要加濾鏡跟修圖已成為常態,改變了世人對於美的認知。」

讓這情況更變本加厲的是,在加州想要提供整形外科手術服務的人,只需要一張醫師執照即可。雖然美國整形外科醫師協會有要求,醫師必須經過整形外科手術培訓才能加入,並有一套道德規範懲罰進行不當宣傳的醫師。但即便沒有擁有正式執照,他們仍然可以在Instagram稱自己是整形醫師。

其中因錯誤期望而帶來最危險的案例,多集中在巴西提臀術(Brazilian buttock lift)上。在2017年,在美國由合格醫師所執行的巴西提臀術的手術,從2012年的八千五百人攀升到超過兩萬人,而且,根據美國整形外科醫師協會表示,這也是2018年成長最快的整形手術。

受到金・卡戴珊啟發的巴西提臀術,會透過手術從人們的腹部或者大腿抽出脂肪,然後注入到臀部,以塑造出在Instagram吸引人的身形。但將脂肪細胞注射到臀部肌肉,很可能帶來致命的後果。2017年,代表合格整形外科醫師的特

別小組發現到，執行這種手術的外科醫師中，有3%曾導致病患死亡。

布倫納說他沒有提供巴西提臀術。除了安全考量之外，他認為這手術讓人看起來很像卡通人物。「這是個終將消失的熱潮。」他說。很多人都謠傳，以自己婀娜身形做為香水瓶外型並販售的卡戴珊，曾經動過這個手術，但她也曾照過X光以證明臀部是真的。

· · · · · · · · · · · · · ·

Instagram的產品似乎總是很認同美化過後的真實。由凱文・斯特羅姆和柯爾・萊斯所開發的第一批濾鏡，把照片變成藝術。而隨著修圖技術的進步，模特兒跟名人，在與斯特羅姆和查爾斯・波奇的聚會中，經常要求開發出讓他們的臉變更美的濾鏡。在新的產品限時動態裡，他們也順應民意，開發出人們能在發文前事先套用在自拍照的選項。他們甚至讓凱莉・詹娜製作出自己的濾鏡，並讓大眾能虛擬試用她的口紅。

在Instagram獲得成功的人越多，尤其是藉由打造出讓人類體驗在視覺上更有趣的個人品牌，Instagram也就變得越成功與舉足輕重。一般來說，凱文・斯特羅姆不大會顧慮騙人行為，除非他真的想面對時。對這公司而言，如何劃定騙人與詐欺的界線可說相當棘手，而且他們在政策執行上很不一致，會讓試圖建立自己事業的用戶感到困惑。

在Instagram的網站，他們會對至少某一類的造假行為強制執法，並更新他們的使用者條款以禁止那些能幫助人們把個人帳號變成按讚、留言的機器人，藉此吸引其他人追蹤的第三

方服務。2017年4月，Instagram阻擋了這功能最主流的供應商Instagress，這公司也因此關閉。「一則哀傷的消息，給所有愛上Instagress的人：在Instagram的要求下，我們已關閉曾大力幫助你們的網路服務。」這間公司在推特說道。

但這麼做並無法改變大家的習慣，只不過鼓勵了數十個行銷部落格撰文並提供能讓Instagram用戶買粉絲、提升互動率的Instagress替代品的產品鏈結，例如Kicksta、Instazood和AiGrow。很多服務到現在還有營運。

就算人們無法付錢請機器人幫忙提升粉絲數，他們也不會讓這些反對機器人的新規則阻擋他們。Instagram用戶會加入群組（pods），或是想法類似的Instagram用戶社團，在其中，人們快速地幫社團裡其他人的內容按讚與留言。「加入這個Instagram群組並打敗演算法！在這裡分享你最好的貼文！」2019年，有一個社團在Reddit這般宣傳。

「如果你的帳號是有關自然／有機生活、茶、香草、正念的話，就在這裡留下你IG頁面的名稱。只接受高品質的照片，以及超過五百名粉絲的帳號，拜託。」另則貼文這般呼籲。

「很小但活躍的**群組**正在招募成員，我們主要發布有關摩托車的照片，或者跟摩托車相關的事物。」第三則貼文寫道。

這些群組，通常是利用Telegram、Reddit或臉書等即時通訊軟體來運作，若成員不遵守互助的規則的話，就會被禁止發言。有些網紅甚至會用自動化的服務，假裝用自己的名義加入這些群組。

對那些在Instagram做行銷，但沒有加入群組的人，

他們的內容很難在動態消息被看到。像是在香港負責組織InstaMeets的愛德華·巴尼，雖然他曾因為Instagram社群團隊推廣了那張他在倫敦的沙發照而受到注意，但近年來卻觀察到互動率在下滑。「我的觸及數低得瘋狂，而且還持續下降。有很多人沒有意識到這類群組的存在，他們反而會覺得自己的藝術很糟，或者覺得他們的攝影作品比那些人還爛，但其實只是他們沒有跟著這麼做。」若有人問到這問題，Instagram的建議就是貼出更好的內容 —— 這個解答完全忽略應用程式的系統已被人玩弄。

· · · · · · · · · · · · · ·

　　從Instagram而生的公司當中，其中運氣比較好的那些，都是懂得利用用戶想要粉絲跟認同的心理 —— 但同時創造有趣內容的公司。他們會找一般人分享自己的故事，同時也推廣公司的品牌，這其實是模仿@instagram帳號推廣新晉用戶的做法。

　　化妝品品牌對這做法特別地熟稔。由胡達·卡坦（Huda Kattan）在杜拜為基地經營的@hudabeauty，共有三千九百萬名粉絲並銷售各式濃豔、高顯色（high-pigment）的化妝品，也特別適合畫出在Instagram看起來像修圖一樣的妝容，因而不斷會有用戶拍攝專業的上妝影片。其中被選上的影片，會立刻曝光在百萬名觀眾的眼前。這給了任何Instagram用戶一個希望，只要他們使用卡坦產品的影片拍得夠好，就有機會被選作推廣。所以他們會一直嘗試、買更多的產品，並鼓勵粉絲也加碼購買。在2017年底，一筆私募股權的投資案，讓這間公

司的估值上看十二億美元。

擁有兩百萬Instagram粉絲的Glossier，也使用了相同的策略。當艾蜜莉・懷絲（Emily Weiss）推出她的首個美妝產品時，她已經經營了好幾年「步入光澤」（Into the Gloss）這個由她負責評析、推薦新上市美妝產品的部落格。當她只在Instagram上推出自己的品牌Glossier時，她這麼說：「我們是誰？我們就是你，聆聽每個人的想法，在過去幾年裡吸收了所有資訊，並且試圖去理解美麗的核心是什麼——而美麗又需要什麼？」

Glossier一如承諾，很常把用戶加入公司的計畫中。2016年，在密西根大學就讀的學生西西里雅・戈貢（Cecilia Gorgon），用Glossier最知名的產品之一Boy Brow化妝並自拍。這間公司覺得她用這產品化妝後看起來很美，於是從他的故事開展出一個行銷活動。「注意。如果你在自拍照中標註Glossier，你很可能會有這樣的『下場』。」這公司跟他們的粉絲說。

2018年，這間以Instagram為核心的公司，其年營收超過一億美元，並吸引到一百萬名新用戶，而這完全透過直接銷售。那年，Glossier每兩秒就賣出一支Boy Brow。他們為數不多的零售店，是設計來提供體驗，其功能主要是行銷的場所而非銷售的管道。在洛杉磯的店裡，有一面寫著「你看起來很美」的鏡子；裡面的東西都漆成千禧粉；所有的化妝品都能當場試用；現場的燈光也特別為手機攝影設計。

在展示現場後方的小房間中，他們複製出羚羊峽谷（Antelope Canyon）優美的立體岩層風貌，因此造訪Glossier

店面的訪客，可以假裝他們身處在這個風景如畫的自然名勝中。Glossier也會播放真的在峽谷錄下的聲音，所以在這空間也可以拍影片。

. . . .

　　所有對完美的追求和偽裝成普通內容的商業廣告，都讓人付出了代價：不理解背後運作機制的人們，會覺得有所匱乏。

　　2017年5月，英國公共衛生皇家學會（Royal Society for Public Health）在他們的一份廣為流傳的研究中，點名Instagram是對青少年心理健康影響最糟的應用程式，主要是因為Instagram會讓他們與其他人比較並增添心理焦慮。「看到朋友不斷在度假或享受夜生活，會讓年輕人覺得當別人在享受生活時，自己卻在浪費人生，」這份報告指出。「這種感覺會促使年輕人陷入『人比人氣死人』（compare and despair）的境界。每個人也許會看到大量經Photoshop編輯或編排過的照片與影片，並與他們看似平庸的生活做對比。」

　　英國公共衛生皇家學會研究了所有包含Snapchat、YouTube、臉書和推特在內的大型社交平台，並提供一些改進的建議。他們表示，理想上應用程式應該要提醒用戶是否很不健康地花太多時間盯著螢幕，或者他們看到的醫療資訊是否來自可靠的來源。他們建議學校要教導健康使用社群媒體的技巧，因為有70％的年輕人，都經歷過某種形式的網路霸凌。其中有些建議特別針對Instagram——譬如，有項建議是要求各應用程式，要標示出有經過編輯的照片或影片，或許是「當某個人的照片因修圖或加濾鏡，而大幅改變其外觀時，就會有

小圖標或浮水印加在照片的底端。」在Instagram上，用戶早已習慣這些強化過的照片，因而誕生截然不同的自我揭露文化：人們會在沒有修圖的照片加上 #nofilter 的主題標籤。

雖然Instagram藉由推出限時動態這產品，並致力於降低用戶使用應用程式的壓力，確實提升了用戶使用Instagram的意願並解決了公司成長停滯的問題。但這些做法並沒有改變Instagram最根本的文化。

這也是斯特羅姆的「數位健康」（well-being）計畫照理要解決的目標。這計畫照理要帶Instagram走上正向創新的新里程碑，並創造出會帶來健康變化的漣漪效應，進而影響整個網路世界。但數個月以來，Instagram除了留言篩選器之外，沒有什麼真的打破以往的作為。

對團隊成員來說，就連怎麼定義「數位健康」都是個很詭異的任務。公共政策總監妮琪・傑克森・科拉可覺得，這不會只是禁止更多東西那麼簡單。從公司收購之後，臉書一直都主責Instagram平台的內容規範 —— 禁止裸露、恐怖主義與暴力的那一套 —— 但表現並不大好。傑克森・科拉可決定「數位健康」計畫應該要跳脫這做法，更全面地改善用戶在Instagram的體驗，讓他們更開心也更健康。

但每當她的團隊向斯特羅姆報告計畫的具體內容時，他都會表示自己覺得這計畫不大合適，請她們應該要再想想看。傑克森・科拉可擔心如果團隊不盡快把計畫付諸行動的話，到最後就會變成純粹的行銷活動，而非能幫助斯特羅姆在網路圈留名青史、饒富遠見的想法。當時，斯特羅姆的處境是臉書正在審查Instagram的一舉一動。因此，他必須專心應付爭取資源

的戰役。

Instagram的手腳只比大眾快一點點。當「數位健康」的小組在某一場週五的聚會中，向其他的Instagram員工報告這項計畫時，其實他們所宣揚與慶祝的產品概念，根本還沒開始開發；而隨著Instagram的領導階層還在斟酌要開發什麼以及如何命名時，有越多人也開始注意到這應用程式的弊端。

斯特羅姆並不打算解決圍繞在「數位健康」計畫的各種爭論，也沒有制定出更全面的策略，他反而選擇要更加強化Instagram已受到讚揚、而且還能使用部分臉書資源的產品：留言篩選器。

在技術層面，斯特羅姆決定以臉書的人工智慧工具為基礎做進一步開發。這套機器學習的軟體能隨著時間演進，學著分辨貼文中所蘊含的元素，進而針對人們的分享內容，為臉書提供更高品質的情報。斯特羅姆認為若將同一套技術應用到用戶的留言，試著找出並阻擋不友善的留言會很有意思。有一組員工會對Instagram用戶留言的樣本，並從0到1進行評分與排序，而這項作業到最後會交給機器處理。

在社群的方面，Instagram展開了#kindcomments（善良留言）的活動，與女演員傑西卡・艾巴以及大尺碼模特兒坎蒂絲・霍芬（Candice Huffine）等名人合作，請他們朗讀在Instagram激勵人心的回覆。他們招募世界各地的藝術家，在雅加達、孟買與墨西哥城等地創作壁畫，稱頌善良行為並鼓舞他人。

Instagram新的留言篩選器會找出所有負面的留言，並讓它們消失無蹤。只有少部分的用戶會在使用中注意到這個新的

預設機制。這做法也會讓 Instagram 用起來似乎比實際上還令人愉悅。

但若要推動比這更深遠、能夠解決 Instagram 所面臨的重大議題的計畫，要先處理什麼就成了問題。Instagram 並不想把所有時間都花在清理內容。團隊也從有能力吸引到更多用戶的 Instagram 限時動態獲得啟發，並希望繼續證明他們能開發出更多人喜歡使用的新產品。Instagram 下一次針對網站帶給用戶的匱乏感所採取大動作是幾年之後的事了，像是在 2019 年要測試移除按讚數。

· · · · · · · · · · · · ·

臉書在面對危機的文化是全然被動的：只有當問題嚴重到引發眾怒，並受到政治人物與媒體關注時才會開始處理問題。而當臉書因俄羅斯介入的危機而陷入瘋狂時，Instagram 卻好像沒事一樣。當時，Instagram 只派了幾名負責溝通與公共政策的員工偶爾到臉書內部的戰情室，幫忙釐清現況並回覆政府單位的質問。但團隊的其他成員都照常開發著產品，改善 Instagram 的限時動態與新的演算法。

後來在 2018 年 12 月，在歷經數年的優越感後，大多數的員工會得知一個不安的消息：Instagram 其實並沒有很無辜。那個月，參議院情報特別委員會所委託的研究小組發布報告指出，俄羅斯網路研究局（Internet Research Agency），這個利用哏圖與假帳號分裂美國的網軍，他們的 Instagram 帳號所收到的讚與留言數，遠超過其他社群網絡 —— 包含臉書在內。雖然臉書更容易讓內容瘋傳，但 Instagram 卻更適合散播謊言。

　　在Instagram上，任何人都有可能在陌生人之中出名，當然克里姆林宮的網路研究局也是如此。他們近半數的帳號擁有超過一萬名粉絲，而且有十二個獲得超過十萬名。他們利用這些帳號推銷各種事物。其中一個要推廣的是希拉蕊‧柯林頓是很糟的女權主義者。另一個擁有303,663名粉絲的@blackstagram_帳號，在臉書將俄羅斯帳號清理掉之前，販售各種宣稱是黑人經營的企業的產品，同時告訴美國黑人不要浪費時間投票。

　　當參議院的委員會公開這份報告，指稱Instagram就跟其他網路平台一樣，是俄羅斯假訊息的溫床時，媒體只花了一天報導相關新聞，並沒有深入研究。參議院也沒有要求更多人出席作證。因為人們喜歡用Instagram，所以他們又回頭討論臉書，認為臉書要為其做錯的事情負責，但卻不承認這兩間公司其實是一體的。

　　或許將責任都歸咎給臉書是合理的，畢竟臉書想要從Instagram的成功中得到功勞。然而，在2018年期間的權力鬥爭裡，這兩個社群網絡的領導人，都沒有想到要優先解決Instagram的弊端。

第十二章

執行長

「一切都在十億之時灰飛煙滅。」

—— 前 Instagram 高階主管

對於 Instagram 是否威脅到臉書宰制地位的爭論,開始為雙方領導團隊的所有互動帶來負面的影響,尤其是在招聘新人的方面。Instagram 不能直接挑選他們想要找來完成工作的人。凱文·斯特羅姆跟麥可·克里格必須先向馬克·祖克柏做詳盡的提案,但只有他能決定是否要加開這個職缺。雖然所有臉書的團隊都得這麼做,但並不是所有的團隊都在公司內部經營一間迷你公司,擁有自己的收入和產品,不必仰賴臉書的動態消息。

祖克柏跟 Instagram 說,他們在 2018 年可以聘用六十八個人,將團隊規模增加約 8%。對於創辦人們而言,這個增幅低得驚人。他們曾計畫要投入資源解決 Instagram 的問題,同時開發富有企圖心的新影音功能 IGTV,希望這產品能像限時動態一樣受到歡迎。在這期間,員工們也難以支持日益增長的網絡的需求。

他們必須利用數據來反擊。克里格為祖克柏整理出一份圖表,比較臉書和 Instagram 的員工數與用戶數的比例。在 2009 年,當臉書有三億名用戶時,公司有一千兩百名員工。在 2012 年,當臉書達到十億用戶時,公司有四千六百名員工。Instagram 很可能在 2018 年達到十億用戶,但他們只有少於八百名員工。他們增加員工的速度,完全趕不上應用程式的成長速度。

但這一次,祖克柏不如以往那般為數據所動,因為他不能想像 Instagram 在未來會變得如此獨立。現在他知道 Instagram 的每一次成功,都可能會為主力社群網絡的生命帶來打擊,對他而言,沒有比團隊之間的協調還更重要的事。臉書跟其員

工——以及祖克柏本人——會需要更直接地參與Instagram接下來的每一步，省去招募新人的部分需求。

祖克柏跟克里格和斯特羅姆說，他們可以再增加九十三個人。這比原本的六十八人好，所以創辦人們也感到些許勝利——直到他們發現其他不那麼賺錢的臉書部門可以招聘多少新人。臉書公司的主力社群網絡擁有超過二十億名用戶，且最後在2018年於全球招聘了八千名新員工，員工總數也超過三萬五千人。

「Oculus有多少人？」斯特羅姆問布倫丹・艾瑞比，這間在2014年被臉書以二十二億美元收購的公司的創辦人，他現在雖不再是虛擬實境部門的執行長，但仍在那邊工作。

「超過六百人。」艾瑞比說。

Instagram預計在2018年能創造一百億美元營收，但Oculus卻預計會損失上百萬美元。他們雖然做的是截然不同的生意，但艾瑞比同意這很不公平。在那一刻，斯特羅姆理解到Instagram所做的一切——無論是打造出世界第二大的社群網絡、發展出繼動態消息廣告之後首個能獲得大量的營收來源、協助吸引青少年與名人的注意力、推展世界的文化——並不會得到相對應的協助讓他們持續取得顯著的進步。

而且不止Oculus，其他與Instagram較類似的臉書部門，像是要與YouTube競爭的影音計畫單位，也可以招聘上百名新員工。因此在Instagram這個企業中成長最快的單位之一、在2019年有望為臉書帶入近30%總營收的部門中，憤怒與沮喪的情緒逐漸醞釀。

· · · · · · · · · · · · · ·

　　在外人看來，Instagram 的品牌形象仍很獨立。沒有人討論發生在 Instagram 的選舉干預或假新聞。除了他們在門羅公園非常適合拍照上傳 Instagram 的總部之外，臉書也準備為他們在舊金山和紐約租賃空間，他們也打算在那邊打造出更具互動性且視覺上很有趣的辦公室，非常適合用來接待名人。但是在內部，Instagram 與臉書間的關係卻變得史無前例的政治化。

　　克里格跟斯特羅姆總是開玩笑說，他們的合夥關係之所以如此和睦，是因為他們都不從覬覦對方的工作。克里格不需要成為專門打理產品的公司代言人，而斯特羅姆也不需要成為幕後的系統建築師。在 2017 年 12 月，他們有機會測試這套理論。因為斯特羅姆和他的太太妮可·舒塔茲的第一個小孩誕生了。所以有大約一個月，克里格承擔下 Instagram 執行長的責任，而這段經歷也向他證明了他們說的是真的：他絕不想要做斯特羅姆的工作，或者至少不想做變成現在這樣的工作內容。

　　因為這個職位大部分要負責跟臉書溝通。在 2018 年的冬天，Instagram 就因為計畫要推出自家的 IGTV 而引發爭論。這個專注於提供長時間且直式影片的應用程式，讓人們不用把手機打橫就能看。Instagram 並不打算禮貌上提醒臉書之後就直接投入開發，而是交由通常負責針對工程與基礎建設進行深度規畫、或者幫助員工理解 Instagram 產品哲學的克里格，花費時間跟公司的體制打交道，在臉書位於二十號大樓的辦公室中，與祖克柏、產品長克里斯·考克斯以及負責「Facebook Watch」的影音部總監菲姬·席夢不停開會。

祖克柏認為有了IGTV後，就輪到Instagram來幫忙臉書成長了。儘管臉書在「Facebook Watch」的背後投入大量資源，付錢請影像工作室與新聞單位製作節目，但仍沒有獲得用戶的青睞。他希望IGTV開發出來後，能以某種方式與「Facebook Watch」與動態消息的內容整合，於是席夢做出一份討論可以怎麼達成這目標的簡報。

克里格一直跟Instagram的員工說「先做簡單的事」。他認為在產品成功之前，先討論這些相關議題是沒有意義的。如果IGTV真的蔚為流行，接著他們就可以討論怎麼幫助臉書。「我們得運氣好，才會遇上這問題，」他曾這麼說。

當克里格在拖延了一個半月，終於獲得開發獨立應用程式的許可時，祖克柏卻丟出了另一顆震撼彈：所有人都會有個新老闆。

· · · · · · · · · · · · ·

這個全新的公司架構，也是臉書公司史上最大的一次人員調動，落實了祖克柏對他所收購的財產Instagram與WhatsApp的新觀點。這兩個應用程式會與臉書即時通與臉書本身緊密連結，成為「應用程式家族」（family of apps）的一部分，且全部都要向祖克柏最信任的產品高階主管克里斯·考克斯回報。

祖克柏想要在這些應用程式間創造更多交流，所以他們的用戶能在之間輕鬆切換。他把這次整合取了友善的名稱為：「家族之橋」。

多數員工對於大眾是否真的會想要應用程式間有所連結抱持著懷疑態度，因為人們使用各個程式的理由不同。在美國大

選以及發生各式隱私危機之後,大眾對臉書的警惕心還是很高,但對 Instagram 或 WhatsApp 卻不然。但祖克柏的話已成定局。他利用數據證明,由更多連結所產生的網絡,其效用也加倍成長;但也有一些數據顯示出在越大網絡中的人們就越少分享。如果整合能順利運作,祖克柏就有機會創造出終極的社群網絡,而臉書也將會跟這個「家族」一樣強大。

但就像多數家庭一樣,這裡也上演了一齣家庭劇。在主管機關的眼中,母公司仍因為對俄羅斯干預美國大選的表現不夠透明而陷入麻煩。在 2017 年的第一季,在選舉落幕沒多久,臉書就展開「封鎖」計畫,一組員工會開發工具避免人們用假身分在全世界操縱未來的選舉結果。這些工具讓臉書能抓出手法相似的對象,但離萬無一失還很遠。

在相關討論結束後,人們才想到 Instagram。而 WhatsApp 也相對不常在選舉的討論中被提到。於是祖克柏認為,這些應用程式能透過提供更多下廣告的地方,還有更多吸引人們到集體網絡的方式,成為面對臉書難題的籌碼。因為這個因素,跟 WhatsApp 的創辦人與祖克柏的關係相比,斯特羅姆和克里格兩人與祖克柏的關係看起來就很冷靜與和平。Instagram 對臉書的業務很有幫助,但在 2018 年初,WhatsApp 這款以兩百二十億收購、有十五億用戶的通訊應用程式,仍沒有明確的賺錢途徑。

臉書在推動於 WhatsApp 版本的限時動態「動態」中加入廣告。但為了要把廣告顯示給正確的人看,WhatsApp 會需要對聊天應用程式的用戶有更多認識,也意味著得剝奪加密的功能。創辦人布萊恩・艾克頓與詹・孔姆非常固執地抗拒這個想

法，因為這違背他們的信條 ——「沒有廣告、沒有遊戲、沒有噱頭」—— 他們這麼做會破壞用戶的信任。

艾克頓決定要離開臉書：這項決定讓他損失了八‧五億的股票選擇權（雖然他仍因這筆交易而成為好幾倍的十億萬富翁）。WhatsApp的執行長孔姆，也計畫在夏天離開公司。後來艾克頓跟《富比世》雜誌的記者帕米‧奧爾森（Parmy Olson）說，臉書「不是壞人。我想他們是很好的商人」。

無論他們想怎麼做都是他們的權利，他說。他雖可以選擇不參與其中，但他沒辦法阻止事情發生。「在那天結束後，我賣掉我的公司，」艾克頓強調。「我為了更大的利益，出賣了用戶的隱私。這選擇與妥協是我的決定，而我得背負著他們度過餘生。」

· · · · · · · · · · · · ·

臉書的高階主管們討論著WhatsApp的創辦人們是多麼忘恩負義。他們的共識是，維護這個團隊的費用很高，不僅要求大一點的桌子、更長且落地的浴室門，以及禁止其他臉書員工使用的會議室。如果在祖克柏讓他們倆成為億萬富翁之後，卻因為想要讓這筆收購案更值錢的微小建議感到不悅而離去，那麼早點擺脫他們也好。「我覺得攻擊讓你們成為億萬富翁，並在接下來幾年極盡所能守護與遷就你們的人與公司，是很低級的行為。」在臉書負責新的加密貨幣（cryptocurrency）計畫的臉書高階主管大衛‧馬克斯（David Marcus），後來這般公開寫道。「這其實是一種全新標準的低級。」

這也顯示出當一間被收購的公司，若沒有意識到自己仍

需服從臉書需求的時候，會發生什麼事情。但克里格和斯特羅姆覺得他們的要求合理許多。除了廣告業務之外，他們還得忍受所有與IGTV有關的會議，以及各式有關「自相殘殺」的討論。他們勉為其難地開發出更明顯的方式，把用戶從Instagram導向臉書。然而，如果照著這趨勢發展下去，Instagram會越來越不獨立。雖然想到這一點就很痛苦，但他們可能會是下一個被趕出去的。而擁有新的老闆至少意味著，他們有機會能宣洩挫折感。儘管考克斯一直都是臉書中有興趣瞭解「自相殘殺」的高階主管之一，但當成為Instagram的老闆之後，他的態度也有所改變。

「我們就直話直說吧，」斯特羅姆對考克斯說，而克里格也在房間裡，當時他才剛放完育嬰假回來。「我需要保有獨立。我需要資源。當事情發生時，我知道我不一定都會同意，但我需要你誠實。這是我願意留下來的原因。」

考克斯表示，他致力於提供他所帶領的任何人，包含斯特羅姆以及WhatsApp、臉書即時通與臉書的新任領導人，都能取得把工作做好的創意空間。那一年，他決定把讓斯特羅姆和克里格不會離開視為最優先的目標。

· · · · · · · · · · · · · · · ·

但後來，就跟臉書經常發生的那樣，一則媒體爆料打亂了所有人的優先順序。

2018年3月17號星期五，《紐約時報》與《觀察家報》（the Observer）同時爆料指稱，早在幾年前臉書曾允許性格測驗應用程式的開發者取得數千萬名用戶的資料，隨後開發

者也將這些資料分享給一間名為「劍橋分析」（Cambridge Analytica）的公司。

　　劍橋分析取得資料之後，把這些資料用來幫助經營政治顧問的事業。這家公司藉由將數個來源的資訊彙整之後，勾勒出比較容易接受讓保守派勝選的廣告的用戶性格。唐納・川普的選舉團隊也是客戶之一。

　　這則故事踩在臉書所有的痛處上：拙劣的資料處理方式、粗心大意、對用戶很不透明，以及幫助川普勝選。這新聞也激起全世界政治人物對臉書的不信任。最糟糕的是，這幾年來臉書早就得知資料外洩的問題，但卻沒有確實地執行政策，或者讓用戶知道他們的資料被洩漏了。公司甚至向這些媒體發出語帶威脅的法務通知，要他們別報導這件事。接下來的幾天中，雖然群情激昂，臉書用戶也紛紛想知道自己的資料是否也牽扯在其中，祖克柏與雪柔伯格仍保持沉默，煩惱到底該怎麼做。

　　當美國跟歐洲的主管機關表示他們會對此進行調查時，臉書的股價在新聞爆發後的短短三天內下跌了9%，並讓五百億美元的市值瞬間蒸發。#deletefacebook（刪除臉書）的主題標籤也蔚為流行。就連WhatsApp的創辦人艾克頓，也在刪掉臉書帳號之前，在推特發布相關推文。

　　一週之後，祖克柏同意在2018年的4月10號到11號，首度出席美國國會作證，並接受參議院與眾議院議員的審問。他們的問題幾乎都與劍橋分析無關，多數都在討論臉書的權力有多大。議員們逐漸覺醒並發現到一個事實，就是這一間為二十億人帶來娛樂與提供消息的公司，在很多方面都比政府本身更具影響力。若從這個角度來看，臉書這些年來在做的事，突然

看起來都十分可恥。

臉書的商業模式會需要從網站、應用程式甚至非臉書的平台蒐集各種形式的資料，這個做法現在看來很具風險，因為議員們知道資料很可能會被外洩。

能夠非常精準地針對用戶的興趣提供新聞與訊息的臉書核心產品「動態消息」，似乎也有個很大的缺點。你無法知道其他人登入臉書之後看到了什麼、他們的現實是如何被塑造。有些在上面販售非法毒品；有些人被伊斯蘭國影響變得偏激；有些人根本不是「人」，而是想要操弄輿論的機器人。只有臉書有權力去理解跟管制這一切 —— 但他們沒有這麼做。

然而，議員們能做的也不多。

首先，對於哪些是臉書最令人厭惡的地方，他們無法達成共識，而他們希望祖克柏能實現的目標各有不同。接著是，有些議員的批評很失敗，因為他們對臉書運作的方式瞭解不夠深入。

譬如，參議員奧林·哈奇（Orrin Hatch）就問：「你是如何維持一個用戶不為服務付錢的商業模式？」

「參議員，我們靠廣告。」祖克柏笑著回答。這句話後來也被印在 T 恤上。

他整場聽證會都以這種態度表現。他的律師們一直訓練他，要他讓這場聽證會盡可能地無聊，而他成功了 —— 他帶著勝利回到總部。至少他沒為公司帶來新的麻煩，有些員工甚至舉香檳向他祝賀。

• • • • • • • • • • • • • • •

　　美國國會並沒有讓臉書的高層感到擔憂，但因劍橋分析事件下跌的股價卻讓他們憂心忡忡。他們開始承認，或許他們功利主義的策略和迅速的產品開發模式，使得組織中產生很大的盲點。於是公司開始審視產品開發的各個步驟，嘗試找出任何若沒檢查到，就可能會引發醜聞的意外缺失。

　　做為回應問題的一部分，臉書承諾會建立一個規模幾乎跟Instagram一樣大的「誠信」（integrity）團隊，負責處理臉書「家族」中的所有內容和隱私相關的問題。

　　這個由蓋伊・洛森（Guy Rosen）領導的團隊，很奇怪地竟歸成長副總（VP of growth）哈維爾・奧立萬（Javier Olivan）管理，而奧立萬則是在祖克柏之下。這些思考如何修理產品的人，卻有著不要修太過頭的誘因，至少不要修到危害臉書商機的程度。

　　就算如此，這舉動還是往正確的方向邁出一大步。斯特羅姆問洛森，是否可以讓一部分新招募進來的誠信團隊員工，專門處理Instagram獨有的問題 —— 尤其是當Instagram整體來說沒能找來足夠多的新員工之時。他擔心若Instagram不即刻對自身的問題付出更多注意力，可能某一天會發現自己也落入跟臉書一樣的尷尬處境。他們的問題有一部分跟臉書面臨的類似，但有些卻是Instagram獨有的。像是臉書是個讓人們使用真實身分的地方，但Instagram用戶卻能匿名使用；臉書是個內容能瘋傳的地方，但Instagram上的危險社群更難被找到，只有知道正確的主題標籤後才能找出來。因此Instagram不可能僅靠採用與臉書同一套管制手段，就能找出平台上的所有不當內容。

　　Instagram 在被收購之後，就將審核內容的工作轉交給臉書，因此斯特羅姆對特定問題的具體處理方式有所脫節，除非是涉及到公司最知名的那些用戶時。這跟公司早期不一樣，當時他們有專職的員工處理應用程式上所有令人不舒服的內容。但在過去的幾年來，Instagram 的正職員工都專注在藉由鼓勵良好的行為塑造社群，而非注意如何阻止不當行為發生。

　　針對這個以視覺為主、人們會經營個人生意的網絡設計，Instagram 有一套獨立的社群守則。這套守則告訴用戶們不要為了商業目的寄發垃圾訊息、剽竊他人的內容，或者張貼自己孩子沒穿衣服的照片。而用戶向 Instagram 檢舉的不當內容，會被送入跟在臉書被檢舉的內容相同的管道。接著，Cognizant 和 Accenture 等公司會組織一大群的外部約聘人員快速看過這些內容，並決定這些照片是否不當。但這些照片往往也會使人留下心靈創傷。這套系統是必要的，因為臉書是間企業，得盡量少花點錢在昂貴的人工審核內容上。臉書員工平均的薪資有六位數，但這些在鳳凰城工作的約聘人員每年只賺兩萬八千美元，若是在印度的海德拉巴（Hyderabad），則只有每年 1,401 美元。有些人只能工作幾天或幾個月，因為每天看到人性最黑暗的一面，對他們的心理健康帶來了負擔。

　　實際在洛森團隊工作的正職員工，其任務是去思考更偏系統面的，首要處理的是那些會讓臉書與各國政府陷入麻煩的，譬如有關選舉的假訊息還有恐怖分子在招兵買馬。Instagram 似乎是他們最不擔心的，因為相對較少爆發醜聞。

　　但斯特羅姆擔心的是像影音直播等領域，而臉書也投入重本於快速找出直播中的暴力行為。《BuzzFeed 新聞》統計，在

2015年12月到2017年6月期間,至少有四十五起暴力行為,包含謀殺、虐童、槍擊案等,在臉書上進行直播。Instagram晚臉書一年,在2016年推出影音直播的功能。斯特羅姆認為,為了抵禦直播中的暴力讓Instagram擴編是很合理的。雖然媒體尚未報導在Instagram發生的這類問題,但Instagram的直播功能比臉書的還受歡迎,所以遲早有一天類似的問題一定會爆發。

且因為Instagram是個照片平台,也沒有要求用戶使用真實姓名,更適合用來賣藥、鼓吹自殺行為,或者張貼仇恨或種族歧視的言論。就像在臉書一樣,恐怖分子也在Instagram招兵買馬,只是更隱晦地透過主題標籤來統整內容,並使用哏圖來吸引年輕人。Instagram需要更多瞭解平台方向的人來監控這些事情,斯特羅姆這般勸導。

洛森有接受到他的訊息。在大約同一時間,他也意識到某些Instagram獨有問題的複雜程度,有一部分也是因為他當時剛收到來自艾琳・凱莉(Eileen Carey)這名女性的訊息。

從2013年起,凱莉就一直想讓Instagram注意到有人在他們的應用程式裡販售鴉片的問題,她當時在某間顧問公司工作,她所代表的是生產奧施康定(OxyContin)的普渡製藥(Purdue Pharma)。真藥與假藥,以及毒品都張貼在Instagram上公開販售,而且透過像是#opioids(鴉片)或#cocaine(古柯鹼)等主題標籤就很容易被搜尋到。這些貼文通常會加上一則電話號碼,用來透過WhatsApp或者其他加密的通訊軟體進行交貨與付款。

每次凱莉打開Instagram,她都會花幾分鐘瀏覽毒品的內

容並向 Instagram 舉報。但她通常會收到回信，表示這些貼文並沒有違反臉書的「社群守則」。經過多年來的上百次舉報之後，她對這問題感到越來越憤怒，即便這現在已不是她的份內工作。在美國因吸食鴉片致死的人數已增加超過一倍，並在2017年達到四萬七千人，而她認為 Instagram 是年輕人接觸到毒品的關鍵途徑。她開始整理出一份文件，蒐集那些她曾舉報過的貼文截圖，以及臉書對此的毫無作為，寄給媒體以及臉書的高階主管。

她終於在2018年4月，透過推特私訊聯繫上洛森，並告訴他在 Instagram 上搜尋 #oxys。當時共出現四萬三千則搜尋結果。「天呀，」洛森回覆道。「這真的**非常**有幫助。」多年來，Instagram 根本不曾主動搜尋販毒者，或者注意到凱莉舉報行為背後的趨勢。在洛森的推動之下，公司在祖克柏出庭作證的前一天移除了這些主題標籤。

但刪除一兩個違規的主題標籤，並無法隔絕在 Instagram 賣毒品的行為。最主要的問題仍沒解決。所以洛森跟斯特羅姆說，他之前希望誠信團隊支援的要求確實很有道理，但祖克柏卻否決了這項提議。他表示 Instagram 必須利用自己的資源來解決自己的問題。臉書正陷入麻煩，所以幫忙臉書才是當務之急。如果斯特羅姆願意的話，他可以與洛森協調，讓專門服務臉書的團隊如果有空的話，可以看看那些 Instagram 獨有的問題。

又再一次，祖克柏優先考量臉書而非 Instagram 的需求。他的邏輯是希望集中資源讓公司運作更有效率。但在實務上，斯特羅姆看到的是公司的階級制度正阻礙著用戶使用應用程式

的安全。

· · · · · · · · · · · · · · · ·

　　斯特羅姆跟克里格意識到,或許他們需要用新的方式來爭取更多資源與獨立地位,尤其是在臉書面臨著公眾審視的當下。或許原本臉書的員工,可以在策略上提供一些幫助。他們看上了臉書的其中一名高階領導人亞當・莫索里,他已經在該公司工作將近十年。設計師背景的他,現在負責管理臉書的動態消息。他一直在為改善這產品的外貌與體驗奮鬥。他剛好也很懂得使用Instagram,帳號中都是讓人目不暇給的城市景觀與自然風景照。

　　他們也需要找人來負責產品。斯特羅姆在2016年由推特招聘來的凱文・威爾,已離職並加入臉書新的加密貨幣團隊Libra,他們想要創造出能與美元競逐的新形式國際貨幣。所以斯特羅姆和克里格決定招募莫索里來接手威爾的工作。

　　Instagram的員工對他們的決定有所懷疑,並好奇是不是Instagram的創辦人們也沒有其他人選。因為在與臉書的緊張關係之下,沒有人確定創辦人們是真心想要莫索里加入,或者他們是被迫讓他加入,好讓臉書能更嚴密控制Instagram。

　　就連莫索里都對自己被找來加入Instagram感到驚訝。莫索里一直都很喜歡跟尊敬Instagram的創辦人,但他心想,在過去的一年中,他一直為他們帶來麻煩。他們曾就一些細節有過很不愉快的爭論。有一次,莫索里把Instagram在臉書網站上的宣傳版位移除,並告訴他們,如果想要重新獲得宣傳版位的話,他們得重新設計。所有關於臉書對Instagram有多大的

幫助，或者Instagram應該幫助臉書多少的爭論都十分敏感。

三十五歲的莫索里，只比斯特羅姆大一歲，他的身材高大、有著寬闊的肩膀、方形的臉孔以及彎彎的深色眉毛，他臉上總是帶著友善的笑容，以及美人尖的髮型。他偶爾會帶著嬉皮風的眼鏡，讓他的眼睛看起來更大而誠摯。他在公司內外都很受歡迎，這也讓他對公司很有價值，尤其當這個社群網絡正失去公眾信任之時。

最近，除了原本的工作範圍之外，他也在某個程度上成為公司的發言人。在回應記者的評論時，他會向他們提供臉書的觀點，而臉書也會將這些內容發在記者最常使用的推特上，做為改善媒體關係的其中一環。他也去拜會國會成員，向他們解釋動態消息。在他開始面談Instagram工作機會的四天後，他出差到歐洲多國，展開與立法機關討論資料隱私的累人行程。

在陷入困境的臉書身居要職，管理約八百名員工的莫索里，覺得有點心力交瘁。

莫索里跟老婆在舊金山共同養育兩個小兒子 —— 一個尚在襁褓，一個還在學步 —— 他有點擔心如何陪伴他們成長。或許，他心想，Instagram的職位會比較沒那麼緊湊。Instagram似乎深受用戶，甚至公眾與媒體的喜愛，或至少比臉書來得受歡迎。雖然這個應用程式絕對有自己的問題，但在過去幾年裡，Instagram已藉由推廣自家的用戶以及與名人合作證明了自己。他們成功說服了外在世界 —— 以及在臉書的同事們 ——Instagram這個特別的地方，是為了美麗事物而存在。

就連擔任Instagram的高層也感覺很有趣。在臉書厄運連

連的4月，當祖克柏在攝影小組的簇擁下出席國會聽證會之
時，斯特羅姆通過了葡萄酒侍酒師的考試。在由安娜・溫圖主
辦、紐約最尊榮的派對「大都會藝術博物館慈善晚宴」（Met
Gala）上，他穿著燕尾服坐在卡戴珊一家人旁邊。當莫索里在
思考歐洲的資料相關法律時，斯特羅姆卻在思考IGTV。

　　但莫索里並不知道，其實Instagram創辦人們招聘他還有
另一個原因。斯特羅姆跟克里格心想，如果他們跟祖克柏的關
係變得更緊張，或者他們對與臉書的政治角力感到厭倦，他們
需要訓練出一個他們能信任、能為Instagram向臉書爭取權益
的人。有一天，莫索里可能需要領導他們所創辦的這間公司。

・・・・・・・・・・・・・・・

　　在6月的某個星期二，Instagram終於達成他們一直努力
邁進的里程碑：十億用戶數。他們在推出限時動態之後就很
清楚，總有一天能達到這樣的巔峰。2012年，當Instagram
加入臉書時的那一週，臉書也剛達成這項指標。從現在起
Instagram與臉書並駕齊驅，都利用自己的產品在大規模地形
塑這個世界。

　　突破十億大關，也恰好搭上了他們史上最華麗的產品發表
會。在竭力爭取到讓IGTV不用和「Facebood Watch」直接關
聯，而以獨立應用程式推出之後，Instagram要使出渾身解數
凸顯出，他們對這產品的願景與臉書有哪些不同。

　　舉辦現場活動的團隊租下位於舊金山，過去曾是音樂廳的
費爾摩威斯特（Fillmore West），在入口處放著巨大的氣球拱
門，點亮了這一條有著許多流浪漢營地的街道。這場發表會的

目的，是為了慶祝那些值得拍照、值得攝影的時刻，以及那些在應用程式中已非常流行的功能。工作人員發給排隊等候的媒體記者與網紅幾塊有覆盆子奶油餡的可芬（cruffins，形狀像馬芬的可頌）。當來賓踏上彩繪的台階後，眼前會看到各式各樣華麗且色彩繽紛的食物等著他們，包含酪梨吐司，以及來賓可以用新鮮莓果與椰子裝飾的巴西莓果碗（açaí bowls）。附近也有咖啡師製作抹茶拿鐵，還有許多專門為自拍設計的區域。

Instagram的這場秀，不僅是為了幫產品造勢，也讓活動本身都值得拍照上傳Instagram。麗麗・龐斯這位現在於Instagram有兩千五百萬名粉絲的前Vine明星，出席了這場活動。而知名的遊戲實況主Ninja，與美妝影音部落客曼妮・古蒂蕾斯（Manny Gutierrez）也在現場。

但有個東西不見了：斯特羅姆最終版本的簡報檔。不知怎地，沒有人找得到在之前幾次流暢的彩排中有用到的那段精心雕琢過、有著煙火特效，且為場地螢幕量身打造的影片。工作人員把活動時間延後，讓一名設計主管能從某份草稿中拼湊出新的簡報檔，但當時數百名來賓已經入座，都面向舞台、沉浸在紅色的燈光之中，等著某件事情發生。

然後，真的有事情發生了。所有的新產品細節，都在Instagram官網的一篇部落格文章中曝光。這篇文章原本是排定在斯特羅姆演講的同時上線，但他現在卻還沒開講，也沒人想到要重新設定排程。當媒體記者還坐在椅子上等著斯特羅姆現身時，他們也依據這篇文章內容，撰寫並發表了首篇相關報導。終於，他現身舞台，用他的幽默感掩飾他的沮喪。他做了一個比原版短的演講後，就接受媒體聯席訪問。

這結果不大完美，也不那麼適合上傳到Instagram，但至少有順利完成。IGTV，這個Instagram在限時動態之後最具野心的功能，終於上線了。

但所有的來賓與員工渡過最值得上傳Instagram的這個早晨之後，一走進會場旁的舊金山轉運站時，就立刻被提醒誰是這應用程式的擁有者。在那邊一整條走廊都貼滿來自臉書為了懺悔（mea culpa），花費鉅資在全球發起的宣傳活動的海報。「假新聞不是你的朋友，」一則廣告寫道。「釣魚連結不是你的朋友。」「假帳號不是你的朋友。」

在演講後的一小時，斯特羅姆也被提醒臉書的存在。他的iPhone亮了起來，並顯示新老闆的名字，他走到安靜的地方接電話。很好，他心想。儘管考克斯跟祖克柏沒有出席活動，但他們至少認可了這項成就。他滑過螢幕接起電話。

「我們有個麻煩，」考克斯說。「馬克對你的圖標感到生氣。」「你是說真的嗎？哪裡出錯了？」斯特羅姆問道。

「它跟臉書即時通的圖標長得太像了。」

IGTV的Logo，有個打橫的閃電放在電視形狀的方框裡。即時通的Logo則有著相似的閃電，但放在一個卡通化的對話氣泡中。

在經歷過那天的這事件之後，Instagram沒有收到來自高層的讚賞 —— 只有祖克柏對Instagram可能會侵犯臉書品牌形象的擔憂。

. . . .

一個月過後，祖克柏在與華爾街投資人的財報電話會議

上，同時宣傳IGTV這個新產品以及Instagram達到十億用戶的
消息。

只要Instagram還是臉書的一部分，臉書就有資格從他們
的成果中宣稱自己有所功勞。而現在，祖克柏要讓大眾知道，
他認為他們應該分得多少功勞。

「我們相信Instagram是透過臉書的基礎建設，才能夠以比
自身能力超過兩倍的速度成長，」他說。十億名用戶的里程碑
「也反應出這場收購案有多麼地成功」，不僅是對Instagram本
身，也是對「我們公司中所有付出貢獻的團隊成員」。

多年來，斯特羅姆一直嘗試把Instagram的成功置入臉書
的財報電話會議上，但卻很少如願以償。現在，Instagram成
為臉書商業計畫裡的明星，但卻被說得好像是臉書有很大的功
勞。Instagram的員工特別注意到「超過兩倍」這個數據。因
為並沒有明確的方式來衡量這項數值。

舉辦IGTV發表會，是斯特羅姆用來向社會大眾宣告
Instagram地位的方式。而電話財報會議，就是祖克柏用來宣
告的方式。祖克柏需要向華爾街投資人與大眾展現出，臉書仍
然是間很創新、很有創造力的公司，就算經歷了醜聞的重挫，
仍然擁有很多持續成長的手段。因為祖克柏非常在乎自己看起
來是否創新，所以臉書員工會定期調查大眾，有關他們對他領
導形象的看法。

不管如何，在財報電話會議之後，斯特羅姆第一次讓他的
員工看到他的沮喪，他跟克里格和Instagram的員工表示，他
們認為這應用程式能靠一己之力達到十億用戶的目標。雖然可
能會需要更多時間，但或許不會需要兩倍的時間。

每一次當Instagram嚐到些許成功的滋味，祖克柏似乎就會回過頭潑他們冷水。而且這情況將會變本加厲。

· · · · · · · · · · · · · ·

所有臉書的高階主管都出席了一場定期的聚會，通常會一連三天辦在同一個會議室中，計畫下半年的目標。雖然臉書在2018年上半年顯然不斷遭受社會大眾的批評，但在內部團隊最引起熱議的卻是另一件事：祖克柏的「應用程式家族」的計畫。

考克斯跟祖克柏說，他需要讓這些產品獨立開發，而非變得太相似。「他們彼此間會略有競爭，但如果我們有更多獨特的品牌，就能接觸到不同類型的用戶。」

他和斯特羅姆經常討論到哈佛教授克雷頓・克里斯汀生（Clayton Christensen）的「用途理論」（jobs to be done）這套產品開發理論，其中指出消費者是「雇用」一個產品去完成特定任務，所以產品開發者在開發產品時，會需要先思考出明確的目標。舉例來說，臉書是為了文字、新聞與連結，而Instagram是為了張貼捕捉瞬間的影像和追蹤各式興趣。

但祖克柏並不是這麼想的。

「我們應該從國際的角度思考，」祖克柏說。「我們正在嘗試打造一個國際的社群 —— 而不是許多小社群。」如果你把所有至少使用一款「應用程式家族」的不重複用戶加總起來，就可以變成擁有二十五億人的社群，甚至比臉書還大。

「我只是覺得這很難做到，」考克斯提出異議。「他們都是很不一樣的團隊，而他們的用戶群也已有差異。」

「我們得面臨這樣的營運風險嗎?」斯特羅姆附議。「如果我需要在煩惱 Instagram 的同時,還得煩惱即時通與臉書,我不確定在實作上會變成什麼樣子。」

「我想這是我們應該承擔的風險。」祖克柏宣稱。

除了要讓網絡變得非常、非常大之外,其實還有其他的原因。他們可以在面對主管機關制定資料政策時,組成一個統一陣線。他們能把同一套的內容規範,施行在所有隸屬於臉書的應用程式裡。理論上,這樣會讓臉書在面對反托拉斯法的挑戰威脅時,更不容易被政府強行分拆,雖然這不是祖克柏表面上所說的策略。

無論如何,這些爭論都無關緊要。祖克柏已經下定決心了。

. . . .

在祖克柏的巨型網絡計畫當中,Instagram 本來應該要聚焦在找出與臉書原有不同的用戶。但現在因為 Instagram 的營收與用戶的成長都比臉書快,他決定是時候徹底移除掉輔助的輪子。於是在那個夏天,祖克柏指示臉書成長團隊的負責人哈維爾·奧立萬擬出一份清單,列出臉書的應用程式支援 Instagram 的各種方式。接著,他下令把這些支援的工具給關閉。斯特羅姆再一次因 Instagram 的成功而感到受懲罰。

Instagram 也不再能於臉書的動態消息中做免費宣傳 ── 告訴用戶應該去下載應用程式,因為他們的臉書好友都有在用 Instagram。這做法一直都能穩定地為 Instagram 帶來源源不絕的新用戶。

　　另一項想阻止臉書用戶因Instagram而離開應用程式的改變，則會對臉書的用戶產生誤導。在過去，每一次Instagram用戶在發文時若選擇要同步分享到臉書，在臉書上會顯示這張照片來自Instagram，並附上連回Instagram的連結。根據Instagram的分析指出，約有6～8%的臉書原生內容，是從Instagram同步分享過來的。說明照片的來源，往往是為了提醒用戶回到原始發照片的地方留言。但成長團隊調整過後，這則說明也被移除，照片看起來就彷彿是直接在臉書上發表。這麼一來，每天在臉書發表的上百億張照片，也不再有連向Instagram的連結。

　　少了臉書的幫忙，Instagram的成長幾乎停滯。這情況也坐實了祖克柏認為臉書幫忙Instagram加速成長的論點。

　　斯特羅姆過去從不會在員工面前批評祖克柏。但這次他寫了一封很長的內部信，表示他全然反對這個新策略。不過他說，即便這項命令有錯，Instagram還是得遵守。

　　過去幾年來，斯特羅姆花了很多時間在接受領導教練的指導，閱讀各種有關如何成為一名好執行長的書籍，以及追求各種個人成長，但他現在才意外發現到一件事情：他並不是老闆。他開始跟密友們說，如果祖克柏想要把Instagram當成臉書的一個部門經營，也許是時候該讓他這麼做了。也許這裡沒有空間容得下另一個執行長。

　　為了爭取更多時間思考這問題，斯特羅姆在那年7月請掉剩下一半的育嬰假。而Instagram的成長團隊，也立刻進入臉書式的「封鎖」狀態。

　　臉書通常只會在處理時間緊急的議題時啟動封鎖狀態，譬

如要開發出打敗競爭者的產品，或者處理選舉干預的問題。這時候工時會變長，員工通勤巴士會較晚發車，而在產品路線圖上的其他項目也會被擱置。

但這次的封鎖狀態比較不一樣。Instagram團隊想試圖找出，在少了臉書的支援後可以怎麼繼續成長。他們也考量到祖克柏在未來可能會採取更嚴厲的手段，譬如讓Instagram不能存取哪些人在臉書是好友的權限 —— 這份資料幫助Instagram能向用戶展示摯友的內容。

在那個月的尾聲，Instagram的成長團隊對應用程式做了很多改變，並扭轉成長趨緩的態勢，甚至超過原本的目標。在某種程度來說，恢復成長比他們預期的容易。他們需要做的就是遵循臉書的守則，並且採用一些他們曾刻意避免的策略，譬如更頻繁地向用戶發送推播通知，或者提供建議用戶追蹤的帳號。

這些做法，有些在過去看起來很無趣，但現在當Instagram的成長速度面臨威脅時，就突然聽起來很合理。Instagram一直以來都對臉書的策略嗤之以鼻，那是因為臉書讓他們很容易成長。諷刺的是，當他們面臨母公司的競爭而作出反抗，最後卻採用了臉書一直建議他們的做法。

· · · · · · · · · · · · · · ·

在試圖反轉成長減緩的態勢、讓IGTV順利運作以及跟臉書爭搶資源的混亂之中，有一群人損失最大：這團隊嘗試在Instagram最嚴重的問題上有所進展，以避免發生像臉書一樣的大型醜聞。

在一間數據導向、將成長視為最高原則的公司當中，每名工程師都會最重視新產品的開發。而那些負責封鎖鴉片銷售行為，或者移除美化自殺貼文的工程師，他們的工作進展難以被衡量與獎勵。當某個主題標籤被封鎖，或者特定類型的貼文被移除時，用戶也許會以新的詞彙來運作他們的內容，或者直接在留言中討論這些事情。若人們沒有意識到在每天數十億則的貼文中，都會出現有害的內容，那又怎麼精準衡量出不讓這些內容出現的價值？

由阿密提‧朗納戴夫（Ameet Ranadive）帶領的「數位健康」團隊，一直嘗試讓機器學習的演算法學會辨識構成霸凌的留言，這麼一來這些留言就會被自動刪除。但朗納戴夫希望能不只解決霸凌問題，也想解決其他十三項專屬Instagram的問題，像是販售毒品或選舉干預。

朗納戴夫不知道斯特羅姆之前與臉書龐大的「誠信」團隊的對話。他只知道莫索里不打算讓他把工程資源用在這些問題上。莫索里的態度很堅定：為了順利完成工作，他必須思考要在哪些地方使用臉書的資源，而非希望能增加Instagram的資源，只要是有效的。

「你必須停下你手邊在做的事情，全心全意地思考怎麼和臉書合作。」他跟朗納戴夫說。

「理論上，跟臉書合作很有道理，但我們不能因此就停止原計畫。」朗納戴夫說。媒體也開始報導Instagram的問題。《華盛頓郵報》正在策畫一篇關於透過Instagram販售鴉片的報導，而溝通團隊正在詢問朗納戴夫的計畫是什麼。當這篇報導於9月出版時，《華盛頓郵報》說明到Instagram不僅會顯示毒

品的內容,更透過個人化的系統讓用戶更容易找到毒販。

「你只是沒有像臉書那樣的資源來解決這問題。」莫索里解釋。

朗納戴夫找上克里格,而他也嘗試化解之間的分歧。跟斯特羅姆一樣,克里格也幫助提倡要投入更多注意力在用戶的「數位健康」上。但到最後,就連克里格也坦承莫索里說得沒錯。工程資源非常珍貴,且Instagram的人手不足。如果Instagram能夠更重視去說服臉書工程師解決Instagram的這些問題,那Instagram最優秀的人才就能投入新產品的開發,並幫助這應用程式成長。

對臉書而言,這些問題永遠看起來都像是次要計畫。而Instagram也是如此,他們總是說自己最看重社群,但這一次社群卻輸了。

· · · · · · · · · · · · · · · ·

斯特羅姆原本應該在7月底休完育嬰假回到工作崗位。但後來他先是把假延到8月底,接著又延到9月底。在這段期間,他會與他的業師與克里格碰面。兩位創辦人都感到越來越沮喪,對於過去幾個月所發生的事情感到痛苦。

當斯特羅姆在9月底的某個星期一回到公司上班時,他跟克里格找來Instagram的高階主管,在南方公園會議室開會。當莫索里跟其他人抵達會議時,他們相擁而笑,以慶祝斯特羅姆在這緊張的時刻回歸工作崗位。

然後斯特羅姆告訴他們,他準備要辭職。克里格也一樣。

一開始其他領導人都認為他們在開玩笑。他們無法想像少

了他們兩個人的Instagram。但他們說的是真的,創辦人們已經把這事告訴考克斯、祖克柏和雪柔伯格。

「我們只是覺得是時候了,」斯特羅姆說。「我們對此思考了很多,也談論過很多次。」他們經營公司已有六年,已經比任何人預期的都來得長。他們說他們想要休息一下,回歸他們創意的原點。

在跟自家的主管團隊溝通時,斯特羅姆跟克里格提出很得體的理由,因為他們不想要節外生枝。但當天早上,他們跟考克斯卻說得很明白。

「還記得今年初的那次討論嗎?」斯特羅姆跟考克斯說。他那時要求的是資源、獨立與信任。「但我要求的事情都沒能落實。」

沒有人曾為這個處境設想過規畫。在過去,Instagram跟臉書並沒有內部溝通的策略,也沒有外部溝通的策略,沒有接班人的計畫,或者面試新人選的時間表。莫索里思考著上述問題,而他也理解到,很快地大家會發現到這些問題,接著開始展露出內心的焦慮,就跟現在他心中的焦慮一樣。

但並沒有太多時間讓他焦慮。他今天有著開不完的會,但他得假裝什麼事都沒發生。他面試了一名來應徵產品經理的人,然後跟歐洲團隊進行一次認識彼此的聊天,以及各式各樣的行程;直到他搭上公司的接駁車回到舊金山的家,查看他的信箱後走進大門。

他脫下鞋子並開始跟妻子莫妮卡講話。「凱文跟麥克要離開了。」他說。

「真的嗎?這會對你有什麼影響呢?」她說。

「我不知道。」他說。

就在這時候，他的手機發出聲響，是《紐約時報》傳來的新聞提醒：「Instagram的共同創辦人將從公司離職。」不到幾分鐘，這條新聞就傳遍了大街小巷。

• • • • • • • • • • • • • • •

當天晚上，斯特羅姆跟克里格在匆忙中，寫下給員工共三段的簡短訊息，他們決定要把這段話發表在Instagram的部落格裡：

麥克跟我很感謝過去八年在Instagram，以及過去六年與臉書團隊工作的經驗。我們從一個十三人的團隊發展成一間員工上千人、辦公室遍布全球的公司，而我們開發的產品被超過十億人的社群為使用與喜愛。我們準備好要邁入人生的下一章了。

我們規畫在離開Instagram後，要重新探索我們的好奇心與創意。要開發出新產品我們得先退一步，理解哪些事物能為我們帶來啟發，再從中找出能與世界的需求相符的事物。這就是我們的規畫。

我們對Instagram與臉書在未來幾年的發展仍充滿期待，而我們也將從領導人轉變成為十億人中的兩名用戶。我們很期待見證這些創新與非凡的公司接下來的發展。

在這則平淡的聲明中卻藏著兩個象徵性的意涵。第一，文中並沒有提到祖克柏。第二，他們把Instagram稱為一間獨立

的公司，但已有長達六年的時間他們不該算是間公司。

. . . .

　　莫索里確實有去面試這個職位。但因為這則消息被媒體曝光，他收到消息後也不能跟任何人說，就算他的家人不斷打電話來，想要知道關於他升職的臆測是否屬實。莫索里甚至必須跟母親撒謊，跟她說自己還沒聽到任何消息。

　　在公司宣布莫索里升職之前，他去了斯特羅姆位於舊金山山丘上的家，並跟他還有克里格坐在沙發上拍了一張照。當時媒體正報導在臉書與Instagram之間日益緊張的關係，因此兩位創辦人必須要為莫索里背書，透過這張照片向用戶保證，他們所熟悉與心愛的應用程式不會被毀掉。負責溝通事務的總監，用莫索里的相機拍下這張照片——因為種種的媒體報導，他們不敢冒險請外部的攝影師。在照片裡，他們三人都微笑著；當他們那天在Instagram還在整修中、位於三十樓的舊金山新辦公室中，向員工公布消息時，他們面對的是一屋子雙眼泛紅、眼眶含淚的員工。

　　「從我們宣布辭職以來，很多人都問我們對於Instagram的未來有怎樣的希望，」斯特羅姆在他宣布莫索里將接任他的文章中寫道。「對我們而言，最重要的事是讓我們的社群——你們大家——都是Instagram在做任何事情時最在乎的一部分。」莫索里的職稱為「Instagram負責人」。在臉書公司中，只能存在一名執行長。

結語

收購的代價

在2019年底，Instagram宣布將停止讓用戶看到其他人的照片按讚數。經過長達數個月的測試中顯示，這項改變為用戶的行為帶來正面的效果，雖然Instagram不願說明具體效果是什麼。莫索里解釋，隱藏按讚數是為了減少用戶在跟其他人的成功比較時，所體會到的不滿足感。「我們試圖讓Instagram給人們帶來更少的壓力，也更不像競爭關係。」這款應用程式也開始告訴用戶，他們已經看完動態消息的所有新貼文了，這麼一來他們可以停止瀏覽。這兩個做法都得到媒體與名人的讚賞。Instagram看起來有在為社群的「數位健康」把關。

但另一項完全沒被媒體報導的改變，卻傳遞出截然不同的訊息。用戶會在Instagram中看到一個彈跳視窗，詢問他們是否想要得到更多個人成效的分析。這些額外的表格與圖表 —— 顯示他們的帳號所接觸到的年齡層、有多少人在該週停止追蹤，或者哪一則貼文最受歡迎 —— 一直以來都有提供給Instagram上的網紅跟品牌商。而現在，一般人也被邀請使

用Instagram的免費數據工具。

　　起初，這項工具成為青少年圈的一則笑話，他們會跟Instagram假裝說他們是「DJ」或者「模特兒」，以換得數據分析報告，以及在個人檔案上顯示出詼諧的職業標籤。接下來，隨著越來越多人點選並接受這些工具，這狀況就成為常態。當然每個人都想要知道更多成效的數據。Instagram的目的，不就是創造出讓其他人想要追蹤的貼文嗎？

　　臉書為了在動態消息中顯示人們想看的內容，不斷磨練著對數據測量與趨勢分析的執著。但科技產業的這種執著，一開始似乎跟這個主打藝術與創意的應用程式格格不入。但多年以來，臉書將他們的精神貫注到Instagram上。隨著Instagram成為人類文化的一部分，臉書講究測量的文化也跟著加入。個人與品牌的界線變得模糊，為了追求成長以及跟人際關係而打拚，在數據的支撐之下，已經成為現代網路生活中不間斷的壓力來源。無論Instagram對按讚數做了什麼，我們的溝通方式都變得更有策略。Instagram不僅讓我們變得更喜歡表達自我，同時也更具自我意識並且自我展演。

　　這些數據幫助我們把複雜的人類情緒與關係，提煉為更容易處理的事物。我們可以粗略地假設，粉絲數就等同於人們對我們的生活與品牌感興趣的程度。按讚等同對內容的讚賞。留言代表有人在乎這則內容。

　　但若想把這些數字轉換成目標，就會像犯下跟臉書當時一樣的錯誤，只是這次影響的是個人。馬克‧祖克柏當時決定，最重要的目標就是要增加社群網絡的用戶數跟他們在上面的使用時間。這個成長的目標不僅為員工提供目標，也帶來了盲

點,以及想要抄捷徑的誘惑。

就像Instagram的用戶很難以放棄按讚數一樣,臉書也很難改變員工們工作的動機。祖克柏表示,現在他在測量這社群網站的進展時,更關心對話有沒有意義,以及時間有沒有被好好利用。但問題是,他們還是需要有所成長。畢竟,他們是間公司。

在Instagram的創辦人們離開公司的幾個月後,他們的應用程式被重新命名為「Instagram from Facebook」。負責Instagram私人訊息的小組,也改為要向臉書即時通團隊報告。2019年底,祖克柏也以神秘嘉賓之姿出席Instagram品牌的一場記者會,並與現場觀眾自拍。在臉書內部,他在討論如何利用Instagram去對決抖音(TikTok)。這個來自中國的應用程式已經取代Snapchat,成為臉書霸主地位的最大威脅。Instagram出現廣告的頻率增加了,也更常發推播通知,以及提供更多建議追蹤誰的個人化推薦。做為臉書「家族」的一員意味著要作出妥協以加強防線 —— 並且要為主力社群網絡的成長速度趨緩負責。

那年10月,Instagram的員工聚在一塊蛋糕旁。

「祝你生日快樂,祝你生日快樂,祝Instagram生日快樂……」幾十個人在舊金山的辦公室派對中這般唱著。自從創辦人們按下滑鼠,將這應用程式向全世界以推出以來,已過了九年。而這塊蛋糕也是那種為Instagram而生的蛋糕:共有五種不同顏色的分層,且切下去之後,還會有彩虹色糖粒從蛋糕中間湧出。

斯特羅姆跟克里格沒有出席這場派對。斯特羅姆甚至沒有

在他的Instagram上發文。事實上，他還移除了一些貼文。那張在他家沙發上與克里格和亞當·莫索里合影，以表示權力和平轉移的照片，就不再出現在他的動態消息中。兩位創辦人都試著花時間向內探索，並思考在少了這份工作之後，他們到底是誰？斯特羅姆學會了駕駛自己的飛機。克里格成為了一名父親。

那些站在彩虹蛋糕旁的高階主管，包含莫索里在內，都曾在臉書那邊工作過，因此他們很清楚若要跟公司保持和睦，就得要放下自尊並且慢慢讓出主控權。雖然發生了種種變化，但莫索里仍堅決要向員工們證明，他會繼續跟臉書討價還價，因為這個做法之前幫助斯特羅姆和克里格能跟臉書得出更好的開發共識，而非乖乖執行祖克柏覺得顯而易見的事情。莫索里每週五都會在他的Instagram限時動態上提供大眾提問，嘗試幫助大眾對Instagram的工作方式有更多理解。在生日派對的那一週，他也發了一則提問。

「我們所面臨的最重大問題是，我們對人們有益嗎？」莫索里寫道。

而這個問題受到公共論述的關注程度，也是前所未有的高。在英國，Instagram不得不為十四歲的莫莉·羅梭（Molly Russell）自殺一事負責。在他的父親查看她的Instagram帳號，並發現與自殘和憂鬱症有關的內容之後，他對Instagram提出指責。在美國，臉書不得不回覆國會有關在Instagram販售毒品的問題。當一名臉書的高階主管在作證時指出，Instagram已更努力移除這些圖片與主題標籤時，社運人士艾琳·凱莉私下質疑她，表示毒品交易的行為在照片留言中仍非

常活躍。

　　Instagram 在世界各地的忠實粉絲 —— 那些透過這應用程式成名或致富的人們 —— 都在談論要保持形象有多麼地難。Instagram 曾私下建議這些明星不要如此努力追求完美，應該張貼更多不修邊幅且真實的內容。他們解釋說，追求完美不再是新鮮事。現在顯得真實才能得到更多觸及，因為更能得到共鳴。

　　此外 Instagram 還要面對法規的問題。政府們開始正視到，臉書最大的替代品居然也是由臉書所擁有的應用程式。美國的聯邦貿易委員會與司法部都開始調查臉書是否構成壟斷，而調查的一部分就是要重新審視 Instagram 的收購案。

　　關於臉書是否擁有過大權力的爭論 —— 大到政府應該強迫 Instagram 成為獨立公司 —— 是 2020 年美國總統大選活動的熱門話題。政治人物跟學者都一致認為，臉書為人類社會帶來傷害，因為他們沒有注意到用戶的各種作為，像是影響選舉結果、讓恐怖分子招兵買馬、現場直播大規模槍擊事件、散播醫療的假訊息以及詐騙。祖克柏表示臉書現在花在解決「誠信」問題的費用，比推特每年的營收還多。他花費一年的時間將公司最大的問題重新定義為整體「科技」或「社群媒體」的問題。

　　莫索里對這個重要問題的回答，以臉書的標準來看非常的完美：「科技沒有好壞 —— 科技只不過是科技。」他寫道。「社群媒體很善於把事物放大。我們需要負起責任，竭盡所能放大好的部分，並解決壞的部分。」

　　但「科技只不過是科技」其實是空話，尤其是對 Instagram

來說。Instagram並不像電力或程式碼是被設計為中性的科技，而是某種刻意雕琢過的體驗。這類體驗為用戶帶來的影響也絕非必然，而是開發者對於如何塑造用戶的行為，做出了一系列決定後的產物。Instagram利用按讚跟追蹤訓練他們的用戶，但這還不足以讓用戶像現在這樣對產品產生強烈的情感連結。他們也透過精心策畫的內容策略，以及與知名帳戶的夥伴關係，將每一名用戶都看作獨立的個體。Instagram的團隊是放大「好的部分」的專家。

當談到解決「壞的部分」時，員工們擔心的是這個應用程式會從數字，而非人的角度去思考。臉書反對公司分拆的主要論點是，「應用程式家族」的組成對用戶的安全會有更多保障。「如果你想要阻止選舉干預，如果你想要減少平台上的仇恨言論的散播，我們其實會從更緊密的合作中受益良多。」莫索里說。但在實務上，那些專屬Instagram的問題，只有在臉書占據頭條的問題被解決之後才會得到注意。員工解釋說，在臉書，這看起來似乎很合理。每個決策都是為了盡可能影響最多的人，而臉書的用戶比Instagram還多。

在一個由人類組成的網絡中，會出現人的問題確實很合理。但即便是影響到成千上萬人的問題，對這麼龐大的公司來說，以統計學的角度來看也顯得微不足道。在許多案例中，Instagram並不知道問題的全貌，因為他們並未投入在主動偵測問題上。Instagram會移除掉一整批涉及非法行為的照片，或者一整群販售與購買認證帳號的人，但接下來問題還會以不同的形式重新浮現。他們雖然不讓年輕人看到有整型手術效果的濾鏡，但他們並沒有妥善的年齡驗證系統。Instagram就像

是一間裝潢精美的公寓套房，但卻有蟲害與漏水問題。必須要在這裡進行修補、在那裡放置陷阱，並且偶爾做個大掃除，才能為房客帶來好的體驗。但這棟樓的管理者，並沒有足夠資源去思考是在哪邊發生漏水，或者是否有結構性的問題，因為他們的承包商必須要優先重新改造更大的臉書大樓。

2019年，Instagram 帶來兩百億美元的營收，超過臉書整體銷售額的四分之一。臉書在2012年以現金與股票收購 Instagram 一事，也成為企業收購史上具代表性的划算案例。在「自相殘殺」的研究過後，Instagram 也變得更為符合臉書對他們認定的形象。這份研究本來是要讓人們能對 Instagram 做出更理性與符合邏輯的選擇；但 Instagram 的員工擔心，這份研究會被祖克柏用來合理化他更深入控制產品的行為。

斯特羅姆跟克里格把 Instagram 賣給臉書，是因為他們希望 Instagram 能變得更大、更與人有關連，也能撐得更久。「你應該把握機會，開發出對世界有價值的產品，且應該要能夠不斷成長和變得非常值錢，然後再藉此回報這個社會，」斯特羅姆向《紐約》雜誌（New York）解釋道。「我們很努力想達成這件事，成為一股善的力量。」但當他們擁有十億用戶之後，他們開發的應用程式所擁有的巨大文化影響力，也被捲入公司對於性格、尊嚴以及優先順序的掙扎當中。如果臉書的歷史能提供一點指引，那就是公司被收購的真正代價會落在 Instagram 的用戶身上。

致謝

這本書是由許多人的想法與記憶所創造而成的。我要感謝所有跟我吃飯、喝咖啡開會、電話討論以及在會議室與我討論的人們。有些受訪者原本只在行事曆上保留一小時的時間給我，但卻跟我聊到兩到三小時；或者允許我跟著他們邊走在舊金山的街道上，邊在筆記本記下對話；或者忍受我各種無聊的追問。願意幫助一名記者，就跟放手一搏（take a leap of faith）沒啥兩樣。感謝每一位幫助過我的人。

我還要衷心感謝我的編輯史蒂芬妮・費德里奇（Stephanie Frerich），因為她非常支持這本書，所以當她換到賽門與舒斯特出版社（Simon & Schuster）工作時，還把這個計畫一併帶過去。她選擇將本書視為她職業生涯的一環，並且很用心地鼓勵我。我的經紀人皮拉・奎恩（Pilar Queen）是個很棒的支持者，不只是對這個計畫，更是對我這名初出茅廬的作者，並且幫助我瞭解到如何寫好這本書。

但若不是有布萊德・史東（Brad Stone），我沒有機會認識到皮拉或史蒂芬妮──坦白說，我甚至不會知道我有能力

寫出一本書。布萊德是位作家，也是我所屬的彭博新聞社負責報導科技團隊的資深執行編輯，他早在我著手開始寫書前，就知道我會寫一本有關Instagram的書。他在2017年的12月向我提出這個點子，當時我還在為《彭博商業週刊》寫有關這應用程式的封面故事，而這份報導後來也成為我寫作提案的基礎。在寫作計畫的歷程中，雖然布萊德要管理我們的國際團隊，並且在寫第二本有關亞馬遜的書，但每當我需要建議時，他總是願意撥空與我聊聊。若少了他的指導以及孜孜不倦的支持，我不可能成為像我現在這樣的記者。

感謝賽門與舒斯特的執行長強納森・卡普（Jonathan Karp）以及所有團隊成員，讓這個計畫付諸實現。艾蜜莉・西蒙森（Emily Simonson）一直都是很用心的助理編輯，在寫作過程的每個階段提供我建議。皮特・蓋瑟爾（Pete Garceau）設計出很吸引人的封面，而傑奇・蕭（Jackie Seow）擔任藝術指導、而勒威林・波蘭科（Lewelin Polanco）則負責內頁設計。瑪莉・弗洛里歐是這本書能被翻譯成多國語言的幕後功臣。如果你曾看到關於這本書的討論，那是因為有負責公關的賴瑞・休斯（Larry Hughes）以及負責行銷的史蒂芬・貝特佛德（Stephen Bedford）。感謝負責書籍印刷的雪瑞・瓦瑟曼（Sherry Warsserman）和艾莉西亞・芭卡托（Alicia Barncato），同時也要感謝執行編輯金伯利・高德史坦（Kimberly Goldstein）以及助理執行編輯安妮・克雷格（Annie Craig）。我也要非常感謝賽門與舒斯特的費莉絲・賈維茲（Felice Javit）以及「Pelosi, Wolf, Effron & Spates」律師事務所的傑米・沃爾夫（Jamie Wolf）提供的法律諮詢。

　　彭博新聞社的領導團隊對這計畫展現出無比的支持，尤其是考量到這意味著他們負責報導臉書的記者，將會在發生國會聽證會、聯邦政府的調查以及隱私醜聞的期間，會變得分心甚至不在座位上。感謝包含瑟琳娜‧王和傑利特‧德威尼克（Gerrit DeVunck）在內的所有同事，他們在不同時間幫忙撰寫有關臉書的報導。在2019年的春天，寇特‧華格納（Kurt Wagner）以第二位負責報導臉書的記者身分加入彭博新聞社，而且要快速上手工作，因為我當時正全神貫注地寫這本書。他當時做得很好，讓我能集中精神，這讓我感覺像是份美妙的禮物。我很幸運能跟我信任的人如此緊密地合作。

　　我要永遠感謝湯姆‧吉列斯（Tom Giles）和朱利安‧瓦德（Jillian Ward），他們與布萊德合作領導我們負責報導科技的團隊，總是為記者的想法與職涯發聲。這個團隊有很多一流的記者和編輯，我每天都從他們身上學到東西。朱利安、艾蜜莉‧碧索（Emily Biuso）和艾里斯塔‧巴爾（Alistair Barr）在我陷入修正困難時，讀了幾個章節的草稿並給我回饋；而安妮‧凡德梅（Anne VanderMey）、艾倫‧胡特（Ellen Huet）、迪娜‧巴斯（Dina Bass）、席拉‧歐維德（Shira Ovide）、馬克‧博根（Mark Bergen）、奧斯汀‧卡爾（Austin Carr）和寇特‧華格納，也在最後階段擔任本書的測試讀者。在辦公室坐我隔壁的尼可‧格蘭特（Nico Grant），在寫作過程中都是很值得信任的知音好友。張秀春（Emily Chang）和艾胥黎‧范思這兩位同事都寫過很棒的書，也是我寫作的模範，他們也在寫作過程中提供諮詢與支持。麥克斯‧查夫金（Max Chafkin）一直都擔任我為《彭博商業週刊》所寫的長篇文章的編輯，包

含那篇Instagram的封面故事。多年來與他合作的經驗，讓我為寫作本書做足準備。

Instagram溝通團隊的吉娜薇芙・卡蒂娜（Genevieve Grdina）和伊莉莎白・黛安娜（Elisabeth Diana）是這個計畫在臉書內的重要支持者。感謝臉書跟Instagram的每一位願意在百忙之中為了這本書撥空跟我聊聊，或者回答我查核事實問題的人。這本書因為他們的參與而更為準確。要感謝所有跟我分享故事的網紅以及小企業主，尤其是那些在聖保羅的人們，他們讓我看到他們工作的真實樣貌。我也從所有把Instagram變成事業的人身上學到很多東西。尤其特別感謝Instagram的創辦人們，若沒有他們，這一切都不可能發生。你們真的創造出改變世界的產品。

我很感謝西恩・拉維利（Sean Lavery），他對稿子的內容進行事實查核，並且在我感到壓力時給我安慰。潔西卡・李（Jessica J. Lee）撰寫本書註腳的草稿，而布萊克・蒙哥馬利（Blake Montgomery）當我還在腦力激盪階段時，為我彙整有關Instagram帶來文化影響的研究。席茹蒂・夏（Shruti Shah）、艾西亞・波娜斯托斯（Alexia Bonastos）和莎拉・席格（Sarah Seegal），在我身處最絕望的寫作階段時，是我在The Ting的好朋友。

我之所以成為一名商業記者，是因為克里斯・魯斯（Chris Roush）和潘妮洛普・阿伯納西（Penelope Abernathy），他們在北卡羅來納大學教堂山分校（University of North Carolina at Chapel Hill，UNC）傳授我帶著批判性去思考企業運作的方式。潘妮跟我說，我會在畢業五年內寫一本書。很抱歉我遲交

了！

如果新聞報導是歷史的第一份粗略草稿，那麼書籍就是要以這項關鍵工作為基礎提出第二份草稿。我很感謝這些年來對Instagram提出問題的記者，以及那些持續報導Instagram對我們的社會與文化的衝擊，以及Instagram在臉書內部地位的人們。若記者們的作品在這些書頁中重獲新生，那他們的名字也會被列在資料來源中。

新聞社群也以其他的方式一直提供我協助。包含尼克‧波頓、布萊克‧哈利斯（Blake Harris）與羅傑‧麥納米（Roger MaNamee）的其他書籍作者，都在最關鍵的時刻伸出援手。提姆‧希格斯（Tim Higgins）和艾力克斯‧戴維斯（Alex Davies）這兩位也在同一期間寫書的朋友，是我的戰友，也是共進療癒晚餐的夥伴。卡菈‧史威瑟（Kara Swisher）這名許多矽谷年輕記者的心靈導師，很支持這個計畫，也向我介紹許多很有趣的人，讓這些篇章的內容變得更豐富。

寫作的過程讓我非常感謝身邊有這麼多優秀、善良與無私的朋友或家人。克萊兒‧柯森（Claire Korzen）是我很棒的表妹，她從童年起就跟我一起寫故事跟愚蠢的劇作，她也是第一個讀到本書的人，並在我感到無比脆弱時，為本書最原始的草稿提供許多珍貴的回饋以及建議。我的朋友凱西‧托伯特（Keicy Tolbert）在克萊兒之後也讀了本書，並提供非常有想法的高水準評論，也對我修改稿件時影響甚大。我的表姐蜜雪兒‧柯羅汀（Michelle Kolodin）把我介紹給她那些重度使用Instagram的朋友，他們都提供了很有意思的觀點。華特‧希奇（Walter Hickey）在飛機上為其中一章提供註記，而歐文‧

湯瑪斯（Owen Thomas）確保我的科技史是正確的。艾希莉·路特茲（Ashley Lutz）和凱蒂·何很親切地帶我去沙灘上散散心，而威爾·波杜蘭特（Will Bondurant）確保我不會錯過任一場UNC的籃球賽。米蘭達·赫納利（Miranda Henely）很貼心地寄給我一個包裹，不僅為我的計畫道賀，也鼓勵我要放鬆。艾力克斯·巴林卡（Alex Barinka）一直跟著我一起腦力激盪。克莉絲提娜·法爾（Christina Farr）很親切地強迫我在沙發上，邊喝葡萄酒邊向她大聲朗讀本書的幾個片段。接著她就跟所有優秀的記者一樣，審問我那些不合理的地方，而平常時她會問候我的近況。

我的弟弟麥可·弗埃爾（Michael Frier），很好心地寄給我幾頁關於Instagram對心理健康影響的研究報告，並且對這項計畫非常有熱情。我的哥哥詹姆斯·弗埃爾（James Frier）和他的妻子麥迪·杜樂·弗埃爾（Maddie Tuller Frier）也是很棒的人，並在我到洛杉磯出差報導期間，讓我睡在他們的沙發上。在聖誕假期時，全家人都給我協助，特別要感謝麥迪，她幫我找出數十個錯別字。

若沒有我的父親肯·弗埃爾以及他的妻子格特卿·戴（Gretchen Tai）為我敞開他們的家門，我不可能那麼迅速且面面俱到地寫完這本書。當我在截稿前夕，沒辦法在我的公寓裡工作時，他們會為我烹飪美味的餐點，讓我盡可能專注在寫作上。當我陷入難關時，我的父親也會幫我點出某些句子的問題。為此我必須要感謝他的父母約翰·弗埃爾（John Frier）與瑪莉·艾倫·弗埃爾（Mary Ellen Frier），他們啟發了兩個世代的嗜讀者與問題解決者。

　　我的母親蘿拉・卡薩斯（Larua Casas）除了一直提供支持與鼓勵之外，也幫助我的丈夫與我在這期間處理搬家事宜。她還幫助我和外婆古德莉雅・卡薩斯（Gudelia Casas）保持聯繫，因為她生病了。我的外婆在1956年帶著年幼的孩子移民到這個國家，而且也活得夠久能看到本書的首刷出版。她的勇氣與善良也持續鼓勵著我。

　　而其中最重要的是，要感謝我的愛人麥特（Matt），每天陪伴著我，提供我力量、靈感，甚至是偶爾提供美味的點心。你讓一切成為可能，而這本書也要獻給你。

資料來源

第一章　代號：計畫

「我喜歡這樣說：因為懂得寫程式……」：Charlie Parrish, "Instagram's Kevin Systrom: 'I'm Dangerous Enough to Code and Sociable Enough to Sell Our Company,'" *The Telegraph*, May 1, 2015, https://www.telegraph.co.uk/technology/11568119/Instagrams-Kevin-Systrom-Im-dangerous-enough-to-code-and-sociable-enough-to-sell-our-company.html.

卻很循規蹈矩地沒有偷喝酒：Kevin Systrom, "How to Keep It Simple While Scaling Big," interview by Reid Hoffman, *Masters of Scale*, podcast audio, accessed September 7, 2018, https://mastersofscale.com/kevin-systrom-how-to-keep-it-simple-while-scaling-big/.

他也是袋棍球隊的隊長：Parrish, "Instagram's Kevin Systrom."

「向眾人展示我怎麼看這世界」：D. C. Denison, "Instagram Cofounders' Success Story Has Holliston Roots," *Boston Globe*, April 11, 2012, https:// www.bostonglobe.com/business/2012/04/11/instagram-cofounder-success-story-has-holliston-roots/PzCxOXWFtfoyWYfLK-RM9bL/story.html.

「你不是來這裡學習完美的」：Systrom, "How to Keep It Simple."

他得去新創公司實習：Kevin Systrom, "Tactics, Books, and the Path to a Billion Users," interview by Tim Ferriss , *The Tim Ferriss Show*, podcast audio, accessed September 7, 2018, https://tim.blog/2019/04/30/the-tim-ferriss-show-transcripts-kevin-systrom-369/.

並進駐原先荒廢的空間：Michael V. Copeland and Om Malik, "Tech's Big Comeback," *Business 2.0 Magazine*, January 27, 2006, https:// archive.fortune.com/magazines/business2/business2_archive/2005/11/01/8362807/index.htm

有時候，他會想像自己成為……：Nick Bilton, *Hatching Twitter: A True Story of Money, Power, Friendship, and Betrayal* (New York: Portfolio, 2014), 121.

只有一小部分的Odeo員工……：Murad Ahmed, "Meet Kevin Systrom: The Brain Behind Instagram," *The Times*, October 5, 2013, https://www.thetimes.co.uk/article/meet-kevin-systrom-the-brain-behind-instagram-p5kvqmnhkcl.

在他就讀史丹佛的最後一年⋯⋯：Steven Bertoni, "Instagram's Kevin Systrom: The Stanford Billionaire Machine Strikes Again," *Forbes*, August 1, 2012, https:// www.forbes.com/sites/stevenbertoni/2012/08/01/instagrams-kevin-systrom-the-stanford-millionaire-machine-strikes-again/#36b4306d45b9.

「他們瘋了。」斯特羅姆這樣想：Kevin Systrom, "Billion Dollar Baby," inter-view by Sarah Lacy, Startups.com, July 24, 2017, https://www.startups.com/library/founder-stories/kevin-systrom.

他的底薪只有六萬美元：Bertoni, "Instagram's Kevin Systrom."

陰影之戰最後由淺紫色⋯⋯：Alex Hern, "Why Google Has 200M Reasons to Put Engineers over Designers," *The Guardian*, February 5, 2014, https://www.theguardian.com/technology/2014/feb/05/why-google-engineers-designers.

大型的網路服務像是臉書⋯⋯：Jared Newman, "Whatever Happened to the Hottest iPhone Apps of 2009?," *Fast Company*, May 31, 2019, https://www.fastcompany.com/90356079/whatever-happened-to-the-hottest-iphone-apps-of-2009.

許多創投家都會踴躍出席此活動：Stewart Butterfield and Caterina Fake, "How We Did It: Stewart Butterfield and Caterina Fake, Cofounders, Flickr," *Inc.*, December 1, 2006, https://www.inc.com/magazine/20061201/hidi-butterfield-fake.html.

以及克里斯・迪臣：Chris Dixon, author biography, Andreesen Horowitz, accessed September 18, 2019, https://a16z.com/author/chris-dixon/.

根據尼克・波頓的《孵化推特》記載：Bilton, *Hatching Twitter*, 120.

凍結臉書的銀行帳戶：Nicholas Carlson, "Here's the Email Zuckerberg Sent to Cut His Cofounder Out of Facebook," *Business Insider*, May 15, 2012, https://www.businessinsider.com/exclusive-heres-the-email-zuckerberg-sent-to-cut-his-cofounder-out-of-facebook-2012-5?IR=T.

斯特羅姆想到，當Odeo的團隊決定要轉而開發推特時⋯⋯：Systrom, "Tactics, Books, and the Path to a Billion Users."

「我認為在未來的某個轉折點過後⋯⋯帶著手機四處拍照。」："Full Transcript: Instagram CEO Kevin Systrom on Recode Decode," *Vox*, June 22, 2017, https://www.vox.com/2017/6/22/15849966/transcript-instagram-ceo-kevin-systrom-facebook-photo-video-recode-decode.

「妳知道他對那些照片做了什麼，對吧？」：Kara Swisher, "The Money Shot," *Vanity Fair*, May 6, 2013, https://www.vanityfair.com/news/business/2013/06/kara-swisher-instagram.

Hipstamatic 這軟體，能讓照片獲得⋯⋯：M. G. Siegler, "Apple's Apps of the Year: Hipstamatic, Plants vs. Zombies, Flipboard, and Osmos," *TechCrunch*, December 9, 2010, https://techcrunch.com/2010/12/09/apple-top-apps-2010/.

他發在Instagram上的內容他會立刻轉發到推特上：Steve Dorsey (@dorsey), "@HartleyAJ Saw that and thought it was remarkable (but wasn't sure what to call it). Thanks, WX-man! :)," Twitter, November 9, 2010, https://web.archive.org/web/20101109211738/http://twitter.com/dorsey.

第二章　成功的混亂

「Instagram 很好上手……但它仍保持單純。」：Dan Rubin, interview with the author, phone, February 8, 2019.

到了2011年1月，像是百事可樂（Pepsi）……：M. G. Siegler, "Beyond the Filters: Brands Begin to Pour into Instagram," *TechCrunch*, January 13, 2011, https://techcrunch.com/2011/01/13/instagram-brands/?_ga=2.108294978.135876931.1559887390-830531025.1555608191.

「我們沒興趣付費……」：Siegler, "Beyond the Filters."

依照這預測，史努比狗狗……：M. G. Siegler, "Snoopin' on Instagram: The Early-Adopting Celeb Joins the Photo-Sharing Service," *TechCrunch*, January 19, 2011, https://techcrunch.com/2011/01/19/snoop-dogg-instagram/.

「小賈斯汀加入Instagram，世界為之爆炸。」：Chris Gayomali, "Justin Bieber Joins Instagram, World Explodes," *Time*, July 22, 2011, http://techland.time.com/2011/07/22/justin-bieber-joins-instagram-world-explodes/.

他們稱這程序為「修剪酸民」：Nicholas Thompson, "Mr. Nice Guy: Instagram's Kevin Systrom Wants to Clean Up the &#%$@! Internet," *Wired*, August 14, 2017, https://www.wired.com/2017/08/instagram-kevin-systrom-wants-to-clean-up-the-internet/.

僅僅上線九個月……：M. G. Siegler, "The Latest Crazy Instagram Stats: 150 Million Photos, 15 per Second, 80% Filtered," *TechCrunch*, Au-gust 3, 2011, https://techcrunch.com/2011/08/03/instagram-150-million/.

根據《通訊規範法案》第230條……：Protection for private blocking and screening of offensive material, 47 U.S. Code § 230 (1996).

第三章　一場驚喜

「是他選擇了我們，而不是我們選擇了他。」：Dan Rose, interview with the author, Facebook headquarters, December 18, 2018.

谷歌的確曾以十六億美元收購YouTube: Associated Press, "Google Buys YouTube for $1.65 Billion," *NBC News*, October 10, 2006, http://www.nbcnews.com/id/15196982/ns/business-us_business/t/google-buys-youtube-billion/#.XX9Q96d7Hox.

十億美元，路透社報導……：Alexei Oreskovic and Gerry Shih, "Facebook to Buy Instagram for $1 Billion," Reuters, April 9, 2012, https://www.reuters.com/article/us-facebook/facebook-to-buy-instagram-for-1-billion-idUS-BRE8380M820120409.

祖克柏「斥資不菲收購……」：Laurie Segall, "Facebook Ac-quires Instagram for $1 billion," *CNN Money*, April 9, 2012, https://money.cnn.com/2012/04/09/technology/facebook_acquires_instagram/index.htm.

他們必須認真協商此事：Shayndi Raice, Spencer E. Ante, and Emily Glazer, "In Facebook Deal, Board Was All but Out of Picture," *Wall Street Journal*, April 18, 2012, https://www.wsj.com/articles/SB1000142405270 2304818404577350191931921290.

斯特羅姆先提出二十億的條件：Raice, Ante, and Glazer, "In Facebook Deal, Board Was All but Out of Picture."

那個週六，他們持續在祖克柏簡單裝潢過、價值七百萬美元的家中討論：Mike Swift and Pete Carey, "Facebook's Mark Zuckerberg Buys House in Palo Alto," *Mercury News*, May 4, 2011, https://www.mercurynews.com/2011/05/04/facebooks-mark-zuckerberg-buys-house-in-palo-alto/.

但就算這是泡沫……：Aileen Lee, "Welcome to the Unicorn Club, 2015: Learning from Billion-Dollar Companies," *TechCrunch*, July 18, 2015, https:// techcrunch.com/2015/07/18/welcome-to-the-unicorn-club-2015-learning-from-billion-dollar-companies/.

「照片分享服務Instagram 的十三名員工……大肆慶祝。」：Julian Gavaghan and Lydia Warren, "Instagram's 13 Employees Share $100M as CEO Set to Make $400M Reveals He Once Turned Down a Job at Facebook," *Daily Mail*, April 9, 2012, https://www.dailymail.co.uk/news/article-2127343/Facebook-buys-Instagram-13-employees-share-100m-CEO-Kevin-Systrom-set-make-400m.html.

「Instagram 的每名員工身價上看七千七百萬美元。」：Derek Thompson, "Instagram Is Now Worth $77 Million per Employee," *The Atlantic*, April 9, 2012, https://www.theatlantic.com/business/archive/2012/04/instagram-is-now-worth-77-million-per-employee/255640/.

《商業內幕》則刊出一份……：Alyson Shontell, "Meet the 13 Lucky Employees and 9 Investors Behind $1 Billion Instagram," *Business Insider*, April 9, 2012, https://www.businessinsider.com/instagram-employees-and-investors-2012-4?IR=T.

第四章 充滿不確定性的夏天

「我要求委員會立即調查……最強大的勁敵。」：David Cicilline, "Cicilline to FTC—Time to Investigate Facebook," March 19, 2019, https://cicilline.house.gov/press-release/cicilline-ftc-%E2%80%93-time-to-investigate-facebook.

股東甚至打算集體訴訟：Jonathan Stempel, "Facebook Settles Lawsuit Over 2012 IPO for $35 Million," Reuters, February 26, 2018, https://www.reuters.com/article/us-facebook-settlement/facebook-settles-lawsuit-over-2012-ipo-for-35-million-idUSKCN1GA2JR.

世界上有不少臉書用戶……：Danielle Kucera and Douglas MacMillan, "Facebook Investor Spending Month's Salary Exposes Hype," Bloomberg. com, May 24, 2012, https://www.bloomberg.com/news/articles/ 2012-05-24/facebook-investor-spending-month-s-salary-exposes-hype.

其他類似的應用程式，像是Camera Awesome……：Josh Constine, "FB Launches Facebook Camera: An Instagram-Style Photo Filtering, Sharing, Viewing iOS App," *Tech- Crunch*, May 24, 2012, https://techcrunch. com/2012/05/24/facebook-camera/.

公平貿易局在報告中寫道……：UK Office of Fair Trading, "Anticipated Acquisition by Facebook Inc of Instagram Inc," August 22, 2012, https:// webarchive.nationalarchives.gov.uk/20140402232639/http://www.oft.gov. uk/shared_oft/mergers_ea02/2012/facebook.pdf.

但它只擁有不到三百萬名用戶：Matthew Panzarino, "Dave Morin: Path to Hit 3M Users This Week, Will Release iPad App This Year, But Not For Windows Phone," *The Next Web*, June 1, 2012, https://thenextweb.com/ apps/2012/06/01/dave-morin-path-to-hit-3m-users-this-week-will-release-ipad-app-this-year/.

Path在2018年宣布停業：Harrison Weber, "Path, the Doomed Social Network with One Great Idea, Is Finally Shutting Down," *Gizmodo*, September 17, 2018, https://gizmodo.com/path-the-doomed-social-network-with-one-great-idea-is-1829106338.

賣給了南韓的網路公司Daum Kakao：Edwin Chan and Sarah Frier, "Morin Sells Chat App Path to South Korea's Daum Kakao," Bloomberg.com, May 29, 2015, https://www.bloomberg.com/news/articles/2015-05-29/ path-s-david-morin-sells-chat-app-to-south-korea-s-daum-kakao.

臉書必須想盡辦法別被追上……：Evan Osnos, "Can Mark Zuckerberg Fix Facebook Before It Breaks Democracy?," *New Yorker*, September 10, 2018, https://www.newyorker.com/magazine/2018/09/17/can-mark-zuckerberg-fix-facebook-before-it-breaks-democracy.

分析師後來會認為通過這樁收購案……：Kurt Wagner, "Facebook's Acquisition of Instagram Was the Greatest Regulatory Failure of the Past Decade, Says Stratechery's Ben Thompson," *Vox*, June 2, 2018, https:// www.vox.com/2018/6/2/17413786/ben-thompson-facebook-google-aggregator-platform-code-conference-2018.

「馬克的權力已經無人能匹敵」：Chris Hughes, "It's Time to Break Up Facebook," *New York Times*, May 9, 2019, https://www.nytimes. com/2019/05/09/opinion/sunday/chris-hughes-facebook-zuckerberg.html#.

但信中也加上但書……：April J. Tabor (US Federal Trade Commission), "Letter to Thomas O. Barnett," August 22, 2012, https://www.ftc.gov/ sites/default/files/documents/closing_letters/facebook-inc./instagram-inc./120822barnettfacebookcltr.pdf.

每一家在亞馬遜雲端上架設伺服器的公司⋯⋯：Robert McMillan, "(Real) Storm Crushes Amazon Cloud, Knocks Out Netflix, Pinterest, Instagram," *Wired*, June 30, 2012, https://www.wired.com/2012/06/real-clouds-crush-amazon/.

「如果你打開『熱門』頁面⋯⋯的照片為主。」：Jamie Oliver and Kevin Systrom, "Jamie Oliver & Kevin Systrom, with Loic Le Meur - LeWeb London 2012- Plenary 1," June 20, 2012, YouTube video, 32:33, https://www.youtube.com/watch?v=Pdbzmk0xBW8.

「雖然我們樂見⋯⋯為新用戶帶來良好的體驗。」：Kris Holt, "Instagram Shakes Up Its Suggested Users List," *Daily Dot*, August 13, 2012, https://www.dailydot.com/news/instagram-suggested-users-shakeup/.

「使用Instagram的公司與品牌當中⋯⋯比較坦誠與真實的。」：Oliver and Systrom, "Jamie Oliver & Kevin Systrom, with Loic Le Meur."

「我們深知⋯⋯Instagram再也不能取得這份資料。」：Brian Anthony Hernandez, "Twitter Confirms Removing Follow Graph from Instagram's 'Find Friends'," *Mashable*, July 27, 2012, https://mashable.com/2012/07/27/twitter-instagram-find-friends/?europe=true.

第五章　快速移動，打破成規

「我討厭人們⋯⋯證明他們是錯的。」：Systrom, "Tactics, Books, and the Path to a Billion Users."

「Instagram表示他們現在有權販售你的照片。」：Declan McCullagh, "Instagram Says It Now Has the Right to Sell Your Photos," *CNET*, December 17, 2012, https:// www.cnet.com/news/instagram-says-it-now-has-the-right-to-sell-your-photos/.

「臉書強迫Instagram⋯⋯上傳的照片。」：Charles Arthur, "Facebook Forces Instagram Users to Allow It to Sell Their Uploaded Photos," *The Guardian*, December 18, 2012, https://www.theguardian.com/technology/2012/dec/18/facebook-instagram-sell-uploaded-photos.

「Instagram的用戶⋯⋯你的照片就是你的照片。」：Instagram, "Thank You, and We're Listening," December 18, 2012, Tumblr post, https://instagram.tumblr.com/post/38252135408/thank-you-and-were-listening.

第六章　全面宰制

「為此我有一台特殊的機器⋯⋯圖表。」：Dan Rookwood, "The Many Stories of Instagram's Billionaire Founder," *MR PORTER*, accessed May 2019, https://www.mrporter.com/en-us/journal/the-interview/the-many-stories-of-instagrams-billionaire-founder/2695.

他曾經⋯⋯輸給朋友十幾歲的女兒：Osnos, "Can Mark Zuckerberg Fix Facebook?"

「必須摧毀迦太基！」：Antonio García Martínez, "How Mark Zuckerberg

Led Facebook's War to Crush Google Plus," *Vanity Fair*, June 3, 2016, https:// www.vanityfair.com/news/2016/06/how-mark-zuckerberg-led-facebooks-war-to-crush-google-plus.

這個特定的秒數……而是「藝術性的選擇」：Colleen Taylor, "Instagram Launches 15-Second Video Sharing Feature, with 13 Filters and Editing," *TechCrunch*, June 20, 2013, https://techcrunch.com/2013/06/20/facebook-instagram-video/.

「這是分享會自動消失照片的最快方式。」：Rob Price and Alyson Shontell, "This Fratty Email Reveals How CEO Evan Spiegel First Pitched Snapchat as an App for 'Certified Bros'," *Insider*, February 3, 2017, https://www.insider.com/snap-ceo-evan-spiegel-pitched-snapchat-fratty-email-2011-certified-bro-2017-2.

他的父親是位強勢的公司法律師：John W. Spiegel, professional biography, Munger, Tolles & Olson, accessed February 12, 2018, https://www.mto.com/lawyers/john-w-spiegel.

除了很愛說髒話之外：Sam Biddle, " 'Fuck Bitches Get Leid': The Sleazy Frat Emails of Snapchat's CEO," *Valleywag*, May 28, 2014, http://valleywag.gawker.com/fuck-bitches-get-leid-the-sleazy-frat-emails-of-snap-1582604137.

「為了管理數位版本的自己……讓聊天完全失去樂趣。」：J. J. Colao, "Snapchat: The Biggest No-Revenue Mobile App Since Instagram," *Forbes*, November 27, 2012, https://www.forbes.com/sites/jjcolao/2012/11/27/snapchat-the-biggest-no-revenue-mobile-app-since-instagram/#6ef95f0a7200.

到了 2012 年 11 月，Snapchat 擁有數百萬名用戶：Colao, "Snapchat."

「謝謝 _:) 很高興……再通知你。」：Alyson Shontell, "How Snapchat's CEO Got Mark Zuckerberg to Fly to LA for Private Meeting," *Business Insider*, January 6, 2014, https://www.businessinsider.com/evan-spiegel-and-mark-zuckerbergs-emails-2014-1?IR=T.

他在會議中不斷暗示……：J. J. Colao, "The Inside Story of Snapchat: The World's Hottest App or a $3 Billion Disappearing Act?," *Forbes*, Jan- uary 20, 2014, https://www.forbes.com/sites/jjcolao/2014/01/06/the-inside-story-of-snapchat-the-worlds-hottest-app-or-a-3-billion-disappearing-act/.

但接著從隔天起……：Seth Fiegerman, "Facebook Poke Falls Out of Top 25 Apps as Snapchat Hits Top 5," *Mashable*, December 26, 2012, https://mashable.com/2012/12/26/facebook-poke-app-ranking/.

進而推升 Snapchat 的下載數：Fiegerman, "Facebook Poke Falls Out of Top 25 Apps."

在 2013 年 6 月，史皮格反倒從創投募得八千萬美元：Mike Isaac, "Snapchat Closes $60 Million Round Led by IVP, Now at 200 Million Daily Snaps," *All Things D*, June 24, 2013, http://allthingsd.com/20130624/snapchatcloses-60-million-round-led-by-ivp-now-at-200-million-daily-snaps/.

那年9月，艾蜜莉・懷特接受《華爾街日報》的專訪：Evelyn M. Rusli, "Instagram Pictures It- self Making Money," *Wall Street Journal*, September 8, 2013, https://www.wsj.com/articles/instagram-pictures-itself-making-money-1378675706.

在2011年11月1日，Instagram推出第一則廣告：Kurt Wagner, "Instagram's First Ad Hits Feeds Amid Mixed Reviews," *Mashable*, November 1, 2013, https://mashable.com/2013/11/01/instagram-ads-first/.

「下午5：15，在巴黎受盡呵護。#MKTimeless」：Michael Kors (@michaelkors), "5:15 PM: Pampered in Paris #MKTimeless," Instagram, November 1, 2013, https://www.instagram.com/p/gLYVDzHLvn/?hl=en.

他們要求Instagram減少主題標籤#vine的能見度：Dom Hofmann (@dhof), "ig blocked the #vine hashtag during our first few months," Twitter, September 23, 2019, 4:14 p.m., https://twitter.com/dhof/status/1176137843720314880.

鼓勵知名用戶別在平台上顯示Snapchat的用戶名稱：Georgia Wells and Deepa Seetharaman, "Snap Detailed Facebook's Aggressive Tactics in 'Project Voldemort' Dossier," *Wall Street Journal*, last modified September 24, 2019, https://www.wsj.com/articles/snap-detailed-facebooks-aggressive-tactics-in-project-voldemort-dossier-11569236404.

大約有四十個點子從這場黑客松誕生：Brad Stone and Sarah Frier, "Facebook Turns 10: The Mark Zuckerberg Interview," Bloomberg.com, January 31, 2014, https:// www.bloomberg.com/news/articles/2014-01-30/facebook-turns-10-the-mark-zuckerberg-interview#p2.

第七章　新名人階級

「市面上有很多產品……成為了一種現象。」：Guy Oseary, inverview with the author, phone, March 20, 2019.

她家的餐廳有著紫色的壁紙：Madeline Stone, "Randi Zuckerberg Has Sold Her Boldly Decorated Los Altos Home for $6.55 Million," *Business Insider*, June 15, 2015, https://www.businessinsider.com/randi-zuckerberg-sells-house-for-655-million-2015-6?IR=T.

她在……首次公開募股前離開公司：Kara Swisher, "Exclusive: Randi Zuckerberg Leaves Facebook to Start New Social Media Firm (Resignation Letter)," *All Things D*, August 3, 2011, http://allthingsd.com/20110803/exclusive-randi-zuckerberg-leaves-facebook-to-start-new-social-media-firm-resignation-letter/.

「當我帶他……查爾斯卻不曾感到驚嚇。」：Erin Foster, interview with the author, phone, July 16, 2019.

「很多人會認為……會對他們失去興趣，」：Kris Jenner, interview with the author, phone, May 21, 2019.

在實境秀《拜金女新體驗》中……：*Access Hollywood*, "Paris Hilton on the Public's Misconception of Her & More (Exclusive)," YouTube video, 3:07, November 30, 2016, https://www.youtube.com/watch?v=ZqqAkp8zKp8&feature=youtu.be.

「我開始在想，如果芭比……什麼樣子？」：Jason Moore, interview with the author, phone, April 21, 2019.

「然後雜誌社……是我們搞的鬼」：Moore, interview with the author.

「我們過去每張照片都能收入數百或數千美元」：Moore, interview with the author.

但詹娜清楚，「當然，能夠成為目前Instagram上……賺他們的錢。」：Jenner, interview with the author.

因為消費者的消費習慣更容易因為朋友或家人……："Recommendations from Friends Remain Most Credible Form of Advertising Among Consumers; Branded Websites Are the Second-Highest-Rated Form," Nielsen N.V., September 28, 2015, https://www.nielsen.com/eu/en/press-releases/2015/recommendations-from-friends-remain-most-credible-form-of-advertising/.

「誰能保證在台上的那個人……反而比較重要。」：Darren Heitner, "Instagram Marketing Helped Make This Multi-Million Dollar Nutritional Supplement Company," *Forbes*, March 19, 2014, https://www.forbes.com/sites/darrenheitner/2014/03/19/instagram-marketing-helped-make-this-multi-million-dollar-nutritional-supplement-company/#4b317f2f1f2c.

「我們很習慣……在雜誌買廣告的傳統做法」：Christopher Bailey, interview with the author, phone, May 15, 2019.

他認為，不管Burberry做為一個品牌在Instagram……：Bailey, interview with the author.

在推特負責維繫電視圈人脈的小組跟主持人艾倫·狄珍妮的團隊……：Fred Graver, "The True Story of the 'Ellen Selfie,'" *Medium*, February 23, 2017, https://medium.com/@fredgraver/the-true-story-of-the-ellen-selfie-eb8035c9b34d.

在彩排時，狄珍妮看到貼著梅莉·史翠普的座位名牌……：Graver, "The True Story of the 'Ellen Selfie.'"

團隊在典禮當天早上，提供一排的三星手機供她選擇：Ibid.

雜誌介紹了喬安·史莫斯、卡拉·迪勒芬妮……："The Instagirls: Joan Smalls, Cara Delevingne, Karlie Kloss, and More on the September Cover of *Vogue*," *Vogue*, August 18, 2014, https://www.vogue.com/article/supermodel-cover-september-2014.

「這些女孩把Instagram做為……能即時地連結彼此。」：Anna Wintour, interview with the author, phone, March 20, 2019.

推特高層會說他們是「言論自由者的一雙言論自由的翅膀。」：Josh Halliday, "Twitter's Tony Wang: 'We Are the Free Speech Wing of the

Free Speech Party,' " *The Guardian*, March 22, 2012, https://www.theguardian.com/media/2012/mar/22/twitter-tony-wang-free-speech.

「如果你把推特對世界的影響……看漂亮的照片。」：Erin Griffith, "Twitter Co-Founder Evan Williams: 'I Don't Give a Shit' if Instagram Has More Users," *Fortune*, December 11, 2014, https://fortune.com/2014/12/11/twitter-evan-williams-instagram/.

超過五十位明星，包含歐普拉、女神卡卡……："See Mark Seliger's Instagram Portraits from the 2015 Oscar Party," *Vanity Fair*, February 23, 2015, https://www.vanityfair.com/hollywood/2015/02/mark-seliger-oscar-party-portraits-2015.

第八章　追尋Instagram的價值

在詹娜跟她的兩千一百萬名粉絲分享了都珊的Instagram帳號 @alittlepieceofinsane之後，他們倆都立刻得到媒體的正面報導。：Casey Lewis, "Kylie Jenner Just Launched an Anti-Bullying Campaign, and We Talked to Her First Star," *Teen Vogue*, September 1, 2015, https://www.teenvogue.com/story/kylie-jenner-anti-bullying-instagram-campaign.

在2015年2月，推特以五千萬美元的現金加股票，收購了Niche這家經紀公司：Peter Kafka, "Twitter Buys Niche, a Social Media Talent Agency, for at Least $30 Million," *Vox*, February 11, 2015, https://www.vox.com/2015/2/11/11558936/twitter-buys-niche-a-social-media-talent-agency.

「我帶領住在香港的人去他們不曾造訪過的區域……」：Edward Barnieh, interview with the author, phone, June 7, 2019.

「他們知道Instagram有在觀察所有的InstaMeets活動……透過這方式被發現。」：Barnieh, interview with the author.

《國家地理雜誌》有一篇關於Instagram如何改變旅遊的報導：Carrie Miller, "How Instagram Is Changing Travel," *National Geographic*, January 26, 2017, https://www.nationalgeographic.com/travel/travel-interests/arts-and-culture/how-instagram-is-changing-travel/.

內文只有簡單的主題標籤：#followmebro: Lucian Yock Lam (@yock7), "#Followme bro," Instagram, December 16, 2015, https://www.instagram.com/p/_WhCG7ISWd/?hl=en.

媒體後來戲稱這事件為「被升天」：Taylor Lorenz, " 'Instagram Rapture' Claims Millions of Celebrity Instagram Followers," *Business Insider*, December 18, 2014, https://www.businessinsider.com/instagram-rapture-claims-millions-of-celebrity-instagram-followers-2014-12.

在《彭博商業週刊》記者麥克斯·查芬金的一篇報導中……：Max Chafkin, "Confessions of an Instagram Influencer," *Bloomberg Businessweek*, November 30, 2016, https://www.bloomberg.com/news/features/2016-11-30/confessions-of-an-instagram-influencer.

第九章　Snapchat危機

「人們在Instagram感受到的是……他們得相互競逐人氣。」：Sean Burch, "Snapchat's Evan Spiegel Says Instagram 'Feels Terrible' to Users," *The Wrap*, November 1, 2018, https://www.thewrap.com/evan-spiegel-snap-instagram-terrible/.

到了2015年的秋天，伊拉・葛拉斯在國家公共廣播……：Ira Glass, "Status Update," *This American Life*, November 27, 2015, https://www.thisamericanlife.org/573/status-update. Used with permission.

她們在廣播節目中向葛拉斯解釋……：Glass, "Status Update."

「我們透過Instagram和推特欣賞到許多張在這個隆重的夜晚所拍下的照片……」：Kendall Fisher, "What You Didn't See at the 2016 Oscars: Kate Hudson, Nick Jonas, Lady Gaga and More Take Us Behind the Scenes on Snapchat," *E! News*, February 29, 2016, https://www.eonline.com/fr/news/744642/what-you-didn-t-see-at-the-2016-oscars-kate-hudson-nick-jonas-lady-gaga-and-more-take-us-behind-the-scenes-on-snapchat.

教宗的首則貼文則是呼籲大家：「為我禱告，」他寫道。：Pope Francis (@franciscus), "Pray for me," Instagram, March 19, 2016, https://www.instagram.com/p/BDIgGXqAQsq/?hl=en.

「這套演算法就是要確保用戶所看到的30%，盡可能是最值得看到的30%。」：Mike Isaac, "Instagram May Change Your Feed, Personalizing It with an Algorithm," *New York Times*, March 15, 2016, https://www.nytimes.com/2016/03/16/technology/instagram-feed.html.

他的員工認為他很固執、自戀、被寵壞與性格衝動：Brad Stone and Sarah Frier, "Evan Spiegel Reveals Plan to Turn Snapchat into a Real Business," *Bloomberg Businessweek*, May 26, 2015, https://www.bloomberg.com/news/features/2015-05-26/evan-spiegel-reveals-plan-to-turn-snapchat-into-a-real-business.

他的說明文字也告訴全世界，他的成績是……：Kevin Systrom (@kevin), "The last cycling climb of our vacation was the infamous Mont Ventoux," Instagram, August 17, 2016, https://www.instagram.com/p/BJN3MKIhAjz/?hl=en.

第十章　自相殘殺

多數的Instagram用戶不清楚臉書擁有這個平台。：Casey Newton, "America Doesn't Trust Facebook," *The Verge*, October 27, 2017, https://www.theverge.com/2017/10/27/16552620/facebook-trust-survey-usage-popularity-fake-news.

在選舉前的三個月裡，最知名的幾則假消息在臉書上觸及到的人數，比正派的新聞機構的知名報導還多。：Craig Silverman, "This Analysis Shows How Viral Fake Election News Stories Outperformed Real News on Facebook," *BuzzFeed News*, November 16, 2016, https://www.

buzzfeednews.com/article/craigsilverman/viral-fake-election-news-outperformed-real-news-on-facebook.

有些臉書的高層，像是動態消息的總監亞當・莫索里……：Salvador Rodriguez, "Facebook's Adam Mosseri Fought Hard Against Fake News— Now He's Leading In- stagram," *CNBC*, May 31, 2019, https://www.cnbc.com/2019/05/31/instagram-adam-mosseri-must-please-facebook-investors-and-zuckerberg.html.

當他們試圖保持公平，臉書卻向川普提供更多廣告策略上的協助。：Sarah Frier, "Trump's Campaign Says It Was Better at Facebook. Facebook Agrees," Bloomberg.com, April 3, 2018, https://www.bloomberg.com/news/articles/2018-04-03/trump-s-campaign-said-it-was-better-at-facebook-facebook-agrees.

他們傾向宣傳她的個人品牌與哲學。：Frier, "Trump's Campaign Says It Was Better at Facebook."

他警告這位執行長，他必須對在臉書上流言蜚語的傳播有所掌控：Adam Entous, Elizabeth Dwoskin, and Craig Timberg, "Obama Tried to Give Zuckerberg a Wake-Up Call over Fake News on Facebook," *Washington Post*, September 24, 2017, https://www.washingtonpost.com/business/economy/obama-tried-to-give-zuckerberg-a-wake-up-call-over-fake-news-on-facebook/2017/09/24/15d19b12-ddac-4ad5-ac6e-ef909e1c1284_story.html.

祖克柏向這位即將卸任的總統保證，這個問題並不常見。：Entous, Dwoskin, and Timberg, "Obama Tried to Give Zuckerberg a Wake-Up Call."

雖然人們每天平均花費約四十五分鐘在內部稱之為「大又藍的應用程式」的臉書上……：Sarah Frier, "Facebook Watch Isn't Living Up to Its Name," *Bloomberg Businessweek*, January 28, 2019, https://www.bloomberg.com/news/articles/2019-01-28/facebook-watch-struggles-to-deliver-hits-or-advertisers.

當時《The Verge》報導道，「向Snapchat參考而來的概念……：Chris Welch, "Facebook Is Testing a Clone of Snapchat Stories Inside Messenger," *The Verge*, September 30, 2016, https:// www.theverge.com/2016/9/30/13123390/facebook-messenger-copying-snapchat.

當Instagram後來在幾個月後，分享到這工具的起源時……：Thompson, "Mr. Nice Guy."

到了2016年12月，如果用戶想要的話，Instagram已提供完全關閉留言的功能。：Sara Ashley O'Brien, "Instagram Finally Lets Users Disable Comments," *CNN Business*, December 6, 2016, https://money.cnn.com/2016/12/06/technology/instagram-turn-off-comments/index.html.

2015年，臉書曾資助的一項研究指出，從數學的角度看來，同溫層效應並非臉書的過錯。：Eytan Bakshy, Solomon Messing, and Lada

A. Adamic, "Exposure to Ideologically Diverse News and Opinion on Facebook," *Science* 348, no. 6239 (June 5, 2015): 1130–32, https://science.sciencemag.org/content/348/6239/1130.abstract.

「在這樣的時代裡，我們在臉書……對人人都有用的全球社群。」：Mark Zuckerberg, "I know a lot of us are thinking . . . ," Facebook, February 16, 2017, https://www.facebook.com/zuck/posts/10154544292806634.

「我們查無證據能指出曾有俄羅斯的人士在臉書上投放與選舉相關的廣　告。」：Tom LoBianco, "Hill Investigators, Trump Staff Look to Facebook for Critical Answers in Russia Probe," CNN.com, July 20, 2017, https://edition.cnn.com/2017/07/20/politics/facebook-russia-investigation-senate-intelligence-committee/index.html.

「在 Instagram 上的數據並不完整。」：Sarah Frier, "Instagram Looks Like Facebook's Best Hope," *Bloomberg Businessweek*, April 10, 2018, https://www.bloomberg.com/news/features/2018-04-10/instagram-looks-like-facebook-s-best-hope.

他們貼出要出售的商品照片，並在賣出之後把照片刪除。：Sarah Frier, "Instagram Looks Like Facebook's Best Hope."

第十一章　另一則假新聞

「過去是網路世界映照出……」：Ashton Kutcher, interview with the author, phone, July 9, 2019.

「我選擇在最多人追蹤的帳號下留言……被更多用戶看到，」：Bridget Read, "Here's Why You Keep Seeing Certain Instagram Commenters Over Others," *Vogue*, May 4, 2018, https://www.vogue.com/article/how-instagram-comments-work.

因為如此，想要在網站上成名的人就不再拍攝短劇……：Emma Grey Ellis, "Welcome to the Age of the Hour-Long YouTube Video," *Wired*, November 12, 2018, https://www.wired.com/story/youtube-video-extra-long/.

「消費者有權知道他們看到的是付費廣告」：Federal Trade Commission, "Lord & Taylor Settles FTC Charges It Deceived Consumers Through Paid Article in an Online Fashion Magazine and Paid Instagram Posts by 50 'Fashion Influencers,' " press release, March 15, 2016, https://www.ftc.gov/news-events/press-releases/2016/03/lord-taylor-settles-ftc-charges-it-deceived-consumers-through.

很早就開始做網紅行銷的單位 MediaKix 就發現……："93% of Top Celebrity Social Media Endorsements Violate FTC Guidelines," MediaKix, accessed September 20, 2019, https://mediakix.com/blog/celebrity-social-media-endorsements-violate-ftc-instagram/.

經過聯邦調查局的調查以及集體訴訟……：Lulu Garcia-Navarro and Monika Evstatieva, "Fyre Festival Documentary Shows 'Perception and

Reality' of Infamous Concert Flop," NPR.org, January 13, 2019, https://www.npr.org/2019/01/13/684887614/fyre-festival-documentary-shows-perception-and-reality-of-infamous-concert-flop.

有些報導引述了一份研究提到，在2011年到2017年期間就有兩百五十九人在自拍途中因故死亡，多數都是二十出頭，無謂挑戰風險的年輕人：Agam Bansal, Chandan Garg, Abhijith Pakhare, and Samiksha Gupta, "Selfies: A Boon or Bane?," *Journal of Family Medicine and Primary Care* 7, no. 4 (July–August 2018): 828–31, https://www.ncbi.nlm.nih.gov/pmc/articles/PMC6131996/.

旅遊業的市場在2017年，從2006年的六兆美元躍升為八・二七兆美元：World Travel and Tourism Council, "Travel & Tourism Continues Strong Growth Above Global GDP," press release, February 27, 2019, https://www.wttc.org/about/media-centre/press-releases/press-releases/2019/travel-tourism-continues-strong-growth-above-global-gdp/.

「各式體驗在對內容的渴望中扮演重要角色……但最終還是能成為值得分享的故事。」：Dan Goldman, Sophie Marchessou, and Warren Teichner, "Cashing In on the US Experience Economy," McKinsey & Co., December 2017, https://www.mckinsey.com/industries/private-equity-and-principal-investors/our-insights/cashing-in-on-the-us-experience-economy.

在2018年，搭機的人數已有四十五億人次，而全世界總計有約四千五百萬次的航班。："Air Travel by the Numbers," Federal Aviation Agency, June 6, 2019, https://www.faa.gov/air_traffic/by_the_numbers/.

而多倫多的Eye Candy更是自拍照的聖地：Lauren O'Neill, "You Can Now Take Fake Private Jet Photos for Instagram in Toronto," *blogTO*, May 2019, https://www.blogto.com/arts/2019/05/photos-fake-private-jet-instagram-toronto/.

而且他們的腳步並未停歇；他們在2019年向投資人募得一・五八億美元，要在美國各地開展事業：Megan Bennett, "No Eternal Return for Small Investors," *Albuquerque Journal*, August 6, 2019, https:// www.abqjournal.com/1350602/no-eternal-return-for-small-investors.html.

Facetune是2017年蘋果最流行的付費應用程式：Kaya Yurieff, "The Most Downloaded iOS Apps of 2017," CNN.com, December 7, 2017, https://money.cnn.com/2017/12/07/technology/ios-most-popular-apps-2017/index.html.

「我不知道真的肌膚長什麼樣了。」：Chrissy Teigen (@chris syteigen), "I don't know what real skin looks like anymore. Makeup ppl on instagram, please stop with the smoothing (unless it's me) just kidding (I'm torn) ok maybe just chill out a bit. People of social media just know: IT'S FACETUNE, you're beautiful, don't compare yourself to people ok," Twitter, February 12, 2018, 7:16 a.m., https://twitter.com/chrissyteigen/status/962933447902842880.

根據估計，注射肉毒桿菌以消除皺紋的市場規模……成長到2023年的七十八億美元。：Market Watch, "Botox: World Market Sales, Consumption, Demand and Forecast 2018–2023," press release, December 10, 2018, https://www.marketwatch.com/press-release/botox-world-market-sales-consumption-demand-and-forecast-2018-2023-2018-12-10 (link removed as of November 2019).

「照片要加濾鏡跟修圖已成為常態，改變世人對於美的認知。」：Susruthi Rajanala, Mayra B. C. Maymone, and Neelam A. Vashi, "Selfies: Living in the Era of Filtered Photographs," *JAMA Facial Plastic Surgery* 20, no. 6 (November/December 2018): 443–44, https://ja manetwork.com/journals/jamafacialplasticsurgery/article-abstract/2688763.

在美國由合格醫師所執行的巴西提臀術的手術，從2012年的八千五百人攀升到超過兩萬人：Jessica Bursztyntsky, "Instagram Vanity Drives Record Numbers of Brazilian Butt Lifts as Millennials Fuel Plastic Surgery Boom," CNBC.com, March 19, 2019, https://www.cnbc.com/2019/03/19/millennials-fuel-plastic-surgery-boom-record-butt-procedures.html.

2017年，代表合格整形外科醫師的特別小組……：American Society of Plas- tic Surgeons, "Plastic Surgery Societies Issue Urgent Warning About the Risks Associated with Brazilian Butt Lifts," press release, August 6, 2018, https://www.plasticsurgery.org/news/press-releases/plastic-surgery-societies-issue-urgent-warning-about-the-risks-associated-with-brazilian-butt-lifts.

「一則哀傷的消息……已關閉曾大力幫助你們的網路服務」：Instagress (@instagress), "Sad news to all of you who fell in love with Instagress: by request of Instagram we've closed our web-service that helped you so much," Twitter, April 20, 2017, 12:34 p.m., https://twitter.com/instagress/status/855006699568148480.

在2017年底，一筆私募股權的投資案，讓這間公司的估值上看十二億美元：Malak Harb, "For Huda Kattan, Beauty Has Become a Billion-Dollar Business," *Washington Post*, October 14, 2019, https://www.washingtonpost.com/entertainment/celebrities/for-huda-kattan-beauty-has-become-a-billion-dollar-business/2019/10/14/4e620a98-ee46-11e9-bb7e-d2026ee0c199_story.html.

「我們是誰？我們就是你……而美麗又需要什麼？」：Emily Weiss, "Introducing Glossier," *Into the Gloss* (blog), Glossier, October 2014, https://intothegloss.com/2014/10/emily-weiss-glossier/.

2017年5月，英國公共衛生皇家學會在他們的一份廣為流傳的研究中……：Royal Society for Public Health, "Instagram Ranked Worst for Young People's Mental Health," press release, May 19, 2017, https://www.rsph.org.uk/about-us/news/instagram-ranked-worst-for-young-people-s-mental-health.html.

那個月，參議院情報特別委員會所委託的研究小組發布報告指出……：

"The Disinformation Report," New Knowledge, December 17, 2018, https://www.newknowledge.com/articles/the-disinformation-report/.

第十二章　執行長

在2012年，當臉書達到十億用戶時，公司有四千六百名員工。：Leena Rao, "Facebook Will Grow Head Count Quickly in 2013 to Develop Money-Making Products, Total Expenses Will Jump by 50 Percent," *TechCrunch*, January 30, 2013, https://techcrunch.com/2013/01/30/zuck-facebook-will-grow-headcount-quickly-in-2013-to-develop-future-money-making-products/.

這個全新的公司架構，也是臉書公司史上最大的一次人員調動……：Kurt Wagner, "Facebook Is Making Its Biggest Executive Reshuffle in Company History," *Vox*, May 8, 2018, https://www.vox.com/2018/5/8/17330226/facebook-reorg-mark-zuckerberg-whatsapp-messenger-ceo-blockchain.

無論他們想怎麼做都是他們的權利，他說。：Parmy Olson, "Exclusive: WhatsApp Cofounder Brian Acton Gives the Inside Story on #DeleteFacebook and Why He Left $850 Million Behind," *Forbes*, September 26, 2018, https://www.forbes.com/sites/parmyolson/2018/09/26/exclusive-whatsapp-cofounder-brian-acton-gives-the-inside-story-on-deletefacebook-and-why-he-left-850-million-behind/.

他們的共識是，維護這個團隊的費用很高……：Kirsten Grind and Deepa Seetharaman, "Behind the Messy, Expensive Split Between Facebook and WhatsApp's Founders," *Wall Street Journal*, June 5, 2018, https://www.wsj.com/articles/behind-the-messy-expensive-split-between-facebook-and-whatsapps-founders-1528208641.

「我覺得攻擊讓你們成為億萬富翁……是一種全新標準的低級。」：David Marcus, "The Other Side of the Story," Facebook, September 26, 2018, https://www.facebook.com/notes/david-marcus/the-other-side-of-the-story/10157815319244148/.

2018年3月17號星期五，《紐約時報》與《觀察家報》同時爆料指稱……：Matthew Rosenberg, Nicholas Confessore, and Carole Cadwalladr, "How Trump Consultants Exploited the Facebook Data of Millions," *New York Times*, March 17, 2018, https:// www.nytimes.com/2018/03/17/us/politics/cambridge-analytica-trump-campaign.html; and Carole Cadwalladr and Emma Graham-Harri- son, "Revealed: 50 Million Facebook Profiles Harvested for Cambridge Analytica in Major Data Breach," *The Observer*, March 17, 2018, https://www.theguardian.com/news/2018/mar/17/cambridge-analytica-facebook-influence-us-election.

臉書員工平均的薪資有六位數，但這些在鳳凰城工作的約聘人員……：Casey Newton, "The Trauma Floor," *The Verge*, February 25, 2019, https://www.theverge.com/2019/2/25/18229714/cognizant-facebook-contentmoderator-interviews-trauma-working-conditions-arizona; and Munsif Vengatil and Paresh Dave, "Facebook Contractor Hikes Pay for Indian Content Reviewers," Reuters, August 19, 2019, https://www.reuters.com/article/us-facebook-reviewers-wages/facebook-contractor-hikes-pay-for-indian-content-reviewers-idUSKCN1V91FK.

《BuzzFeed新聞》統計，在2015年12月到……：Alex Kantrowitz, "Violence on Facebook Live Is Worse Than You Thought," *BuzzFeed News*, June 16, 2017, https:// www.buzzfeednews.com/article/alexkantrowitz/heres-how-bad-facebook-lives-violence-problem-is.

在美國因吸食鴉片致死的人數已增加超過一倍……："Overdose Death Rates," National Institute on Drug Abuse, January 2019, https://www.drugabuse.gov/related-topics/trends-statistics/overdose-death-rates.

「天呀，」洛森回覆道。「這真的非常有幫助。」：Sarah Frier, "Facebook's Crisis Management Algorithms Run on Outrage," *Bloomberg Business*, March 14, 2019, https:// www.bloomberg.com/features/2019-facebook-neverending-crisis/.

「Instagram 的共同創辦人將從公司離職。」：Mike Isaac, "Instagram Co-Founders to Step Down from Company," *New York Times*, September 24, 2018, https://www.nytimes.com/2018/09/24/technology/instagram-cofounders-resign.html.

「麥克跟我很感謝過去八年……這些創新與非凡的公司接下來的發展。」：Kevin Systrom, "Statement from Kevin Systrom, Instagram Co-Founder and CEO," Instagram-press.com, September 24, 2018, https://instagram-press.com/blog/2018/09/24/statement-from-kevin-systrom-instagram-co-founder-and-ceo/.

但因為這則消息被媒體曝光，他收到消息後也不能跟任何人說……：Sarah Frier, "Instagram Founders Depart Facebook After Clashes with Zuckerberg," Bloomberg.com, last modified September 25, 2018, https://www.bloomberg.com/news/articles/2018-09-25/instagram-founders-depart-facebook-after-clashes-with-zuckerberg.

當時媒體正報導在臉書與Instagram之間日益緊張的關係：Frier, "Instagram Founders Depart Facebook."

結語　收購的代價

2019年，Instagram帶來兩百億美元的營收，超過臉書整體銷售額的四分之一。：Sarah Frier and Nico Grant, "Instagram Brings In More Than a Quarter of Facebook Sales," Bloomberg.com, February 4, 2020, https://www.bloomberg.com/news/articles/2020-02-04/instagram-generates-more-than-a-quarter-of-facebook-s-sales.